# 机器学习系统

## 设计和实现

麦络 董豪◎编著

清华大学出版社

北京

## 内 容 简 介

近年来，机器学习技术广泛用于各行各业，诞生了众多突破性成果。其中，机器学习框架和相关系统作为机器学习技术的核心基础，受到众多科研人员和开发者的密切关注。本书由浅入深，通俗易懂地讲解机器学习框架设计和实现过程中所涉及的核心知识。

本书分为三大部分。基础篇覆盖了使用者所需要了解的机器学习框架核心系统知识和相关编程案例。进阶篇覆盖了开发者所需要理解的机器学习框架核心知识和相关实践案例。拓展篇详细讨论了多种类型的机器学习系统，从而为广大机器学习从业者提供解密底层系统所需的基础知识。

**图书在版编目（CIP）数据**

机器学习系统：设计和实现 / 麦络，董豪编著. —北京：清华大学出版社，2023.3(2024.11重印)
ISBN 978-7-302-63007-4

Ⅰ．①机…　Ⅱ．①麦…　②董…　Ⅲ．①机器学习　Ⅳ．①TP181

中国国家版本馆 CIP 数据核字（2023）第 060946 号

责任编辑：曾　珊
封面设计：李召霞
责任校对：李建庄
责任印制：刘　菲

出版发行：清华大学出版社
网　　　　址：https://www.tup.com.cn, https://www.wqxuetang.com
地　　　　址：北京清华大学学研大厦 A 座　　邮　　编：100084
社　总　机：010-83470000　　邮　购：010-62786544
投稿与读者服务：010-62776969, c-service@tup.tsinghua.edu.cn
质　量　反　馈：010-62772015, zhiliang@tup.tsinghua.edu.cn
课　件　下　载：https://www.tup.com.cn, 010-83470236
印　装　者：三河市君旺印务有限公司
经　　　销：全国新华书店
开　　　本：186mm×240mm　　印　张：20.5　　字　数：471 千字
版　　　次：2023 年 5 月第 1 版　　印　次：2024 年11月第 4 次印刷
印　　　数：4301～5100
定　　　价：79.00 元

产品编号：093877-01

# FOREWORD
# 序

时至今日，AI 的重要性无须多言。AI 已然渗透到我们生活的方方面面，智能车、智能手机、智能家居等智能化生活场景的出现，正在逐渐改变我们的生活方式。以深度学习为代表的 AI 技术也得到了蓬勃发展。在计算机视觉、自然语言处理等 AI 算法方面，取得了重大的突破和进展，算法的精度、泛化性和可用性进一步提升；在 AI 系统方面，也出现了以华为公司的 Ascend（昇腾）芯片、GPU 为代表的 AI 硬件，以 MindSpore（昇思）、PyTorch 为代表的机器学习系统······ 它们使得 AI 训练、推理的性能和算法开发部署效率进一步提升。

2019 年，来自斯坦福大学的众多专家学者共同发布了将 "机器学习系统" 作为一个独立学科的白皮书，并讨论了其主要关注的问题，包括如何设计支持全生命周期的软件系统（编程接口、数据预处理等），如何设计机器学习硬件系统（专用异构硬件设计、分布式支持等），如何满足功能外的需求（如安全、隐私保护、能耗等）。而这些问题和方向，都可以在本书中找到相关方向的丰富知识和实践案例。

应用创新、硬件演进、技术进步是计算机系统研究的三大驱动力，机器学习系统也是如此。AI 应用的算法模型从小模型、大模型到超大模型，AI 部署的场景已经覆盖端、边、云全场景，AI 算法模型的迭代速度越来越快，很多场景要求模型是小时级、分钟级甚至是实时更新的。AI 硬件算力正以十倍或百倍的速度演进，让我们看到了后摩尔时代算力 DSA 架构（Domain Specific Architecture）的黄金十年。AI 的训练、推理、部署技术也在快速进步。从支持单机训练推理，到集群训练、超大规模集群训练；从支持 CPU，到支持 CPU、GPU、NPU 等 XPU 组成的多样性算力；从只支持单一模型训练到多模训练，从支持深度学习到支持强化学习、联邦学习等 ······ 上述趋势和变化给机器学习系统带来了新的挑战和新的机会，也让机器学习系统成为当前最热门、最有影响力的学科之一。

本书凝结了麦络老师、董豪老师、MindSpore 的设计者以及来自世界各地的 AI 系统专家的心血，全面地介绍了机器学习系统设计者所需的全面的知识体系和实践经验，希望帮助更多的学生、工程师和研究人员，从机器学习系统的使用者成为机器学习系统的设计者和开发者。通过研读本书，您将对机器学习系统全貌有更深入的了解，助力您开发下一代 AI 技术，也希望有越来越多的人关注和参与到机器学习系统方向的研究和研发中来。

上海交通大学特聘教授

华为基础软件首席科学家

（陈海波）

# PREFACE
# 前　言

## 缘起

　　我在 2020 年来到了爱丁堡大学信息学院，爱丁堡大学是 AI（Artificial Intelligence，人工智能）研究的发源地之一，很多学生慕名而来学习机器学习技术。爱丁堡大学拥有许多出色的机器学习课程（如自然语言处理、计算机视觉、计算神经学等），同时也拥有一系列关于计算机系统的基础课程（如操作系统、编程语言、编译器、计算机体系架构等）。但是当我在教学的过程中问起学生：机器学习是如何利用计算机系统实现计算加速和部署的？许多学生投来疑惑的眼神。这促使我思考在爱丁堡大学乃至于其他世界顶尖大学的教学大纲中，是不是缺一门衔接机器学习和计算机系统的课程。

　　我的第一反应是基于一门已有的课程进行拓展。那时，加州大学伯克利分校的 AI Systems（人工智能系统）课程较为知名。这门课描述了机器学习系统的不同研究方向，以研读论文为主进行教学。可惜的是，许多论文已经无法经受住时间的检验。更重要的是，这门课缺乏对于知识的整体梳理，未能形成完整的知识体系架构。学习完这门课程，学生未能形成对于从头搭建机器学习系统的明确思路。我调研了其他学校，华盛顿大学曾短期开过 Deep Learning Systems（深度学习系统）课程，这门课程讲述了机器学习程序的编译过程。而这门课程以讲述 Apache TVM（Tensor Virtual Machine，张量虚拟机）深度学习编译器为主要目的，对于机器学习系统缺乏完整的教学。另外，斯坦福大学的课程 Machine Learning Systems Design（机器学习系统设计），课程设计人的研究领域以数据库为主，因此该课程专注于数据清洗、数据管理、数据标注等主题。

　　当时觉得比较合适的是微软亚洲研究院的 AI Systems 课程。这门课程讲述了机器学习系统背后的设计理念。但是当我准备将其教授给本科生的时候，我发现这门课对于机器学习系统核心设计理念讲解得很浅，同时这门课要求学生有大量计算机系统的背景知识，实际上它更适合博士生。上述课程的共同问题是：其课程教学方式都以研读相关论文为主，因此教授的内容都是高深和零散的，而不是通俗易懂，知识脉络清晰的，这给学生学习机器学习系统造成了极大的困难。

　　回首 2020 年，我们已经拥有了优秀的操作系统、数据库、分布式系统等基础性教材。同时，在机器学习相关算法方面也有了一系列教材。然而，无论在国内外，我很难找到一本系统性讲述机器学习系统的教材。因此，许多公司和高校实验室不得不花费大量的人力和物力从头培养学生和工程师，使他们加强对于机器学习底层基础设施的认识。这类教材的缺乏已经制约了高校的人才培养，不利于高校培养出符合业界与学界和时代发展需求的人才了。因此，我开始思考：我们是不是应该推出一本有关机器学习系统的教科书呢？

# 开端

带着写书的构想，我开始和朋友沟通。大家都非常认可编写这类书的巨大价值，但是现实的情况是：很少有人愿意做这么一件费力的事情。我当时的博士后导师也劝我：你现在处在教师职业生涯的初期，追求高影响力的学术论文是当务之急，写一本书要耗费大量的时间和精力，最后可能也无法出版面世。而我和同行交流时也发现：他们更愿意改进市面上已经有的教科书，即做有迹可循的事情，而不是摸着石头过河，做从无到有的事情。特别是对于机器学习系统这个快速发展、频繁试错的领域，能不能写出经受住时间检验的书也是一个未知数。

考虑到写作的巨大挑战，我将写书的构想藏于心中，直到一次回国和 MindSpore 的架构师金雪锋聊天。和雪锋的相识大约是在 2019 年的圣诞节，雪锋来伦敦访问，他正在领导 MindSpore 的开发（当时 MindSpore 1.0 还没有发布）。而对于机器学习系统的开发，我也有很深的兴趣。我在 2018 年也和好友一起从头搭建一个机器学习框架（类似于 PyTorch），虽然最终资源不足无疾而终，不过许多的思考成就了我之后发表的多篇机器学习系统论文。和雪锋聊起来，我们都对 AI 系统开发之难深有同感。我们共同的感慨就是：找到懂机器学习系统开发的人太难了。现今的学生都一心学习机器学习算法，很多学生对于底层系统的运作原理理解得很浅，也不够重视。而当他们在实际中应用机器学习技术时才意识到系统的重要性，那时想去学习，却没有了充沛的学习时间。我对雪锋苦笑道："我是准备写一本机器学习系统教材的，但是可能还要等三四年才能完成。"雪锋说："我也有这个想法啊。你要是写的话，我能帮助到你吗？"

这句话点醒了我。传统的图书写作，往往依赖于一两个教授将学科十余年的发展慢慢总结整理成书。这种模式类似于传统软件开发的瀑布流方式。可是，在科技世界，这已经变了！软件的发展从传统的瀑布流进化到如今的开源敏捷开发。而图书的写作为什么还要停留在传统方式呢？MXNet 开源社区编写的专注于深度学习算法的图书 *Deep Dive into Deep Learning* 就是一个很好的例子啊。我因此马上找到当年一起创立 TensorLayer 开源社区的小伙伴——北京大学的董豪。我们一拍即合，说干就干。雪锋也很高兴我和董豪愿意开始做这件事，也邀请了他的同事干志良来帮忙。我们终于开始图书的写作了！

经过几轮的讨论，我们将书名定为《机器学习系统：设计和实践》。我们希望通过教给学生机器学习系统设计原理，同时也为学生提供大量的系统实现经验分享，让他们在将来工作和科研中遇到实际问题时知道该如何分析和解决。

# 社区的构建

考虑到机器学习系统本身就是一个不断发展并且孕育细分领域的学科。我从一开始就在思考：如何设计一个可扩展（Scalable）的社区架构保证这本书的可持续发展呢？因为我专注于大规模软件系统，故决定借鉴几个分布式系统的设计要点构建社区。

（1）预防单点故障和瓶颈：现代分布式系统往往采用控制层和数据层分离的设计避免单点故障和瓶颈。那么我们在设计高度可扩展的写作社区的时候也要如此。因此，我们设计了如下分布式机制：编辑决定花最多的时间来寻找优秀的、主动的、负责任的书稿章节负责人。章节负责人可以进一步寻找其他作者共同协作。章节负责人和章节作者进行密切的沟通，按照给定时间节点，全速异步推进。编辑和章节负责人设定了每周讨论同步写作的进展，确保并行完成的章节内容质量能够持续符合编辑和社区的整体预期。

（2）迭代式改进：深度学习的优化算法——随机梯度下降本质上是在复杂问题中利用局部梯度进行海量迭代，最终找到局部最优解。因此我们利用了同样的思路设计图书质量的迭代提高。我们首先在 Overleaf 上写作好书籍的初版（类似于初始参数）。接下来，将图书的内容做成标准的 Git 代码仓库。建立机制鼓励开源社区和广大读者开启 GitHub 问题（Issue）和拉取请求（Pull Request，PR），持续改进图书质量，而我们设置好完善的图书构建工具、持续集成工具、贡献者讨论会等，就可以让图书的质量持续提高，实现与随机梯度下降（Stochastic Gradient Descent）一样的最优结果。

（3）高可用性：构建 7×24 小时在线的写作平台，让图书参与者可以在全球任何时区、任何语言平台下都能参与开发图书，倾听社区的反馈。因此将 Git 仓库放置在 GitHub 上，并准备之后在 Gitee 做好镜像。这样，就搭建了一套高可用的写作平台了。

（4）内容中立：一个分布式系统要能长久运行，其中的每一个节点都要同等对待，遇到故障才能用统一的办法进行故障恢复。考虑到图书写作中的故障（设计无法经受时间检验，写作人中途不得不退出等）可能来源于方方面面，我们让不同背景的参与者共同完成每一个章节，确保写出中立、客观、包容的内容，并且写作不会因为故障而中断。

## 现状和未来

机制一旦建立好，写作就自动化地运行起来了，参与者也越来越多，我带过的学生袁秀龙、丁子涵、符尧、任杰、梁文腾也很用心参与编写，董豪邀请了鹏城实验室的韩佳容和赖铖，志良邀请了许多 MindSpore 的小伙伴进来做贡献，许多资深的机器学习系统设计者也和我们在各个渠道展开讨论，提供了非常多宝贵的写作建议。另外，学界和产业界的反响也很热烈。海外很多优秀的学生（斯坦福大学的孙建凯、卡耐基-梅隆大学的廖培元、剑桥大学的王瀚宸、爱丁堡大学的穆沛），产业界的朋友（英国葛兰素史克公司机器学习团队的肖凯严）都加入了我们的写作。同时，学界的教授（英国伦敦帝国理工学院的 Peter Pietzuch 教授、香港科技大学的陈雷教授等）也持续给我们提供了写作意见，改进了图书质量。

充分发动了"分布式系统"的力量后，图书的内容得以持续高质量地添加。当我们开源了图书以后，图书的受众快速增长，GitHub 上关注度的增长让我们受宠若惊。在社区的推动下，图书的中文版、英文版、阿拉伯语版都已经开始推进。这么多年来，我第一次意识到我在分布式系统和机器学习中学习到的知识，在解决现实复杂问题的时候是如此的有用！

很多时候，当我们面对未知而巨大的困难时，个人的力量真的很渺小。而和朋友、社区一起就变成了强大的力量，让我们鼓起勇气，走出了最关键的第一步！希望我的一些思考，能给其他复杂问题的求解带来一些小小的启发。

截至 2022 年 5 月，本书的核心作者和编辑包括麦络、董豪、金雪锋和干志良，谭志鹏策划了本书。本书各章节由以下作者参与编写：导论（麦络、董豪、干志良）、编程模型（赖铖、麦络、董豪）、计算图（韩佳容、麦络、董豪）、**AI** 编译器和前端技术（梁志博、张清华、黄炳坚、余坚峰、干志良）、**AI** 编译器后端和运行时（褚金锦、穆沛、蔡福璧）、硬件加速器（张任伟、任杰、梁文腾、刘超、陈钢、黎明奇）、数据处理（袁秀龙）、模型部署（韩刚强、唐业辉、翟智强、李姗妮）、分布式训练（麦络、廖培元）、联邦学习系统（吴天诚、王瀚宸）、推荐系统（符尧、裴贝、麦络）、强化学习系统（丁子涵）、可解释 **AI** 系统（李昊阳、李小慧）、机器人系统（孙建凯、肖凯严）。

最后，我们非常欢迎新成员的加入以扩展内容并提升图书质量，感兴趣的读者可以通过图书的 GitHub 社区[①] 联系我们。我们非常期待和大家一起努力，编写出一本推动业界发展的机器学习系统图书！

麦　络

英国爱丁堡

2023 年 2 月

---

① 可参考网址为：https://github.com/openmlsys/。

# CONTENTS
目　录

基　础　篇

第 1 章　导论 003
1.1　机器学习应用 003
1.2　机器学习框架的设计目标 004
1.3　机器学习框架的基本组成原理 005
1.4　机器学习系统生态 006
1.5　本书结构和读者对象 007

第 2 章　编程模型 009
2.1　机器学习系统编程模型的演进 009
2.2　机器学习工作流 011
　　2.2.1　环境配置 011
　　2.2.2　数据处理 012
　　2.2.3　模型定义 013
　　2.2.4　损失函数和优化器 014
　　2.2.5　训练及保存模型 015
　　2.2.6　测试和验证 016
2.3　定义深度神经网络 017
　　2.3.1　以层为核心定义神经网络 017
　　2.3.2　神经网络层的实现原理 021
　　2.3.3　自定义神经网络层 022
　　2.3.4　自定义神经网络模型 023
2.4　C/C++编程接口 024
　　2.4.1　在 Python 中调用 C/C++函数的原理 025
　　2.4.2　添加 C++编写的自定义算子 025
2.5　机器学习框架的编程范式 030
　　2.5.1　机器学习框架编程需求 030
　　2.5.2　机器学习框架编程范式现状 030
　　2.5.3　函数式编程案例 031
2.6　总结 032
2.7　拓展阅读 032

**第 3 章　计算图** 　　033

3.1　设计背景和作用 　　033

3.2　计算图的基本构成 　　034

　　3.2.1　张量和算子 　　035

　　3.2.2　计算依赖 　　037

　　3.2.3　控制流 　　038

　　3.2.4　基于链式法则计算梯度 　　041

3.3　计算图的生成 　　043

　　3.3.1　静态生成 　　043

　　3.3.2　动态生成 　　046

　　3.3.3　动态图和静态图生成的比较 　　048

　　3.3.4　动态图与静态图的转换和融合 　　049

3.4　计算图的调度 　　051

　　3.4.1　算子调度执行 　　051

　　3.4.2　串行与并行 　　052

　　3.4.3　数据载入同步与异步机制 　　053

3.5　总结 　　054

3.6　拓展阅读 　　055

进　阶　篇

**第 4 章　AI 编译器和前端技术** 　　059

4.1　AI 编译器设计原理 　　059

4.2　AI 编译器前端技术概述 　　061

4.3　中间表示 　　062

　　4.3.1　中间表示的基本概念 　　062

　　4.3.2　中间表示的种类 　　063

　　4.3.3　机器学习框架的中间表示 　　065

4.4　自动微分 　　072

　　4.4.1　自动微分的基本概念 　　072

　　4.4.2　前向与反向自动微分 　　074

　　4.4.3　自动微分的实现 　　077

4.5　类型系统和静态分析 　　081

　　4.5.1　类型系统概述 　　081

　　4.5.2　静态分析概述 　　082

4.6　常见前端编译优化方法 　　083

　　4.6.1　前端编译优化简介 　　083

　　4.6.2　常见编译优化方法介绍及实现 　　083

4.7　总结 　　085

第 5 章　AI 编译器后端和运行时　086

　5.1　概述　086

　5.2　计算图优化　088

　　5.2.1　通用硬件优化　088

　　5.2.2　特定硬件优化　090

　5.3　算子选择　091

　　5.3.1　算子选择的基础概念　091

　　5.3.2　算子选择的过程　095

　5.4　内存分配　095

　　5.4.1　Device 内存概念　096

　　5.4.2　内存分配　096

　　5.4.3　内存复用　098

　　5.4.4　常见的内存分配优化手段　099

　5.5　计算调度与执行　101

　　5.5.1　单算子调度　101

　　5.5.2　计算图调度　102

　　5.5.3　交互式执行　106

　　5.5.4　下沉式执行　110

　5.6　算子编译器　110

　　5.6.1　算子调度策略　111

　　5.6.2　子策略组合优化　112

　　5.6.3　调度空间算法优化　114

　　5.6.4　芯片指令集适配　115

　　5.6.5　算子表达能力　116

　　5.6.6　相关编译优化技术　117

　5.7　总结　117

　5.8　拓展阅读　118

第 6 章　硬件加速器　119

　6.1　概述　119

　　6.1.1　硬件加速器设计的意义　119

　　6.1.2　硬件加速器设计的思路　119

　6.2　硬件加速器基本组成原理　120

　　6.2.1　硬件加速器的架构　120

　　6.2.2　硬件加速器的存储单元　121

　　6.2.3　硬件加速器的计算单元　122

　　6.2.4　DSA 芯片架构　124

　6.3　加速器基本编程原理　125

　　　　6.3.1　硬件加速器的可编程性　　　　　　　　　　　　125
　　　　6.3.2　硬件加速器的多样化编程方法　　　　　　　　　128
　　6.4　加速器实践　　　　　　　　　　　　　　　　　　　132
　　　　6.4.1　环境　　　　　　　　　　　　　　　　　　　132
　　　　6.4.2　广义矩阵乘法的朴素实现　　　　　　　　　　133
　　　　6.4.3　提高计算强度　　　　　　　　　　　　　　　135
　　　　6.4.4　使用共享内存缓存复用数据　　　　　　　　　138
　　　　6.4.5　减少寄存器使用　　　　　　　　　　　　　　139
　　　　6.4.6　隐藏共享内存读取延迟　　　　　　　　　　　140
　　　　6.4.7　隐藏全局内存读取延迟　　　　　　　　　　　141
　　　　6.4.8　与 cuBLAS 对比　　　　　　　　　　　　　　142
　　　　6.4.9　小结　　　　　　　　　　　　　　　　　　　143
　　6.5　总结　　　　　　　　　　　　　　　　　　　　　　143
　　6.6　拓展阅读　　　　　　　　　　　　　　　　　　　　144

第 7 章　数据处理　　　　　　　　　　　　　　　　　　　145
　　7.1　概述　　　　　　　　　　　　　　　　　　　　　　146
　　　　7.1.1　易用性　　　　　　　　　　　　　　　　　　146
　　　　7.1.2　高效性　　　　　　　　　　　　　　　　　　147
　　　　7.1.3　保序性　　　　　　　　　　　　　　　　　　147
　　7.2　易用性设计　　　　　　　　　　　　　　　　　　　147
　　　　7.2.1　编程抽象与接口　　　　　　　　　　　　　　147
　　　　7.2.2　自定义算子支持　　　　　　　　　　　　　　151
　　7.3　高效性设计　　　　　　　　　　　　　　　　　　　153
　　　　7.3.1　数据读取的高效性　　　　　　　　　　　　　154
　　　　7.3.2　数据计算的高效性　　　　　　　　　　　　　157
　　7.4　保序性设计　　　　　　　　　　　　　　　　　　　162
　　7.5　单机数据处理性能的扩展　　　　　　　　　　　　　163
　　　　7.5.1　基于异构计算的数据预处理　　　　　　　　　163
　　　　7.5.2　基于分布式的数据预处理　　　　　　　　　　165
　　7.6　总结　　　　　　　　　　　　　　　　　　　　　　166

第 8 章　模型部署　　　　　　　　　　　　　　　　　　　168
　　8.1　概述　　　　　　　　　　　　　　　　　　　　　　168
　　8.2　训练模型到推理模型的转换及优化　　　　　　　　　169
　　　　8.2.1　模型转换　　　　　　　　　　　　　　　　　169
　　　　8.2.2　算子融合　　　　　　　　　　　　　　　　　170
　　　　8.2.3　算子替换　　　　　　　　　　　　　　　　　172
　　　　8.2.4　算子重排　　　　　　　　　　　　　　　　　173

8.3 模型压缩 173

    8.3.1 量化 174

    8.3.2 模型稀疏 176

    8.3.3 知识蒸馏 178

8.4 模型推理 179

    8.4.1 前处理与后处理 179

    8.4.2 并行计算 180

    8.4.3 算子优化 181

8.5 模型的安全保护 186

    8.5.1 概述 186

    8.5.2 模型混淆 186

8.6 总结 188

8.7 拓展阅读 189

第 9 章 分布式训练 190

9.1 设计概述 190

    9.1.1 设计动机 190

    9.1.2 系统架构 191

    9.1.3 用户益处 192

9.2 实现方法 192

    9.2.1 方法分类 192

    9.2.2 数据并行 194

    9.2.3 模型并行 194

    9.2.4 混合并行 197

9.3 流水线并行 197

9.4 机器学习集群架构 198

9.5 集合通信 200

    9.5.1 常见集合通信算子 200

    9.5.2 基于 AllReduce 的梯度平均算法 203

    9.5.3 集合通信算法性能分析 205

    9.5.4 利用集合通信优化模型训练的实践 206

    9.5.5 集合通信在数据并行的实践 207

    9.5.6 集合通信在混合并行的实践 208

9.6 参数服务器 210

    9.6.1 系统架构 210

    9.6.2 异步训练 211

    9.6.3 数据副本 212

9.7 总结 212

9.8　拓展阅读　213

拓　展　篇

第 10 章　联邦学习系统　217

10.1　概述　217

10.1.1　定义　217

10.1.2　应用场景　217

10.1.3　部署场景　218

10.1.4　常用框架　218

10.2　横向联邦学习　219

10.2.1　云云场景中的横向联邦　219

10.2.2　端云场景中的横向联邦　220

10.3　纵向联邦学习　222

10.3.1　纵向联邦架构　222

10.3.2　样本对齐　223

10.3.3　联合训练　224

10.4　隐私加密算法　225

10.4.1　基于 LDP 算法的安全聚合　226

10.4.2　基于 MPC 算法的安全聚合　226

10.4.3　基于 LDP-SignDS 算法的安全聚合　227

10.5　展望　229

10.5.1　异构场景下的联邦学习　229

10.5.2　通信效率提升　230

10.5.3　联邦生态　230

10.6　总结　231

第 11 章　推荐系统　232

11.1　系统基本组成　232

11.1.1　消息队列　233

11.1.2　特征存储　233

11.1.3　稠密神经网络　234

11.1.4　嵌入表　234

11.1.5　训练服务器　235

11.1.6　参数服务器　235

11.1.7　推理服务器　236

11.2　多阶段推荐系统　236

11.2.1　推荐流水线概述　236

11.2.2　召回　237

11.2.3　排序　239

11.3　模型更新　241

　　11.3.1　持续更新模型的需求　241

　　11.3.2　离线更新　242

11.4　案例分析：支持在线模型更新的大型推荐系统　243

　　11.4.1　系统设计挑战　244

　　11.4.2　系统架构　245

　　11.4.3　点对点模型更新传播算法　246

　　11.4.4　模型更新调度器　247

　　11.4.5　模型状态管理器　248

　　11.4.6　小结　249

11.5　总结　249

11.6　扩展阅读　250

第 12 章　强化学习系统　251

12.1　强化学习介绍　251

12.2　单节点强化学习系统　252

12.3　分布式强化学习系统　255

12.4　多智能体强化学习　257

12.5　多智能体强化学习系统　260

12.6　总结　264

第 13 章　可解释 AI 系统　265

13.1　背景　265

13.2　可解释 AI 定义　266

13.3　可解释 AI 算法现状介绍　267

　　13.3.1　数据驱动的解释　267

　　13.3.2　知识感知的解释　270

13.4　常见可解释 AI 系统　272

13.5　案例分析：MindSpore XAI　273

　　13.5.1　为图片分类场景提供解释　273

　　13.5.2　为表格数据场景提供解释　275

　　13.5.3　白盒模型　276

13.6　未来研究方向　277

13.7　总结　277

第 14 章　机器人系统　278

14.1　机器人系统概述　278

　　14.1.1　感知系统　279

14.1.2 规划系统 280

14.1.3 控制系统 281

14.1.4 机器人安全 282

14.2 机器人操作系统 283

14.2.1 ROS2 节点 285

14.2.2 ROS2 主题 285

14.2.3 ROS2 服务 286

14.2.4 ROS2 参数 286

14.2.5 ROS2 动作 286

14.3 案例分析：使用机器人操作系统 287

14.3.1 创建节点 290

14.3.2 读取参数 296

14.3.3 服务端-客户端服务模式 298

14.3.4 客户端 301

14.3.5 动作模式 303

14.3.6 动作客户端 305

14.4 总结 308

参考文献 309

# 基 础 篇

在介绍机器学习框架的内部实现细节之前，我们首先会讨论机器学习框架的产生背景以及设计目标。接下来，会从使用者的角度去梳理机器学习框架的编程模型及其演进过程。同时，我们会讲解机器学习程序是如何表达成硬件可以理解和执行的计算图，从而为读者提供一个简单且宏观的视角理解机器学习框架。

# 第 1 章

# 导　论

本章将介绍机器学习应用，梳理出机器学习系统的设计目标，总结出机器学习系统的基本组成原理，让读者对机器学习系统有自顶而下的全面了解。

## 1.1　机器学习应用

通俗来讲，机器学习是指从数据中习得有用知识的技术。按学习模式分类，机器学习可以分为监督学习（Supervised Learning）、无监督学习（Unsupervised Learning）和强化学习（Reinforcement Learning）等。

（1）监督学习是已知输入和输出的对应关系下的机器学习场景。比如给定输入图像和它对应的离散标签。

（2）无监督学习是只有输入数据但不知道输出标签下的机器学习场景。比如给定一堆猫和狗的图像，系统自主学会猫和狗的分类，这种无监督分类也称为聚类（Clustering）。

（3）强化学习则是给定一个学习环境和任务目标，算法自主地不断改进以实现任务目标。比如 AlphaGo 围棋就是用强化学习实现的，给定的环境是围棋的规则，而目标则是胜利得分。

从应用领域上划分，机器学习应用包括计算机视觉、自然语言处理和智能决策等。狭义上来讲，基于图像的应用都可归为计算机视觉方面的应用，典型的应用有人脸识别、物体识别、目标跟踪、人体姿态估计、图像理解等。计算机视觉方法广泛应用于自动驾驶、智慧城市、智慧安防等领域。

自然语言处理涉及文本或者语音方面的应用，典型的应用包括语言翻译、文本转语音、语音转文本、文本理解、图片风格变换等。计算机视觉和自然语言处理有很多交集，如图像的文本描述生成、基于文本的图像生成、基于文本的图像处理等应用都同时涉及语言和图像两种数据类型。

智能决策的应用往往通过结合计算机视觉、自然语言处理、强化学习、控制论等技术手段，实现决策类任务。智能决策方法广泛用于机器人、自动驾驶、游戏、推荐系统、智能工厂、智能电网等领域。

不同的机器学习应用底层会应用不同的机器学习算法，如支持向量机（Support Vector Machine，SVM）、逻辑回归（Logistic Regression）、朴素贝叶斯（Naive Bayes）算法等。近年来，得益于海量数据的普及，神经网络（Neural Networks）算法的进步和硬件加速器的成熟，深度学习（Deep Learning）开始蓬勃发展。虽然机器学习算法很多，但无论是经典算法还是深度学习算法的计算往往以向量和矩阵运算为主体，因此本书主要以神经网络为例展开机器学习系统的介绍。

## 1.2 机器学习框架的设计目标

为了支持在不同应用中高效开发机器学习算法，人们设计和实现了**机器学习框架**（如 TensorFlow、PyTorch、MindSpore 等）。广义来说，这些框架实现了以下共性的设计目标：

（1）**神经网络编程**：深度学习的巨大成功使得神经网络成为了许多机器学习应用的核心。根据应用的需求，人们需要定制不同的神经网络，如卷积神经网络（Convolutional Neural Networks）和自注意力神经网络（Self-Attention Neural Networks）等。这些神经网络需要一个共同的系统软件进行开发、训练和部署。

（2）**自动微分**：训练神经网络会具有模型参数。这些参数需要通过持续计算梯度（Gradients）迭代改进。梯度的计算往往需要结合训练数据、数据标注和损失函数（Loss Function）。考虑到大多数开发人员并不具备手工计算梯度的知识，机器学习框架需要根据开发人员给出的神经网络程序，全自动地计算梯度。这一过程被称为自动微分。

（3）**数据管理和处理**：机器学习的核心是数据。这些数据包括训练、验证、测试数据集和模型参数。因此，需要系统本身支持数据读取、存储和预处理（例如数据增强和数据清洗）。

（4）**模型训练和部署**：为了让机器学习模型达到最佳的性能，需要使用优化方法（例如 Mini-Batch SGD，小批量随机梯度下降）来通过多步迭代反复计算梯度，这一过程称为训练。训练完成后，需要将训练好的模型部署到推理设备。

（5）**硬件加速器**：机器学习的众多核心操作都可以被归纳为矩阵计算。为了加速矩阵计算，机器学习开发人员需要大量使用针对矩阵计算加速的硬件（统称为硬件加速器或者 AI 芯片）。

（6）**分布式执行**：随着训练数据量和神经网络参数量的上升，机器学习系统的内存用量远远超过了单个机器可以提供的内存。因此，机器学习框架需要天然具备分布式执行的能力。

在设计机器学习框架之初，开发者曾尝试通过传统的**神经网络开发库**（如 Theano 和 Caffe）、以及**数据处理框架**（如 Apache Spark 和 Google Pregel）等方式达到以上设计目标。可是他们发现，神经网络开发库虽然提供了神经网络开发、自动微分和硬件加速器的支持，但缺乏管理和处理大型数据集、模型部署和分布式执行的能力，无法满足当今产品级机器学习应用的开发任务。另外，虽然并行数据处理框架具有成熟的分布式运行和数据管理能力，但缺乏对神经网络、自动微分和加速器的支持，并不适合开发以神经网络为核心的机器学习应用。

考虑到上述已有软件系统的种种不足，许多公司开发人员和大学研究人员开始从头设计和实现针对机器学习的软件框架。在短短数年间，机器学习框架如雨后春笋般出现（较为知名的例子包括 TensorFlow、PyTorch、MindSpore、MXNet、PaddlePaddle、OneFlow、CNTK等），极大推进了人工智能在上下游产业中的发展。表1.1总结了机器学习框架和其他相关系统的区别。

表 1.1 机器学习框架和其他相关系统的区别

| 方　　式 | 神经网络 | 自动微分 | 数据管理 | 模型训练和部署 | 硬件加速器 | 分布式执行 |
|---|---|---|---|---|---|---|
| 神经网络开发库 | 是 | 是 | 否 | 否 | 是 | 否 |
| 数据处理框架 | 否 | 否 | 是 | 否 | 否 | 是 |
| 机器学习框架 | 是 | 是 | 是 | 是 | 是 | 是 |

## 1.3  机器学习框架的基本组成原理

一个完整的机器学习框架一般具有如图 1.1 所示的基本架构。

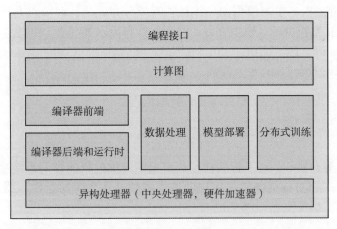

图 1.1  机器学习框架的基本架构

（1）**编程接口**：考虑到机器学习开发人员背景的多样性，机器学习框架首先需要提供以高层次编程语言（如 Python）为主的编程接口。同时，机器学习框架为了优化运行性能，需要支持以低层次编程语言（如 C 和 C++）为主的系统实现，从而实现操作系统（如线程管理和网络通信等）和各类型硬件加速器的高效使用。

（2）**计算图**：利用不同编程接口实现的机器学习程序需要共享一个运行后端。实现这一后端的关键技术是计算图技术。计算图定义了用户的机器学习程序，其包含大量表达计算操作的算子节点（Operator Node），以及表达算子之间计算依赖的边（Edge）。

（3）**编译器前端**：机器学习框架往往用 AI 编译器构建计算图，并将计算图转换为硬件可以执行的程序。这个编译器首先会利用一系列编译器前端技术实现对程序的分析和优化。编译器前端的关键功能包括实现中间表示、自动微分、类型推导和静态分析等。

（4）**编译器后端和运行时**：完成计算图的分析和优化后，机器学习框架进一步利用编译器后端和运行时实现针对不同底层硬件的优化。常见的优化技术包括分析硬件的 L2/L3 缓存大小和指令流水线长度，优化算子的选择或者调度顺序。

（5）**异构处理器**：机器学习应用的执行由中央处理器（Central Processing Unit，CPU）和硬件加速器，如英伟达 GPU（Graphics Processing Unit，图形处理器）、华为 Ascend 和谷歌 TPU（Tensor Processing Unit，张量处理器）共同完成。其中，非矩阵操作（如复杂的数据预处理和计算图的调度执行）由中央处理器完成。矩阵操作和部分频繁使用的机器学习算子（如 Transformer 算子和 Convolution 算子）由硬件加速器完成。

（6）**数据处理**：机器学习应用需要对原始数据进行复杂预处理，同时也需要管理大量的训练数据集、验证数据集和测试数据集。这一系列以数据为核心的操作由数据处理模块（例如 TensorFlow 的 tf.data 和 PyTorch 的 DataLoader）完成。

（7）**模型部署：** 在完成模型训练后，机器学习框架下一个需要支持的关键功能是模型部署。为了确保模型可以在内存有限的硬件上执行，会使用模型转换、量化、蒸馏等模型压缩技术。同时，也需要实现针对推理硬件平台（例如英伟达 Orin）的模型算子优化。最后，为了保证模型的安全（如拒绝未经授权的用户读取），还会对模型进行混淆设计。

（8）**分布式训练：** 机器学习模型的训练往往需要分布式的计算节点并行完成。其中，常见的并行训练方法包括数据并行、模型并行、混合并行和流水线并行。这些并行训练方法通常由远端程序调用（Remote Procedure Call，RPC）、集合通信（Collective Communication）或者参数服务器（Parameter Server）实现。

## 1.4　机器学习系统生态

以机器学习框架为核心，人工智能社区创造出了庞大的**机器学习系统**生态。广义来说，机器学习系统是指实现和支持机器学习应用的各类型软硬件系统的泛称。图 1.2 总结了各种类型的机器学习系统和相关生态。

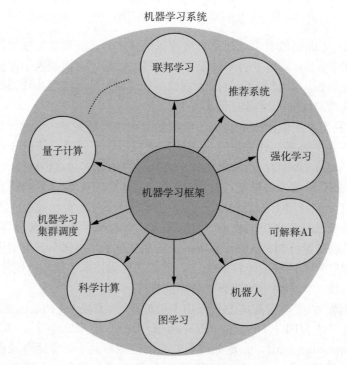

图 1.2　机器学习系统和相关生态

（1）**联邦学习：** 随着用户隐私保护和数据保护法的出现，许多机器学习应用无法直接接触用户数据完成模型训练。因此这一类应用需要通过机器学习框架实现联邦学习（Federated Learning）。

（2）**推荐系统**：将机器学习（特别是深度学习）引入推荐系统在过去数年取得了巨大的成功。相比于传统基于规则的推荐系统，深度学习推荐系统能够有效分析用户的海量特征数据，从而实现在推荐准确度和推荐时效性上的巨大提升。

（3）**强化学习**：强化学习具有数据收集和模型训练方法的特殊性。因此，需要基于机器学习框架进一步开发专用的强化学习系统。

（4）**可解释 AI**：随着机器学习在金融、医疗和政府治理等关键领域的推广，基于机器学习框架进一步开发的可解释性 AI 系统正得到日益增长的重视。

（5）**机器人**：机器人是另一个开始广泛使用机器学习框架的领域。相比于传统的机器人视觉方法，机器学习方法在特征自动提取、目标识别、路径规划等多个机器人任务中获得了巨大成功。

（6）**图学习**：图（Graph）是最广泛使用的数据结构之一。许多互联网数据（如社交网络、产品关系图）都由图来表达。机器学习算法已经被证明是行之有效的分析大型图数据的方法。这种针对图数据的机器学习系统被称为图学习系统（Graph Learning System）。

（7）**科学计算**：科学计算覆盖许多传统领域（如电磁仿真、图形学、天气预报等），这些领域中的许多大规模问题都可以有效利用机器学习方法求解。因此，针对科学计算开发机器学习系统变得日益普遍。

（8）**机器学习集群调度**：机器学习集群一般由异构处理器、异构网络甚至异构存储设备构成。同时，机器学习集群中的计算任务往往具有共同的执行特点（如基于集合通信算子 AllReduce 迭代进行）。因此，针对异构设备和任务特点，机器学习集群往往具有特定的调度方法与设计。

（9）**量子计算**：量子计算机一般通过混合架构实现。其中，量子计算由量子计算机完成，而量子仿真由传统计算机完成。由于量子仿真往往涉及大量矩阵计算，许多量子仿真系统（如 TensorFlow Quantum 和 MindQuantum）都基于机器学习框架实现。

限于篇幅，本书不会对所有机器学习系统进行深入讲解。目前，本书会从系统设计者的角度出发，对应用在联邦学习、推荐系统、强化学习、可解释 AI 和机器人中的相关核心系统进行讲解。

## 1.5　本书结构和读者对象

本书由浅入深地讨论机器学习系统的设计原理和实现经验。其中，**基础篇**覆盖编程接口设计和计算图等框架，是使用者需要了解的核心概念。**进阶篇**覆盖编译器前端、编译器后端、数据管理等框架，是设计者需要了解的核心概念。最后，**拓展篇**覆盖重要的机器学习系统类别（如联邦学习和推荐系统等），从而为各领域的机器学习爱好者提供统一的框架使用和设计入门教学。

本书的读者对象包括：

（1）**学生**：本书将帮助学生获得大量机器学习系统的设计原则和一手实践经验，从而帮助其更全面理解机器学习算法的实践挑战和理论优劣。

（2）**科研人员**：本书将帮助科研人员解决机器学习落地实践中面临的种种挑战，引导他们设计出能解决大规模实际问题的下一代机器学习算法。

（3）**开发人员**：本书将帮助开发人员深刻理解机器学习系统的内部架构，从而帮助其开发应用的新功能、调试系统的性能，并且根据业务需求对机器学习系统进行定制。

# 第2章

# 编 程 模 型

现代机器学习框架包含大量的组件，辅助用户高效开发机器学习算法、处理数据、部署模型、调优性能和调用硬件加速器。在设计这些组件的应用编程接口（Application Programming Interface，API）时，一个核心的诉求是：如何平衡框架性能和易用性？为了达到最优的性能，开发者需要利用便于硬件编程的语言，如 C 和 C++进行开发。这是因为 C 和 C++可以帮助机器学习框架高效地调用硬件底层 API，从而最大限度发挥硬件性能。同时，现代操作系统（如 Linux 和 Windows）提供丰富的基于 C 和 C++的 API 接口（如文件系统、网络编程、多线程管理等），通过直接调用操作系统 API，可以降低框架运行的开销。

从易用性的角度分析，机器学习框架的使用者往往具有丰富的行业背景（如数据科学家、生物学家、化学家、物理学家等）。他们常用的编程语言是高层次脚本语言，如 Python、MATLAB、R 和 Julia。相比于 C 和 C++，这些语言提供编程易用性的同时，丧失了 C 和 C++对底层硬件和操作系统进行深度优化的能力。因此，机器学习框架的核心设计目标是：具有易用的编程接口支持用户使用高层次语言，如 Python 实现机器学习算法；同时也要具备以 C 和 C++为核心的低层次编程接口帮助框架开发者用 C 和 C++实现大量高性能组件，从而在硬件上高效执行。在本章中，将讲述如何达到这个设计目标。

本章的学习目标包括：

（1）理解机器学习系统的工作流和以 Python 为核心的编程接口设计。

（2）理解机器学习系统以神经网络模块为核心的接口设计原理和实现。

（3）理解机器学习系统上层 Python 接口如何调用底层 C/C++接口。

（4）了解机器学习系统编程接口的演进方向。

## 2.1　机器学习系统编程模型的演进

随着机器学习系统的诞生，如何设计易用且高性能的 API 接口就一直成为了系统设计者首先要解决的问题。在早期的机器学习框架中，人们选择用 Lua（Torch）和 Python（Theano）等高级编程语言来编写机器学习程序，如图 2.1 所示。这些早期的机器学习框架提供了机器学习必需的模型定义、自动微分等功能，适用于编写小型的以科研为导向的机器学习应用。

深度神经网络从 2011 年以来快速崛起，很快在各个 AI 应用领域（计算机视觉、语音识别、自然语言处理等）取得了突破性的成绩。训练深度神经网络需要消耗大量的算力，而以 Lua 和 Python 为主导开发的 Torch 和 Theano 无法发挥这些算力的最大性能。与此同时，计算加速卡（如英伟达 GPU）的通用 API 接口（例如 CUDA C）日趋成熟，且构建于 CPU 多核技术之上的多线程库（POSIX Threads）也被广大开发者所接受。因此，许多的机器学习用户希望基于 C 和 C++并发高性能的深度学习应用。这一类需求被 Caffe 等一系列以 C 和 C++作为核心 API 的框架所满足。

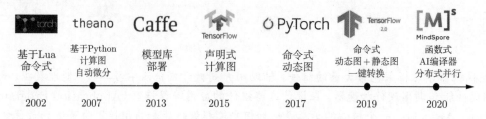

图 2.1　机器学习编程框架的发展历程

然而，机器学习模型往往需要针对部署场景、数据类型、识别任务等需求进行深度定制，而这类定制任务需要被广大的 AI 应用领域开发者所实现。这类开发者的背景多样，往往不能熟练使用 C 和 C++。因此 Caffe 这一类与 C 和 C++深度绑定的编程框架，成为了制约框架快速推广的巨大瓶颈。

在 2015 年底，谷歌率先推出了 TensorFlow。相比于传统的 Torch，TensorFlow 提出前后端分离相对独立的设计，利用高层次编程语言 Python 作为面向用户的主要前端语言，而利用 C 和 C++实现高性能后端。大量基于 Python 的前端 API（应用程序编程接口）确保了 TensorFlow 可以被大量的数据科学家和机器学习科学家所接受，同时帮助 TensorFlow 能够快速融入 Python 为主导的大数据生态（大量的大数据开发库，如 Numpy、Pandas、SciPy、Matplotlib 和 PySpark 等）。同时，Python 具有出色的和 C/C++语言的互操作性，这种互操作性已经在多个 Python 库中得到验证。因此，TensorFlow 兼有 Python 的灵活性和生态，同时也通过 C/C++后端得以实现高性能。这种设计在日后崛起的 PyTorch、MindSpore 和 PaddlePaddle 等机器学习框架得到传承。

随着各国大型企业开源机器学习框架的出现，为了更高效地开发机器学习应用，基于开源机器学习框架为后端的高层次库 Keras 和 TensorLayerX 应运而生，它们提供 Python API 可以快速导入已有的模型，这些高层次 API 进一步屏蔽了机器学习框架的实现细节，因此 Keras 和 TensorLayerX 可以运行在不同的机器学习框架之上。

随着深度神经网络的进一步发展，对于机器学习框架编程接口的挑战也日益增长。因此在 2020 年前后，新型的机器学习框架，如 MindSpore 和 JAX 进一步出现。其中，MindSpore 在继承了 TensorFlow、PyTorch 的 Python 和 C/C++的混合接口的基础上，进一步拓展了机器学习编程模型从而可以高效支持多种 AI 后端芯片（如华为 Ascend、英伟达 GPU 和 ARM 芯片），实现了机器学习应用在海量异构设备上的快速部署。

同时，超大型数据集和超大型深度神经网络的崛起让分布式执行成为机器学习框架编程框架的核心设计需求。为了实现分布式执行，TensorFlow 和 PyTorch 的使用者需要花费大量代码将数据集和神经网络分配到分布式节点上，而大量的 AI 开发人员并不具有分布式编程的能力。因此 MindSpore 进一步完善了机器学习框架的分布式编程模型的能力，从而让单节点的 MindSpore 程序可以无缝地运行在海量节点上。

在本小节中，以 MindSpore 为例讲解一个现代机器学习框架的 Python 前端 API 和

C/C++后端 API 的设计原则。这些设计原则和 PyTorch、TensorFlow 相似。

## 2.2 机器学习工作流

机器学习系统编程模型的首要设计目标是：对开发者实现完整工作流的编程支持。一个常见的机器学习任务一般包含如图 2.2 所示的工作流。这个工作流完成了训练数据集的读取以及模型的训练、测试、调试。通过归纳，将这一工作流中用户所需要自定义的部分通过定义以下 API 来支持（这里假设用户的高层次 API 以 Python 函数的形式提供）。

图 2.2    机器学习系统工作流

（1）**数据处理**：首先，用户需要数据处理 API 将数据集从磁盘读入。进一步，用户需要对读取的数据进行预处理，从而可以将数据输入后续的机器学习模型中。

（2）**模型定义**：完成数据的读取后，用户需要模型定义 API 定义机器学习模型。这些模型带有模型参数，可以对给定的数据进行推理。

（3）**损失函数和优化算法**：模型的输出需要和用户的标签进行对比，这个对比差异一般通过损失函数（Loss Function）进行评估。因此，优化器定义 API 允许用户定义自己的损失函数，并且根据损失引入（Import）和定义各种优化算法（Optimisation Algorithms）计算梯度（Gradient），完成对模型参数的更新。

（4）**训练过程**：给定一个数据集、模型、损失函数和优化器，用户需要用训练 API 来定义一个循环（Loop）从而将数据集中的数据按照小批量（Mini Batch）的方式读取出来，反复计算梯度更新模型。这个模型循环迭代更新的过程称为训练。

（5）**测试和调试**：训练过程中，用户需要测试 API 对当前模型的精度进行评估。当精度达到目标后训练结束。这一过程中，用户往往需要调试 API 完成对模型的性能和正确性进行验证。

### 2.2.1 环境配置

MindSpore 通过 context.set_context 配置运行需要的信息，如运行模式、后端信息、硬件信息等。代码 2.1 导入 context 模块，配置运行需要的信息。此代码将持续更新。

代码 2.1    配置运行信息

```
1  import os
2  import argparse
3  from mindspore import context
4  parser = argparse.ArgumentParser(description='MindSpore MLPNet Example')
5  parser.add_argument('--device_target', type=str, default="CPU", choices=['Ascend',
       'GPU', 'CPU'])
```

```
6  args = parser.parse_known_args()[0]
7  context.set_context(mode=context.GRAPH_MODE, device_target=args.device_target)
```

上述配置样例①运行使用图模式。根据实际情况配置硬件信息，譬如代码运行在 Ascend AI 处理器上，则 device_target 选择 Ascend，代码运行在 CPU、GPU 上同理。

### 2.2.2　数据处理

配置好运行信息后，首先讨论数据处理 API 的设计。这些 API 提供了大量 Python 函数，支持用户用一行命令即可读入常见的训练数据集，如 MNIST（Mixed National Institute of Standards and Technology Database）、CIFAR（Canadian Institute For Advanced Research）、COCO（Microsoft Common Objects in Context）等。在加载之前需要下载数据集存放在./datasets/MNIST_Data 路径中；MindSpore 提供了用于数据处理的 API 模块 mindspore.dataset，用于存储样本和标签。在加载数据集前，通常会对数据集进行一些处理，mindspore.dataset 也集成了常见的数据处理方法。代码 2.2 读取了 MNIST 的训练数据，其包含大小为 28×28 的 6 万张图片，返回 DataSet 对象。

代码 2.2　读取 MNIST 训练数据

```
1  import mindspore.dataset as ds
2  DATA_DIR = './datasets/MNIST_Data/train'
3  mnist_dataset = ds.MnistDataset(DATA_DIR)
```

有了 DataSet 对象后，通常需要对数据进行增强，常用的数据增强包括翻转、旋转、剪裁、缩放等；在 MindSpore 中使用 map 映射函数将数据增强的操作映射到数据集中，之后进行打乱（Shuffle）和批处理（Batch），如代码 2.3 所示。

代码 2.3　数据处理

```
1   # 导入需要用到的模块
2   import mindspore.dataset as ds
3   import mindspore.dataset.transforms.c_transforms as C
4   import mindspore.dataset.vision.c_transforms as CV
5   from mindspore.dataset.vision import Inter
6   from mindspore import dtype as mstype
7   # 数据处理过程
8   def create_dataset(data_path, batch_size=32, repeat_size=1,
9                       num_parallel_workers=1):
10      # 定义数据集
11      mnist_ds = ds.MnistDataset(data_path)
12      resize_height, resize_width = 32, 32
```

① MindSpore 机器学习工作流例子：https://github.com/openmlsys/openmlsys-mindspore。

```
13    rescale = 1.0 / 255.0
14    rescale_nml = 1 / 0.3081
15    shift_nml = -1 * 0.1307 / 0.3081
16
17    # 定义所需要操作的map映射函数
18    resize_op = CV.Resize((resize_height, resize_width), interpolation=Inter.LINEAR)
19    rescale_nml_op = CV.Rescale(rescale_nml * rescale, shift_nml)
20    hwc2chw_op = CV.HWC2CHW()
21    type_cast_op = C.TypeCast(mstype.int32)
22    # 使用map映射函数，将数据操作映射到数据集
23    mnist_ds = mnist_ds.map(operations=type_cast_op, input_columns="label",
          num_parallel_workers=num_parallel_workers)
24    mnist_ds = mnist_ds.map(operations=[resize_op, rescale_nml_op,hwc2chw_op],
          input_columns="image", num_parallel_workers=num_parallel_workers)
25
26    # 进行shuffle、batch操作
27    buffer_size = 10000
28    mnist_ds = mnist_ds.shuffle(buffer_size=buffer_size)
29    mnist_ds = mnist_ds.batch(batch_size, drop_remainder=True)
30    return mnist_ds
```

### 2.2.3  模型定义

使用 MindSpore 定义神经网络模型需要继承 mindspore.nn.Cell，神经网络的各层需要预先在 __init__ 方法中定义，然后重载 __construct__ 方法实现神经网络的前向传播过程。因为输入大小处理成 32×32 的图片，所以需要用 Flatten 操作将数据压平为一维向量后给全连接层。全连接层输入大小为 32×32，输出是预测 0∼9 中的哪个数字，因此输出大小为 10。代码 2.4 定义了一个三层全连接网络模型。

代码 2.4  定义三层全连接网络模型

```
1     # 导入需要用到的模块
2     import mindspore.nn as nn
3     # 定义线性模型
4     class MLPNet(nn.Cell):
5         def __init__(self):
6             super(MLPNet, self).__init__()
7             self.flatten = nn.Flatten()
8             self.dense1 = nn.Dense(32*32, 128)
9             self.dense2 = nn.Dense(128, 64)
10            self.dense3 = nn.Dense(64, 10)
11
12        def construct(self, inputs):
```

```
13        x = self.flatten(inputs)
14        x = self.dense1(x)
15        x = self.dense2(x)
16        logits = self.dense3(x)
17        return logits
18   # 实例化网络
19   net = MLPNet()
```

### 2.2.4  损失函数和优化器

有了神经网络组件构建的模型还需要定义**损失函数**计算训练过程中输出和真实值的误差。**均方误差**（Mean Squared Error，MSE）是线性回归中常用的，是计算估算值与真实值差值的平方和的平均数。**平均绝对误差**（Mean Absolute Error，MAE）是计算估算值与真实值差值的绝对值求和再求平均。**交叉熵**（Cross Entropy，CE）是分类问题中常用的，衡量已知数据分布情况下，计算输出分布和已知分布的差值。

有了损失函数，就可以通过损失值利用**优化器**对参数进行训练更新。对于优化的目标函数 $f(x)$；先求解其梯度 $\nabla f(x)$，然后将训练参数 $W$ 沿着梯度的负方向更新，更新公式为 $W_t = W_{t-1} - \alpha \nabla (W_{t-1})$，其中 $\alpha$ 是学习率，$W$ 是训练参数，$\nabla (W_{t-1})$ 是方向。神经网络的优化器有两类：一类是学习率不受梯度影响的随机梯度下降（Stochastic Gradient Descent，SGD）及 SGD 的一些改进方法，如带有 Momentum 的 SGD；另一类是自适应学习率，如 AdaGrad、RMSProp、Adam 等。

**SGD** 的更新是对每个样本进行梯度下降，因此计算速度很快，但是单样本更新频繁，会造成震荡；为了解决震荡问题，提出了带有 Momentum 的 SGD，该方法的参数更新不仅仅由梯度决定，也和累计的梯度下降方向有关，使得增加更新梯度下降方向不变的维度，减少更新梯度下降方向改变的维度，从而速度更快，震荡也减少了。

自适应学习率 **AdaGrad** 是通过以往的梯度自适应更新学习率，不同的参数 $W_i$ 具有不同的学习率。AdaGrad 对频繁变化的参数以更小的学习率更新，而稀疏的参数以更大的学习率更新。因此对稀疏数据的表现比较好。**Adadelta** 是对 AdaGrad 的改进，解决了 AdaGrad 优化过程中学习率 $\alpha$ 单调减少问题；Adadelta 不对过去的梯度平方进行累加，用指数平均的方法计算二阶动量，避免了二阶动量持续累积，导致训练提前结束。**Adam** 可以理解为 Adadelta 和 Momentum 的结合，对一阶二阶动量均采用指数平均的方法计算。

MindSpore 提供了丰富的 API 让用户导入损失函数和优化器。代码 2.5 计算了输入和真实值之间的 softmax 交叉熵损失，导入 Momentum 优化器。

代码 2.5　定义损失函数和优化器

```
1   # 定义损失函数
2   net_loss = nn.SoftmaxCrossEntropyWithLogits(sparse=True, reduction='mean')
3   # 定义优化器
4   net_opt = nn.Momentum(net.trainable_params(), learning_rate=0.01, momentum=0.9)
```

### 2.2.5　训练及保存模型

MindSpore 提供了回调（Callback）机制，可以在训练过程中执行自定义逻辑。代码 2.6 使用框架提供的 ModelCheckpoint 函数，ModelCheckpoint 函数可以保存网络模型和参数，以便进行后续的 Fine-tuning（微调）操作。

代码 2.6　定义模型保存

```
1  # 导入模型保存模块
2  from mindspore.train.callback import ModelCheckpoint, CheckpointConfig
3  # 设置模型保存参数
4  config_ck = CheckpointConfig(save_checkpoint_steps=1875, keep_checkpoint_max=10)
5  # 应用模型保存参数
6  ckpoint = ModelCheckpoint(prefix="checkpoint_lenet", config=config_ck)
```

通过 MindSpore 提供的 model.train 接口可以方便地进行网络的训练，同时使用 Loss-Monitor 可以监控训练过程中损失（loss）值的变化，如代码 2.7 所示。

代码 2.7　定义模型训练

```
1  # 导入模型训练需要的库
2  from mindspore.nn import Accuracy
3  from mindspore.train.callback import LossMonitor
4  from mindspore import Model
5
6  def train_net(args, model, epoch_size, data_path, repeat_size, ckpoint_cb, sink_mode):
7      """定义训练的方法"""
8      ds_train = create_dataset(os.path.join(data_path, "train"), 32, repeat_size)
9      model.train(epoch_size, ds_train, callbacks=[ckpoint_cb, LossMonitor(125)],
           dataset_sink_mode=sink_mode)
```

其中，dataset_sink_mode 用于控制数据是否下沉，数据下沉是指数据通过通道直接传送到设备（Device）上，可以加快训练速度，dataset_sink_mode 为真（True），表示数据下沉，否则为非下沉。

有了数据集、模型、损失函数、优化器后就可以进行训练了。代码 2.8 把 train_epoch 设置为 1，对数据集进行 1 次迭代训练。在 train_net 方法中，加载了之前下载的训练数据集，mnist_path 是 MNIST 数据集路径。

代码 2.8　训练模型

```
1  train_epoch = 1
2  mnist_path = "./datasets/MNIST_Data"
3  dataset_size = 1
4  model = Model(net, net_loss, net_opt, metrics={"Accuracy": Accuracy()})
```

```
5   train_net(args, model, train_epoch, mnist_path, dataset_size, ckpoint, False)
```

### 2.2.6 测试和验证

测试是将测试数据集输入到模型，运行得到输出的过程，通常在训练过程中，每训练一定的数据量后就会测试一次，以验证模型的泛化能力。MindSpore 使用 model.eval 接口读入测试数据集，如代码 2.9 所示。

代码 2.9　定义模型验证

```
1   def test_net(model, data_path):
2       """定义验证的方法"""
3       ds_eval = create_dataset(os.path.join(data_path, "test"))
4       acc = model.eval(ds_eval, dataset_sink_mode=False)
5       print("{}".format(acc))
6   # 验证模型精度
7   test_net(model, mnist_path)
```

在训练完毕后，参数保存在检查点（checkpoint）中，可以将训练好的参数加载到模型中进行验证，如代码 2.10 所示。

代码 2.10　模型验证

```
1   import numpy as np
2   from mindspore import Tensor
3   from mindspore import load_checkpoint, load_param_into_net
4   # 定义测试数据集，batch_size（批大小）设置为1，则取出一张图片
5   ds_test = create_dataset(os.path.join(mnist_path, "test"),
        batch_size=1).create_dict_iterator()
6   data = next(ds_test)
7   # images为测试图片，labels为测试图片的实际分类
8   images = data["image"].asnumpy()
9   labels = data["label"].asnumpy()
10  # 加载已经保存的用于测试的模型
11  param_dict = load_checkpoint("checkpoint_lenet-1_1875.ckpt")
12  # 加载参数到网络中
13  load_param_into_net(net, param_dict)
14  # 使用函数model.predict预测image对应分类
15  output = model.predict(Tensor(data['image']))
16  predicted = np.argmax(output.asnumpy(), axis=1)
17  # 输出预测分类与实际分类
18  print(f'Predicted: "{predicted[0]}", Actual: "{labels[0]}"')
```

## 2.3 定义深度神经网络

在 2.2 节中使用 MindSpore 构建了一个多层感知机的网络模型，随着深度神经网络的飞速发展，各种深度神经网络模型层出不穷，但是不管结构如何复杂，神经网络层数量如何增加，构建深度神经网络结构始终遵循最基本的元素：①承载计算的节点；②可变化的节点权重（节点权重可训练）；③允许数据流动的节点连接。因此在机器学习编程库中深度神经网络是以层为核心，它提供了各类神经网络层基本组件；将神经网络层组件按照网络结构进行堆叠、连接就能构造出深度神经网络模型。

### 2.3.1 以层为核心定义神经网络

神经网络层包含构建机器学习网络结构的基本组件，如计算机视觉领域常用到卷积（Convolution）、池化（Pooling）、全连接（Fully Connected）；自然语言处理常用到循环神经网络（Recurrent Neural Network，RNN）；为了加速训练，防止过拟合通常用到批标准化（Batch-Norm）、丢弃（Dropout）等。

**全连接**是将当前层每个节点都和上一层节点一一连接，本质上是特征空间的线性变换；可以将数据从高维映射到低维，也能从低维映射到高维。图 2.3 展示了全连接的过程，对输入的 $n$ 个数据变换到大小为 $m$ 的特征空间，再从大小为 $m$ 的特征空间变换到大小为 $p$ 的特征空间；可见全连接层的参数量巨大，两次变换所需的参数大小为 $n \times m$ 和 $m \times p$。

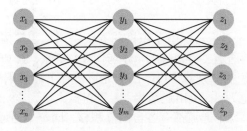

图 2.3　全连接层

**卷积**操作是卷积神经网络中常用的操作之一，卷积相当于对输入进行滑动滤波。根据卷积核（Kernel）、卷积步长（Stride）、填充（Padding）对输入数据从左到右，从上到下进行滑动，每一次滑动操作是矩阵的乘加运算得到的加权值。如图 2.4 卷积操作主要由输入、卷积核、输出组成，输出又被称为特征图（Feature Map）。

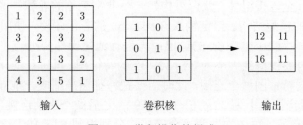

输入　　　　　　卷积核　　　　　　输出

图 2.4　卷积操作的组成

卷积的具体运算过程通过图 2.5 进行演示。该图输入为 4×4 的矩阵，卷积核大小为 3×3，卷积步长为 1，不填充，最终得到 2×2 的输出矩阵。计算过程为：将 3×3 的卷积核作用到左上角 3×3 大小的输入上；输出为 1×1+2×0+2×1+3×0+2×1+3×0+4×1+1×0+3×1=12，同理对卷积核移动 1 个步长再次执行相同的计算步骤得到第二个输出为 11；当再次移动将出界时，结束从左往右的移动，执行从上往下移动 1 步，再进行从左往右移动；依次操作直到从上往下再移动也出界时，结束整个卷积过程，得到输出结果。不难发现相比于全连接，卷积的优势是参数共享（同一个卷积核遍历整个输入）和参数量小（卷积核大小即是参数量）。

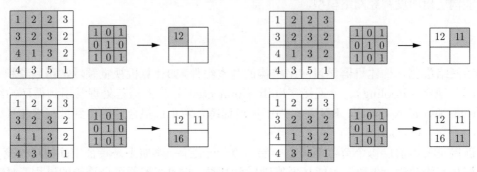

图 2.5    卷积的具体运算过程

在卷积过程中，可以通过设置步长和填充控制输出矩阵大小。还是上面的输入矩阵，如需要得到和输入矩阵大小一样的输出矩阵，步长为 1 时，就需要对输出矩阵的上、下、左、右均填充一圈全为 0 的数。

在上述例子中介绍了一个输入一个卷积核的卷积操作。通常情况下输入是彩色图片，有三个输入，这三个输入称为通道（Channel），分别代表红、绿、蓝（RGB）。此时执行卷积则为多通道卷积，需要三个卷积核分别对 RGB 三个通道进行上述卷积过程，之后将结果加起来。图 2.6 描述了一个输入通道为 3，输出通道为 1，卷积核大小为 3×3，卷积步长为 1 的多通道卷积过程。需要注意的是，每个通道都有各自的卷积核，同一个通道的卷积核参数共享。如果输出通道为 $out_c$，输入通道为 $in_c$，那么需要 $out_c \times in_c$ 个卷积核。

**池化**是常见的降维操作，有最大池化和平均池化。池化操作和卷积的执行类似，通过池化核、步长、填充决定输出；最大池化是在池化核区域范围内取最大值，平均池化则是在池化核范围内做平均。与卷积不同的是：池化核没有训练参数；池化层的填充方式也有所不同，平均池化填充的是 0，最大池化填充的是 −inf。图 2.7 是对 4×4 的输入进行 2×2 区域池化，步长为 2，不填充；图左边是最大池化的结果，右边是平均池化的结果。

有了卷积、池化、全连接组件，就可以构建一个非常简单的卷积神经网络了，图 2.8 展示了一个卷积神经网络的模型结构。给定输入 3×64×64 的彩色图片，使用 16 个 3×3 大小的卷积核做卷积，得到大小为 16×64×64 的输出；再进行池化操作降维，得到大小为 16×32×32 的特征图；对特征图再卷积得到大小为 32×32×32 的特征图，再进行池化操作得到 32×16×16 大小的特征图；需要对特征图做全连接，此时需要把特征图平铺成一维向量，这步操作称为压平（Flatten），压平后特征大小为 32×16×16=8192；之后做一次全连接，将大小为 8192 特征变换到大小为 128 的特征，再依次做两次全连接，分别得到 64，10。这里最后的输出结果是依据自己的实际问题而定，假设输入是包含 0~9 的数字图片，做分类那输出对应是 10 个概率值，分别对应 0~9 的概率大小。

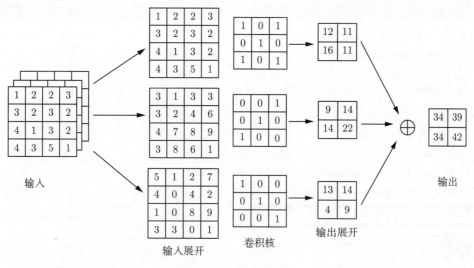

图 2.6　多通道卷积

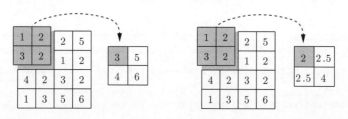

图 2.7　池化操作

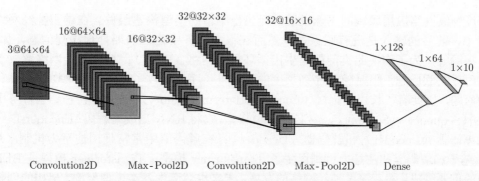

图 2.8　卷积神经网络模型结构

有了上述基础知识，对卷积神经网络模型构建过程伪代码描述，如代码 2.11 所示。

代码 2.11　构建卷积神经网络

```
1   # 构建卷积神经网络的组件接口定义:
2   全连接层接口: fully_connected(inputs, weights)
3   卷积层接口: convolution(inputs, filters, stride, padding)
4   最大池化接口: pooling(inputs, pool_size, stride, padding, mode='max')
5   平均池化接口: pooling(inputs, pool_size, stride, padding, mode='mean')
6
7   # 构建卷积神经网络描述:
8   inputs:(3,64,64)大小的图片
9   # 创建卷积模型的训练变量,使用随机数初始化变量值
10  conv1_filters = variable(random(size=(3, 3, 3, 16)))
11  conv2_filters = variable(random(size=(3, 3, 16, 32)))
12  fc1_weights = variable(random(size=(8192, 128)))
13  fc2_weights = variable(random(size=(128, 64)))
14  fc3_weights = variable(random(size=(64, 10)))
15  # 将所有需要训练的参数收集起来
16  all_weights = [conv1_filters, conv2_filters, fc1_weights, fc2_weights, fc3_weights]
17
18  # 构建卷积模型的连接过程
19  output = convolution(inputs, conv1_filters, stride=1, padding='same')
20  output = pooling(output, kernel_size=3, stride=2, padding='same', mode='max')
21  output = convolution(output, conv2_filters, stride=1, padding='same')
22  output = pooling(output, kernel_size=3, stride=2, padding='same', mode='max')
23  output=flatten(output)
24  output = fully_connected(output, fc1_weights)
25  output = fully_connected(output, fc2_weights)
26  output = fully_connected(output, fc3_weights)
```

　　深度神经网络应用领域的飞速发展，诞生出丰富的模型构建组件。在卷积神经网络的计算过程中，前后的输入是没有联系的，然而在很多任务中往往需要处理序列信息，如语句、语音、视频等，为了解决此类问题诞生出循环神经网络（RNN）；循环神经网络解决了序列数据的时序关联问题，但是随着序列长度的增加，长序列导致了训练过程中梯度消失和梯度爆炸的问题，因此有了长短期记忆（Long Short-term Memory，LSTM）；在语言任务中还有Seq2Seq（Sequence to Sequence，序列到序列）模型，它将 RNN 当成编解码（Encoder-Decoder）结构的编码器（Encoder）和解码器（Decoder）；在解码器中常常使用注意力机制（Attention）；基于编解码器和注意力机制诞生了 Transformer 模型；Transformer 模型是 BERT 模型架构的重要组成。随着深度神经网络的发展，未来也会诞生各类模型架构，架构的创新可以通过各类神经网络基本组件的组合来实现。

### 2.3.2　神经网络层的实现原理

2.3.1 节中使用伪代码定义了一些卷积神经网络接口和模型构建过程,整个模型构建过程需要创建训练变量和构建连接过程。随着网络层数的增加,手动管理训练变量是一个烦琐的过程,因此 2.3.1 节中描述的接口在机器学习库中属于低级 API。机器学习编程库大都提供了更高级用户友好的 API,它将神经网络层抽象出一个基类,所有的神经网络层都继承基类实现。如 MindSpore 提供的 mindspore.nn.Cell,PyTorch 提供的 torch.nn.Module。基于基类它们都提供了高阶 API,如 MindSpore 提供的 mindspore.nn.Conv2d、mindspore.nn.MaxPool2d、mindspore.dataset;PyTorch 提供的 torch.nn.Conv2d、torch.nn.MaxPool2d、torch.utils.data.Dataset。

图 2.9 描述了神经网络模型构建过程中的基本细节。神经网络层需要初始化训练参数、管理参数状态以及定义计算过程;神经网络模型需要实现对神经网络层和神经网络层参数管理的功能。在机器学习编程库中,承担此功能有 MindSpore 的 Cell 类和 PyTorch 的 Module 类。Cell 和 Module 是模型抽象方法,也是所有网络的基类。现有模型抽象方案有两种:一种是抽象出两个方法,分别为 Layer(负责单个神经网络层的参数构建和前向计算),Model(负责对神经网络层进行连接组合和神经网络层参数管理);另一种是将 Layer 和 Model 抽象成一个方法,该方法既能表示单层神经网络层,也能表示包含多个神经网络层堆叠的模型,Cell 和 Module 就是这样实现的。

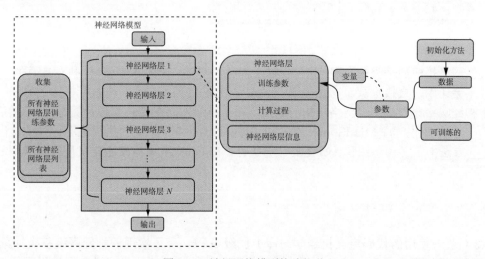

图 2.9　神经网络模型构建细节

图 2.10 展示了设计神经网络基类抽象方法的通用表示。通常在构造器会选择使用 Python 中 collections 模块的 OrderedDict 方法存储初始化神经网络层和神经网络层参数。它的输出是有序的,相比与无序的 Dict 方法更适合深度学习这种模型堆叠的模式。参数和神经网络层的管理是在 __setattr__ 方法中实现的,当检测到属性是属于神经网络层及神经网络层参数时就记录起来。神经网络模型比较重要的是计算连接过程,可以在 __call__ 方法中重载,实现神经网络层时在这里定义计算过程。训练参数的返回接口是为了给优化器传送所有训练参数,这些参数是基类遍历了所有网络层后得到的。这里只列出了一些重要的方法,在自定义方

法中，通常需要实现参数插入与删除方法、神经网络层插入与删除、神经网络模型信息等。

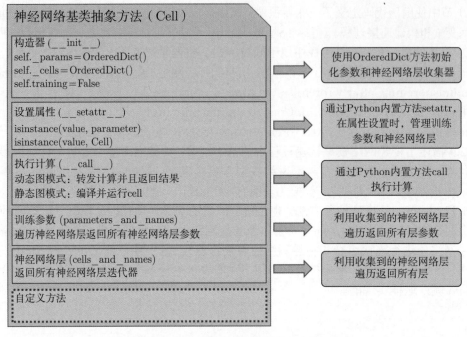

图 2.10　神经网络基类抽象方法

神经网络接口层基类的实现，这里仅做了简化的描述，在实际实现时，执行计算的 \_\_call\_\_ 方法并不会让用户直接重载，它往往在 \_\_call\_\_ 方法之外，定义一个执行操作的方法（该方法对于神经网络模型是实现网络结构的连接，对于神经网络层则是实现计算过程），然后通过 \_\_call\_\_ 方法调用；如 MindSpore 的 Cell 因为动态图和静态图的执行是不一样的，因此在 \_\_call\_\_ 方法中定义动态图和计算图的计算执行，在 construct 方法中定义层或者模型的操作过程。

### 2.3.3　自定义神经网络层

2.3.1 节中使用伪代码定义机器学习库中低级 API，有了实现的神经网络基类抽象方法，那么就可以设计更高层次的接口，解决手动管理参数的烦琐。假设已经有了神经网络模型抽象方法 Cell，构建 Conv2D 将继承 Cell 类，并重构 \_\_init\_\_ 和 \_\_call\_\_ 方法，在 \_\_init\_\_ 方法中初始化训练参数和输入参数，在 \_\_call\_\_ 方法中调用低级 API 实现计算逻辑。使用伪代码，如代码 2.12 所示，通过接口定义描述自定义卷积层的过程。

代码 2.12　自定义神经网络层

```
1  # 接口定义:
2  全连接层接口: convolution(inputs, filters, stride, padding)
3  变量: Variable(value, trainable=True)
```

```
4    高斯分布初始化方法：random_normal(shape)
5    神经网络模型抽象方法：Cell
6    # 定义卷积层
7    class Conv2D(Cell):
8        def __init__(self, in_channels, out_channels, ksize, stride, padding):
9            # 卷积核大小为 ksize × ksize × inchannels × out_channels
10           filters_shape = (out_channels, in_channels, ksize, ksize)
11           self.stride = stride
12           self.padding = padding
13           self.filters = Variable(random_normal(filters_shape))
14
15       def __call__(self, inputs):
16           outputs = convolution(inputs, self.filters, self.stride, self.padding)
```

有了上述定义，在使用卷积层时，就不需要创建训练变量了。假设需要对 30×30 大小的 10 个通道的输入使用 3×3 的卷积核做卷积，卷积后输出 20 个通道，调用方式如代码 2.13 所示。

代码 2.13　使用卷积层

```
1    conv = Conv2D(in_channel=10, out_channel=20, filter_size=3, stride=2, padding=0)
2    output = conv(inputs)
```

在执行过程中，初始化 Conv2D 时，__setattr__ 方法会判断属性，把属于 Cell 类的神经网络层 Conv2D 记录到 self.__cells 中，filters 属于参数（parameter），把参数记录到 self.__params 中。查看神经网络层参数使用 conv.parameters_and_names；查看神经网络层列表使用 conv.cells_and_names；执行操作使用 conv（inputs）。

### 2.3.4　自定义神经网络模型

神经网络层通过 Cell 的子类（SubClass）实现，同样地，神经网络模型也可以采用 SubClass 方法自定义神经网络模型；构建时需要在 __init__ 方法中将要使用的神经网络组件实例化，在 __call__ 方法中定义神经网络的计算逻辑。同样地，以 2.3.1 节的卷积神经网络模型为例，定义接口可用伪代码描述，如代码 2.14 所示。

代码 2.14　自定义神经网络模型

```
1    # 使用Cell子类构建的神经网络层接口定义：
2    # 构建卷积神经网络的组件接口定义：
3    全连接层接口：Dense(in_channel, out_channel)
4    卷积层的接口：Conv2D(in_channel, out_channel, filter_size, stride, padding)
5    最大池化接口：MaxPool2D(pool_size, stride, padding)
6    张量平铺：Flatten()
7
```

```
8   # 使用SubClass方法构建卷积模型
9   class CNN(Cell):
10      def __init__(self):
11          self.conv1 = Conv2D(in_channel=3, out_channel=16, filter_size=3, stride=1,
                  padding=0)
12          self.maxpool1 = MaxPool2D(pool_size=3, stride=1, padding=0)
13          self.conv2 = Conv2D(in_channel=16, out_channel=32, filter_size=3, stride=1,
                  padding=0)
14          self.maxpool2 = MaxPool2D(pool_size=3, stride=1, padding=0)
15          self.flatten = Flatten()
16          self.dense1 = Dense(in_channels=768, out_channel=128)
17          self.dense2 = Dense(in_channels=128, out_channel=64)
18          self.dense3 = Dense(in_channels=64, out_channel=10)
19
20      def __call__(self, inputs):
21          z = self.conv1(inputs)
22          z = self.maxpool1(z)
23          z = self.conv2(z)
24          z = self.maxpool2(z)
25          z = self.flatten(z)
26          z = self.dense1(z)
27          z = self.dense2(z)
28          z = self.dense3(z)
29          return z
```

对上述卷积模型进行实例化，其执行过程将从 __init__ 方法开始，第一个是 Conv2D，Conv2D 也是 Cell 的子类，会进入 Conv2D 的 __init__ 方法，此时会将第一个 Conv2D 的卷积参数收集到 self._params 中，之后回到 Conv2D，将第一个 Conv2D 收集到 self._cells；第二个的组件是 MaxPool2D，因为其没有训练参数，因此将 MaxPool2D 收集到 self._cells；以此类推，分别收集第二个卷积参数和卷积层，三个全连接层的参数和全连接层。实例化之后可以调用.parameters_and_names 方法返回训练参数；调用 conv.cells_and_names 方法查看神经网络层列表。

## 2.4  C/C++编程接口

上面讨论了开发者如何利用机器学习框架提供的 Python 接口定义机器学习的整个工作流，以及如何定义复杂的深度神经网络。然而，很多时候，用户也需要添加自定义的算子帮助实现新的模型、优化器、数据处理函数等。这些自定义算子需要通过 C 和 C++实现，从而获得最优性能。但是为了让用户使用算子，也需要添加 Python 调用接口，从而方便用户将它们整合到已有的以 Python 为核心编写的工作流和模型中。本节将讨论这一过程是如何实现的。

### 2.4.1　在 Python 中调用 C/C++函数的原理

由于 Python 解释器是由 C 语言实现的，因此在 Python 中可以实现 C 和 C++函数的调用。现代机器学习框架（包括 TensorFlow、PyTorch 和 MindSpore）主要依赖 Pybind11 将底层的大量 C 和 C++函数自动生成对应的 Python 函数，这一过程一般称为 Python 绑定（Binding）。在 Pybind11 出现以前，将 C 和 C++函数进行 Python 绑定的手段主要包括：

（1）使用 Python 的 C-API。这种方式要求在一个 C++程序中包含 Python.h，并使用 Python 的 C-API 对 Python 语言进行操作。使用这套 API 需要对 Python 的底层实现有一定了解，比如如何管理引用计数等，具有较高的使用门槛。

（2）使用简单包装界面产生器（Simplified Wrapper and Interface Generator，SWIG）。SWIG 可以将 C 和 C++代码暴露给 Python。SWIG 是 TensorFlow 早期使用的方式。这种方式需要用户编写一个复杂的 SWIG 接口声明文件，并使用 SWIG 自动生成使用 Python C-API 的 C 代码。自动生成的代码可读性很低，因此代码维护开销大。

（3）使用 Python 的 ctypes 模块。该模块提供了 C 语言中的类型以及直接调用动态链接库的能力，但其缺点是依赖 C 的原生类型，对自定义类型支持不好。

（4）使用 CPython。CPython 是结合了 Python 和 C 语言的一种语言，可以简单地认为它就是给 Python 加上了静态类型后的语法，使用者可以维持大部分的 Python 语法。CPython 编写的函数会被自动转译为 C 和 C++代码，因此在 CPython 中可以插入对于 C/C++函数的调用。

（5）使用 Boost::Python。它是一个 C++库，可以将 C++函数转换为 Python 函数。其原理和 Python C-API 类似，但是使用方法更简单。由于引入了 Boost 库，因此有过多的第三方依赖。

相对于上述的 Python 绑定的手段，Pybind11 具有类似于 Boost::Python 方法的简洁性和易用性，但由于它支持 C++ 11，并且去除 Boost 依赖，因此成为了轻量级的 Python 库，特别适合在一个复杂的 C++项目（例如本书讨论的机器学习系统）中生成大量的 Python 函数。

### 2.4.2　添加 C++编写的自定义算子

算子是构建神经网络的基础，也称为低级 API；通过算子的封装可以实现各类神经网络层，当开发神经网络层遇到内置算子无法满足时，可以通过自定义算子实现。以 MindSpore 为例，实现一个 GPU 算子需要如下步骤：

（1）原语（Primitive）注册：算子原语是构建网络模型的基础单元，用户可以直接或者间接调用算子原语搭建一个神经网络模型。

（2）GPU 算子开发：GPU Kernel 用于调用 GPU 实现加速计算。

（3）GPU 算子注册：算子注册用于将 GPU Kernel 及必要信息注册给框架，由框架完成对 GPU Kernel 的调用。

#### 1. 注册算子原语

算子原语通常包括算子名、算子输入、算子属性 [初始化时需要填的参数，如卷积的步长（stride）、填充（padding）]、输入数据合法性校验、输出数据类型推导和维度推导。假设需要编写加法算子，主要内容如下：

（1）算子名：TensorAdd。

（2）算了属性：在构造函数 __init__ 中初始化属性，因加法没有属性，因此 __init__ 不需要额外输入。

（3）算子输入/输出及合法性校验：infer_shape 方法中约束两个输入维度必须相同，输出的维度和输入维度相同。infer_dtype 方法中约束两个输入数据必须是 float32 类型，输出的数据类型和输入数据类型相同。

（4）算子输出。

MindSpore 中实现注册 TensorAdd，如代码 2.15 所示。

代码 2.15　MindSpore 实现注册 TensorAdd

```
1  # mindspore/ops/operations/math_ops.py
2  class TensorAdd(PrimitiveWithInfer):
3      """
4      Adds two input tensors element-wise.
5      """
6      @prim_attr_register
7      def __init__(self):
8          self.init_prim_io_names(inputs=['x1', 'x2'], outputs=['y'])
9
10     def infer_shape(self, x1_shape, x2_shape):
11         validator.check_integer('input dims', len(x1_shape), len(x2_shape), Rel.EQ,
                self.name)
12         for i in range(len(x1_shape)):
13             validator.check_integer('input_shape', x1_shape[i], x2_shape[i], Rel.EQ,
                    self.name)
14         return x1_shape
15
16     def infer_dtype(self, x1_dtype, x2_type):
17         validator.check_tensor_type_same({'x1_dtype': x1_dtype}, [mstype.float32],
                self.name)
18         validator.check_tensor_type_same({'x2_dtype': x2_dtype}, [mstype.float32],
                self.name)
19         return x1_dtype
```

在 mindspore/ops/operations/math_ops.py 文件内注册加法算子原语后，需要在 mindspore/ops/operations/__init__ 中导出，方便 Python 导入模块时候调用，如代码 2.16 所示。

代码 2.16　导出注册算子

```
1  # mindspore/ops/operations/__init__.py
2  from .math_ops import(Abs, ACos, ···, TensorAdd)
```

```
3   __all__ = [
4     'ReverseSequence',
5     'CropAndResize',
6     ...,
7     'TensorAdd'
8   ]
```

### 2. GPU 算子开发

继承 GPU Kernel，实现加法使用类模板定义 TensorAddGpuKernel，需要实现以下方法：

（1）Init()：用于完成 GPU Kernel 的初始化，通常包括记录算子输入/输出维度，完成 Launch 前的准备工作；因此在此记录 Tensor 元素个数。

（2）GetInputSizeList()：向框架反馈输入 Tensor 需要占用的显存字节数；返回了输入 Tensor 需要占用的字节数，TensorAdd 有两个输入，每个输入占用字节数为 element_num*sizeof(T)。

（3）GetOutputSizeList()：向框架反馈输出 Tensor 需要占用的显存字节数；返回了输出 Tensor 需要占用的字节数，TensorAdd 有一个输出，占用 element_num*sizeof(T) 字节。

（4）GetWorkspaceSizeList()：向框架反馈工作空间（Workspace）字节数，工作空间是用于计算过程中存放临时数据的空间；由于 TensorAdd 不需要工作空间，因此 GetWorkspaceSizeList() 返回空的 std::vector<size_t>。

（5）Launch()：通常调用 CUDA Kernel（CUDA Kernel 是基于 Nvidia GPU 的并行计算架构开发的核函数），或者 cuDNN 接口等方式，完成算子在 GPU 上加速；Launch() 接收输入、输出在显存的地址，接着调用 TensorAdd 完成加速。

GPU 算子开发参见代码 2.17。

代码 2.17　GPU 算子开发

```
1   // mindspore/ccsrc/backend/kernel_compiler/gpu/math/tensor_add_v2_gpu_kernel.h
2
3   template <typename T>
4   class TensorAddGpuKernel : public GpuKernel {
5    public:
6     TensorAddGpuKernel() : element_num_(1) {}
7     ~TensorAddGpuKernel() override = default;
8
9     bool Init(const CNodePtr &kernel_node) override {
10      auto shape = AnfAlgo::GetPrevNodeOutputInferShape(kernel_node, 0);
11      for (size_t i = 0; i < shape.size(); i++) {
12        element_num_ *= shape[i];
13      }
14      InitSizeLists();
15      return true;
16    }
```

```
17
18  const std::vector<size_t> &GetInputSizeList() const override { return input_size_list_;
        }
19  const std::vector<size_t> &GetOutputSizeList() const override { return
        output_size_list_; }
20  const std::vector<size_t> &GetWorkspaceSizeList() const override { return
        workspace_size_list_; }
21
22  bool Launch(const std::vector<AddressPtr> &inputs, const std::vector<AddressPtr> &,
23           const std::vector<AddressPtr> &outputs, void *stream_ptr) override {
24    T *x1 = GetDeviceAddress<T>(inputs, 0);
25    T *x2 = GetDeviceAddress<T>(inputs, 1);
26    T *y = GetDeviceAddress<T>(outputs, 0);
27
28    TensorAdd(element_num_, x1, x2, y, reinterpret_cast<cudaStream_t>(stream_ptr));
29    return true;
30  }
31
32  protected:
33  void InitSizeLists() override {
34    input_size_list_.push_back(element_num_ * sizeof(T));
35    input_size_list_.push_back(element_num_ * sizeof(T));
36    output_size_list_.push_back(element_num_ * sizeof(T));
37  }
38
39  private:
40  size_t element_num_;
41  std::vector<size_t> input_size_list_;
42  std::vector<size_t> output_size_list_;
43  std::vector<size_t> workspace_size_list_;
44 };
```

TensorAdd 中调用了 CUDA kernelTensorAddKernel 来实现 element_num 个元素的并行相加，如代码 2.18 所示。

代码 2.18　实现并行相加

```
1  // mindspore/ccsrc/backend/kernel_compiler/gpu/math/tensor_add_v2_gpu_kernel.h
2
3  template <typename T>
4  __global__ void TensorAddKernel(const size_t element_num, const T* x1, const T* x2, T*
        y) {
5   for (size_t i = blockIdx.x * blockDim.x + threadIdx.x; i < element_num; i += blockDim.x
        * gridDim.x) {
```

```
6    y[i] = x1[i] + x2[i];
7  }
8  }
9
10 template <typename T>
11 void TensorAdd(const size_t &element_num, const T* x1, const T* x2, T* y, cudaStream_t
     stream){
12   size_t thread_per_block = 256;
13   size_t block_per_grid = (element_num + thread_per_block - 1 ) / thread_per_block;
14   TensorAddKernel<<<block_per_grid, thread_per_block, 0, stream>>>(element_num, x1, x2,
       y);
15   return;
16 }
17
18 template void TensorAdd(const size_t &element_num, const float* x1, const float* x2,
     float* y, cudaStream_t stream);
```

### 3. GPU 算子注册

GPU 算子信息包含：①Primive；②Input dtype，output dtype；③GPU Kernel class；④CUDA 内置数据类型。框架会根据 Primive 和 Input dtype、output dtype，调用以 CUDA 内置数据类型实例化 GPU Kernel class 模板类。代码 2.19 中分别注册了支持 float（浮点型数）和 int（整型数）的 TensorAdd 算子。

代码 2.19　　GPU 算子注册

```
1  // mindspore/ccsrc/backend/kernel_compiler/gpu/math/tensor_add_v2_gpu_kernel.cc
2
3  MS_REG_GPU_KERNEL_ONE(TensorAddV2, KernelAttr()
4                          .AddInputAttr(kNumberTypeFloat32)
5                          .AddInputAttr(kNumberTypeFloat32)
6                          .AddOutputAttr(kNumberTypeFloat32),
7              TensorAddV2GpuKernel, float)
8
9  MS_REG_GPU_KERNEL_ONE(TensorAddV2, KernelAttr()
10                          .AddInputAttr(kNumberTypeInt32)
11                          .AddInputAttr(kNumberTypeInt32)
12                          .AddOutputAttr(kNumberTypeInt32),
13              TensorAddV2GpuKernel, int)
```

完成上述三步工作后，需要把 MindSpore 重新编译，在源码的根目录执行 bash build.sh -e gpu，最后使用算子进行验证。

# 2.5 机器学习框架的编程范式

## 2.5.1 机器学习框架编程需求

机器学习模型的训练是其任务中最为关键的一步，训练依赖于优化器算法描述。目前大部分机器学习任务都使用一阶优化器，因为一阶优化器的方法简单易用。随着机器学习的高速发展，软硬件也随之升级，越来越多的研究者开始探索收敛性能更好的高阶优化器。常见的二阶优化器，如牛顿法、拟牛顿法、AdaHessians 均需要计算含有二阶导数信息的 Hessian 矩阵。Hessian 矩阵的计算带来两方面的问题：一方面是计算量巨大如何才能高效计算；另一方面是高阶导数的编程表达。

同时，近年来，工业界发布了非常多的大模型，从 2020 年 OpenAI GTP-3（175B 参数）开始，到 2021 年盘古大模型（100B 参数）、鹏程盘古-$\alpha$（200B 参数）、谷歌 switch transformer（1.6T 参数）、智源悟道（1.75T 参数），再到 2022 年百度 ERNIE3.0（280M 参数）、Facebook NLLB-200（54B 参数），越来越多的超大规模模型训练需求使得单纯的数据并行难以满足，而模型并行需要靠人工来进行模型切分，耗时耗力，如何自动并行成为未来机器学习框架所面临的挑战。最后，构建的机器学习模型本质上是数学模型的表示，如何简洁表示机器学习模型也成为机器学习框架编程范式的设计的重点。

为了解决机器学习框架在实际应用中的一些困难，研究人员发现函数式编程能很好地提供解决方案。在计算机科学中，函数式编程是一种编程范式，它将计算视为数学函数的求值，并避免状态变化和数据可变，这是一种更接近于数学思维的编程模式。神经网络由连接的节点组成，每个节点执行简单的数学运算。通过使用函数式编程语言，开发人员能够用一种更接近运算本身的语言来描述这些数学运算，使得程序的读取和维护更加容易。同时，函数式语言的函数都是相互隔离的，使得并发性和并行性更容易管理。

因此，机器学习框架使用函数式编程设计具有以下优势：

（1）支持高效的科学计算和机器学习场景。

（2）易于开发并行。

（3）简洁的代码表示能力。

## 2.5.2 机器学习框架编程范式现状

本节将从目前主流机器学习框架发展历程来看机器学习框架对函数式编程的支持现状。谷歌在 2015 年发布了 TensorFlow 1.0，其编程特点包括计算图（Computational Graphs）、会话（Session）、张量（Tensor）等，是一种声明式编程风格。2017 年 Facebook 发布了 PyTorch，其编程特点为即时执行，是一种命令式编程风格。2018 年谷歌发布了 JAX，它不是纯粹为机器学习而编写的框架，而是针对 GPU 和 TPU 做高性能数据并行计算的框架；与传统的机器学习框架相比，其核心能力是神经网络计算和数值计算的融合，在接口上兼容了 NumPy、Scipy 等 Python 原生的数据科学接口，而且在此基础上扩展分布式、向量化、高阶求导、硬件加速功能，其编程风格是函数式，主要体现在无副作用、Lambda 闭包等。2020 年华为发布了 MindSpore，其函数式可微分编程架构可以让用户聚焦机器学习模型算法数学的原生表达。

2022 年 PyTorch 推出 functorch，受到谷歌 JAX 的极大启发，functorch 是一个向 PyTorch 添加可组合函数转换的库，包括可组合的 vmap（向量化）和 autodiff 转换，可与 PyTorch 模块和 PyTorch autograd 一起使用，并具有良好的渴望模式（Eager-Mode）性能，functorch 可以说是弥补了 PyTorch 静态图的分布式并行需求。

从主流的机器学习框架发展历程来看，未来机器学习框架函数式编程风格将会日益得到应用，因为函数式编程能更直观地表达机器学习模型，同时对于自动微分、高阶求导、分布式实现也更加方便。未来的机器学习框架在前端接口层次也趋向于分层解耦，其设计不直接为了机器学习场景，而是只提供高性能的科学计算和自动微分算子，更高层次的应用，如机器学习模型开发则是通过封装这些高性能算子实现。

### 2.5.3　函数式编程案例

在 2.5.2 节介绍了机器学习框架编程范式的现状，不管是 JAX、MindSpore 还是 functorch 都提到了函数式编程，其在科学计算、分布式方面有着独特的优势。然而在实际应用中纯函数式编程几乎没有能够成为主流开发范式，而现代编程语言几乎不约而同地选择了接纳函数式编程特性。以 MindSpore 为例，MindSpore 选择将函数式和面向对象编程融合，兼顾用户习惯，提供易用性最好，编程体验最佳的混合编程范式。MindSpore 采用混合编程范式的道理也很简单，纯函数式会让学习曲线陡增，易用性变差；面向对象构造神经网络的编程范式深入人心。

代码 2.20 中提供了使用 MindSpore 编写机器学习模型训练的全流程。其网络构造，满足面向对象编程习惯，函数式编程主要体现在模型训练的反向传播部分；MindSpore 使用函数式，将前向计算构造成函数，然后通过函数变换，获得梯度函数（grad function），最后通过执行梯度函数（grad function）获得权重对应的梯度。MindSpore 函数式编程如代码 2.20 所示。

代码 2.20　MindSpore 函数式编程

```
1  # Class definition
2  class Net(nn.Cell):
3      def __init__(self):
4          ......
5      def construct(self, inputs):
6          ......
7
8  # Object instantiation
9  net = Net()                                    # network
10 loss_fn = nn.CrossEntropyLoss()                # loss function
11 optimizer = nn.Adam(net.trainable_params(), lr) # optimizer
12
13 # define forward function
14 def forword_fn(inputs, targets):
15     logits = net(inputs)
16     loss = loss_fn(logits, targets)
17     return loss, logits
```

```
18
19   # get grad function
20   grad_fn = value_and_grad(forward_fn, None, optim.parameters, has_aux=True)
21
22   # define train step function
23   def train_step(inputs, targets):
24       (loss, logits), grads = grad_fn(inputs, targets) # get values and gradients
25       optimizer(grads)                                 # update gradient
26       return loss, logits
27
28   for i in range(epochs):
29       for inputs, targets in dataset():
30           loss = train_step(inputs, targets)
```

## 2.6  总结

（1）现代机器学习系统需要兼有易用性和高性能，因此一般选择 Python 作为前端编程语言，使用 C 和 C++作为后端编程语言。

（2）一个机器学习框架需要对一个完整的机器学习应用工作流进行编程支持。这些编程支持一般通过提供高层次 Python API 实现。

（3）数据处理编程接口允许用户下载、导入和预处理数据集。

（4）模型定义编程接口允许用户定义和导入机器学习模型。

（5）损失函数接口允许用户定义损失函数评估当前模型性能。同时，优化器接口允许用户定义和导入优化算法基于损失函数计算梯度。

（6）机器学习框架同时兼有高层次 Python API 对训练过程、模型测试和调试进行支持。

（7）复杂的深度神经网络可以通过叠加神经网络层完成。

（8）用户可以通过 Python API 定义神经网络层，并指定神经网络层之间的拓扑定义深度神经网络。

（9）Python 和 C 之间的互操作性一般通过 CType 等技术实现。

（10）机器学习框架一般具有多种 C 和 C++接口允许用户定义和注册 C++实现的算子。这些算子使得用户可以开发高性能模型、数据处理函数、优化器等一系列框架拓展。

## 2.7  拓展阅读

（1）MindSpore 编程指南[①]。

（2）Python 和 C/C++混合编程[②]。

---

[①] 可参考网址为：https://www.mindspore.cn/docs/programming_guide/zh-CN/r1.6/index.html。

[②] 可参考网址为：https://pybind11.readthedocs.io/en/latest/basics.html。

# 第3章

# 计算图

第 2 章展示了如何高效编写机器学习程序，那么下一个问题就是：机器学习系统如何高效地在硬件上执行这些程序呢？这一核心问题又能被进一步拆解为：如何对机器学习程序描述的模型调度执行？如何使得模型调度执行更加高效？如何自动计算更新模型所需的梯度？解决这些问题的关键是计算图（Computational Graph）技术。为了讲解这一技术，本章将详细讨论计算图的基本组成、自动生成和高效执行中所涉及的方法。

本章的学习目标包括：

(1) 掌握计算图的基本构成。

(2) 掌握计算图静态生成和动态生成方法。

(3) 掌握计算图的常用执行方法。

## 3.1 设计背景和作用

早期机器学习框架主要针对全连接和卷积神经网络设计，这些神经网络的拓扑结构简单，神经网络层之间通过串行连接。因此，它们的拓扑结构可以用简易的配置文件表达（例如 Caffe 基于 Protocol Buffer 格式的模型定义）。

现代机器学习模型的拓扑结构日益复杂，显著的例子包括混合专家模型、生成对抗网络、注意力模型等。复杂的模型结构（例如带有分支的循环结构等）需要机器学习框架能够对模型算子的执行依赖关系、梯度计算以及训练参数进行快速高效的分析，便于优化模型结构、制定调度执行策略以及实现自动化梯度计算，从而提高机器学习框架训练复杂模型的效率。因此，机器学习系统设计者需要一个通用的数据结构来理解、表达和执行机器学习模型。为了应对这个需求，如图 3.1 所示基于计算图的机器学习框架应运而生，框架延续前端语言与后端语言分离的设计。从高层次来看，计算图实现了以下关键功能：

(1) **统一的计算过程表达**。在编写机器学习模型程序的过程中，用户希望使用高级编程语言（如 Python、Julia 和 C++）。然而，硬件加速器等设备往往只提供了 C 和 C++编程接口，因此机器学习系统通常需要基于 C 和 C++实现。用高级语言编写的程序因此需要被表达为一个统一的数据结构，从而被底层共享的 C 和 C++系统模块执行。这个数据结构（计算图）需要表述用户的输入数据、模型中的计算逻辑（通常称为算子）以及算子之间的执行顺序。

(2) **自动化计算梯度**。用户的模型训练程序接受训练数据集的数据样本，通过神经网络前向计算，最终计算出损失值。根据损失值，机器学习系统为每个模型参数计算出梯度来更新模型参数。考虑到用户可以写出任意的模型拓扑和损失值计算方法，计算梯度的方法必须通用并且能实现自动运行，计算图可以辅助机器学习系统快速分析参数之间的梯度传递关系，实现自动化计算梯度的目标。

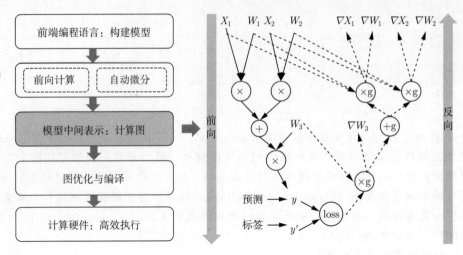

图 3.1　基于计算图的机器学习框架

（3）**分析模型变量生命周期**。在用户训练模型的过程中，系统会通过计算产生临时的中间变量，如前向计算中的激活值和反向计算中的梯度。前向计算的中间变量可能与梯度共同参与到模型的参数更新过程中。通过计算图，系统可以准确分析出中间变量的生命周期（一个中间变量生成以及销毁时机），从而帮助框架优化内存管理。

（4）**优化程序执行**。用户给定的模型程序具备不同的网络拓扑结构。机器学习框架利用计算图分析模型结构和算子执行关系，并自动寻找算子并行计算的策略，从而提高模型的执行效率。

## 3.2　计算图的基本构成

计算图由基本数据结构张量（Tensor）和基本运算单元算子构成。在计算图中通常使用节点表示算子，节点间的有向边（Directed Edge）表示张量状态，同时也描述了计算间的依赖关系。将 $Z=\text{ReLU}(X \times Y)$ 以计算图表示，如图 3.2 所示。

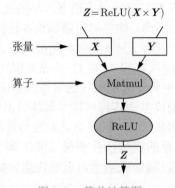

图 3.2　简单计算图

### 3.2.1　张量和算子

在数学中定义张量是基于标量与矢量的推广。在机器学习领域内将多维数据称为张量，使用秩来表示张量的轴数或维度。如图 3.3 所示，标量为零秩张量，包含单个数值，没有轴；向量为一秩张量，拥有一个轴；拥有 RGB 三个通道的彩色图像即为三秩张量，包含三个轴。

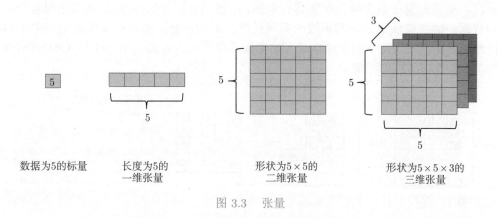

数据为5的标量　　　　　长度为5的　　　　　　　形状为5×5的　　　　　形状为5×5×3的
　　　　　　　　　　　　一维张量　　　　　　　　二维张量　　　　　　　　三维张量

图 3.3　张量

在机器学习框架中张量不仅存储数据，还存储张量的数据类型、数据形状、秩以及梯度传递状态等多个属性，表3.1列举了张量的主要属性和功能。

表 3.1　张量的属性和功能

| 张 量 属 性 | 功　　能 |
| --- | --- |
| 形状 (shape) | 存储张量的每个维度的长度，如 [3,3,3] |
| 秩或维数 (dim) | 表示张量的轴数或维数，标量为 0，向量为 1 |
| 数据类型 (dtype) | 表示存储的数据类型，如 bool、uint8、int16、float32、float64 等 |
| 存储位置 (device) | 创建张量时可以指定存储的设备位置，如 CPU、GPU 等 |
| 名字 (name) | 张量的标识符 |

以图像数据为例具体说明张量属性的作用。当机器学习框架读取一张高为 96 像素、宽为 96 像素的 RGB 三通道图像，并将图像数据转换为张量存储时。该张量的形状属性则为 [96,96,3] 分别代表高、宽、通道的数量，秩即为 3。原始 RGB 图像每个像素上的数据以 0～255 的无符号整数表示色彩，因此图像数据以张量存储时会将数据类型属性设置为 uint8 格式。将图像数据传输给卷积神经网络模型进行网络训练前，会对图像数据进行归一化处理，此时数据类型属性会重新设置为 float32 格式，因为通常机器学习框架在训练模型时默认采用 float32 格式。

机器学习框架在训练时，需要确定在 CPU、GPU 或其他硬件上执行计算，数据和参数权重也应当存放在对应的硬件内存中才能正确被调用，张量存储位置属性则用来指明存储的设备位置。存储位置属性通常由机器学习框架根据硬件环境自动赋予张量。在模型训练过程中，张量数据的存储状态可以分为可变和不可变两种。可变张量存储神经网络模型权重参数，根据梯度信息更新自身数据，如参与卷积运算的卷积核张量；不可变张量一般用于用户初始化的数据或者输入模型的数据，如上文提到的图像数据张量。

那么在机器学习场景下的张量一般是什么样子呢？上面提到的图像数据张量以及卷积核张量，形状一般是"整齐"的，即每个轴上具有相同的元素个数，就像一个"矩形"或者"立方体"。在特定的环境中，也会使用特殊类型的张量，比如不规则张量和稀疏张量。如图 3.4 中所示，不规则张量在某个轴上可能具有不同的元素个数，它们支持存储和处理包含非均匀形状的数据。如在自然语言处理领域中不同长度文本的信息；稀疏张量则通常应用于图数据与图神经网络中，采用特殊的存储格式，如坐标表格式（Coordinate List，COO），可以高效存储稀疏数据以节省存储空间。

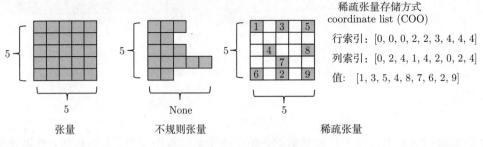

图 3.4　张量分类

算子是构成神经网络的基本计算单元，对张量数据进行加工处理，实现了多种机器学习中常用的计算逻辑，包括数据转换、条件控制、数值计算等。为了便于梳理算子类别，按照功能将算子分类为张量操作算子、神经网络算子、数据流算子和控制流算子等。

（1）**张量操作算子**：包括张量的结构操作和数学运算。张量的结构操作通常用于张量的形状、维度调整以及张量合并等，比如在卷积神经网络中可以选择图像数据以通道在前或者通道在后的格式进行计算，调整图像张量的通道顺序就需要结构操作。矩阵相关的数学运算算子，例如矩阵乘法、计算范数、行列式和特征值计算，在机器学习模型的梯度计算中经常被使用到。

（2）**神经网络算子**：包括特征提取、激活函数、损失函数、优化算法等，是构建神经网络模型频繁使用的核心算子。常见的卷积操作就是特征提取算子，用来提取比原输入更具代表性的特征张量。激活函数能够增加神经网络模型的非线性能力，帮助模型表达更加复杂的数据特征关系。损失函数和优化算法则与模型参数训练更新息息相关。

（3）**数据流算子**：包含数据的预处理与数据载入相关算子，数据预处理算子主要是针对图像数据和文本数据的裁剪填充、归一化、数据增强等操作。数据载入算子通常会对数据集进行随机乱序（Shuffle）、分批次载入（Batch）以及预载入（Pre-fetch）等操作。数据流操作的主要功能是对原始数据进行处理后，转换为机器学习框架本身支持的数据格式，并且按照迭代次数输入给网络进行训练或者推理，提升数据载入速度，减少内存占用空间，降低网络训练数据等待时间。

（4）**控制流算子**：可以控制计算图中的数据流向，当表示灵活复杂的模型时需要控制流。使用频率比较高的控制流算子有条件运算符和循环运算符。控制流操作符一般分为两类：机器学习框架本身提供的控制流操作符和前端语言控制流操作符。控制流操作不仅会影响神经网络模型前向运算的数据流向，也会影响反向梯度运算的数据流向。

### 3.2.2　计算依赖

在计算图中，算子之间存在依赖关系，而这种依赖关系影响了算子的执行顺序与并行情况。机器学习算法模型中，计算图是一个有向无环图，即在计算图中造成循环依赖的数据流向是不被允许的。循环依赖会形成计算逻辑上的死循环，模型的训练程序将无法正常结束，而流动在循环依赖闭环上的数据将会趋向于无穷大或者零成为无效数据。为了分析计算执行顺序和模型拓扑设计思路，下面将对计算图中的计算节点依赖关系进行讲解。

如图 3.5 所示，在此计算图中，若将 Matmul1 算子移除，则该节点无输出，导致后续的激活函数无法得到输入，从而计算图中的数据流动中断，这表明计算图中的算子间具有依赖关系并且存在传递性。

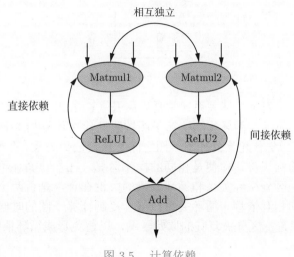

图 3.5　计算依赖

将依赖关系区分如下：

（1）**直接依赖**：节点 ReLU1 直接依赖于节点 Matmul1，即如果节点 ReLU1 要执行运算，必须接受直接来自节点 Matmul1 的输出数据。

（2）**间接依赖**：节点 Add 间接依赖于节点 Matmul1，即节点 Matmul1 的数据并未直接传输给节点 Add，而是经过了某个或者某些中间节点进行处理后再传输给节点 Add，而这些中间节点可能是节点 Add 的直接依赖节点，也可能是间接依赖节点。

（3）**相互独立**：在计算图中节点 Matmul1 与节点 Matmul2 之间并无数据输入/输出依赖关系，所以这两个节点间相互独立。

掌握依赖关系后，分析图 3.6 可以得出节点 Add 间接依赖于节点 Matmul，而节点 Matmul 直接依赖于节点 Add，此时两个节点互相等待对方计算完成输出数据，否则将无法执行计算任务，这就在算子间产生了循环依赖。若我们手动同时给两个节点赋予输入，计算将持续不间断进行，模型训练将无法停止造成死循环。循环依赖产生正反馈数据流，被传递的数值可能在正方向上无限放大，导致数值上溢，或者负方向上放大，导致数值下溢，也可能导致数值无限逼近于 0，这些情况都会致使模型训练无法得到预期结果。在构建深度学习模型时，应避免算子间产生循环依赖。

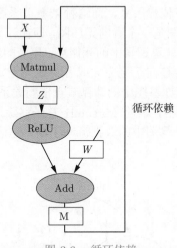

图 3.6　循环依赖

在机器学习框架中，表示循环关系通常是以**展开**（Unrolling）机制实现。将循环 3 次的计算图展开，如图 3.7 所示，循环体的计算子图按照迭代次数复制 3 次，将代表相邻迭代轮次的子图进行串联，相邻迭代轮次的计算子图之间是直接依赖关系。在计算图中，每一个张量和运算符都具有独特的标识符，即使是相同的操作运算，在参与循环不同迭代中的计算任务时具有不同的标识符。区分循环关系和循环依赖的关键在于，是否两个独特标识符之间的运算互相具有直接依赖和相互依赖。循环关系在展开复制计算子图的时候会给复制的所有张量和运算符赋予新的标识符，区分被复制的原始子图，以避免形成循环依赖。

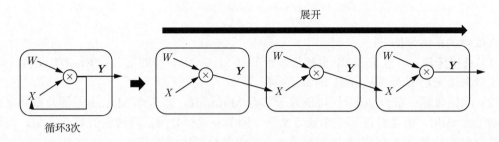

图 3.7　循环展开

### 3.2.3　控制流

控制流能够设定特定的顺序执行计算任务，帮助构建更加灵活和复杂的模型。在模型中引入控制流后可以让计算图中某些节点循环执行任意次数，也可以根据条件判断选择某些节点不执行。许多深度学习模型依赖控制流进行训练和推理，基于递归神经网络和强化学习的模型就依赖于循环递归关系和依据输入数据状态条件执行计算。

目前主流的机器学习框架中通常使用两种方式提供控制流。

（1）**前端语言控制流**：通过 Python 语言控制流语句进行计算图中的控制决策。使用前端语言控制流构建模型结构简便快捷，但是由于机器学习框架的数据计算运行在后端硬件，造成控制流和数据流之间的分离，计算图不能完整运行在后端计算硬件上。因此这类实现方式也被称为图外方法（Out-of-graph Approach）。

（2）**机器学习框架控制原语**：机器学习框架在内部设计了低级别细粒度的控制原语运算符。低级别控制原语运算符能够在计算硬件上执行，与模型结构结合使用可将整体计算图在后端运算，这种实现方式也被称为图内方法（In-graph Approach）。

为什么机器学习框架会采用两种不同的原理实现控制流呢？为了解决这个疑问，首先了解两种方法在实现上的区别。

使用 Python 语言编程的用户对于图外方法较为熟悉。图外方法允许用户直接使用 if-else、while 和 for 这些 Python 命令来构建控制流。该方法使用时灵活易用便捷直观。

而图内方法相比于图外方法则较为烦琐。TensorFlow 中可以使用图内方法控制流算子（如 tf.cond 条件控制、tf.while_loop 循环控制和 tf.case 分支控制等）构建模型控制流，这些算子是使用更加低级别的原语运算符组合而成。图内方法的控制流表达与用户常用的编程习惯并不一致，牺牲部分易用性换取的是计算性能的提升。

图外方法虽然易用，但后端计算硬件可能无法支持前端语言的运行环境，导致无法直接执行前端语言控制流。而图内方法虽然编写烦琐，但可以不依赖前端语言环境直接在计算硬件上执行。在进行模型编译、优化与运行时都具备优势，提高运行效率。

因此两种控制流的实现方式其实对应着不同的使用场景。当需要在计算硬件上脱离前端语言环境执行模型训练、推理和部署等任务，需要采用图内方法构建控制流。用户使用图外方法方便快速将算法转化为模型代码，方便验证模型构造的合理性。

目前在主流的深度学习机器学习框架中，均提供图外方法和图内方法支持。鉴于前端语言控制流使用频繁且为人熟知，为了便于理解控制流对前向计算与反向计算的影响，后续的讲解均使用图外方法实现控制流。常见的控制流包括条件分支与循环两种。当模型包含控制流操作时，梯度在反向传播经过控制流时，需要在反向梯度计算图中也构造生成相应的控制流，才能够正确计算参与运算的张量梯度。

代码3.1描述了简单的条件控制，matmul 表示矩阵乘法算子。

代码 3.1　简单的条件控制

```
1  def control(A, B, C, conditional = True):
2      if conditional:
3          y = matmul(A, B)
4      else:
5          y = matmul(A, C)
6      return y
```

图 3.8 描述代码3.1 的前向计算图和反向计算图。对于具有 if 条件的模型，梯度计算需要知道采用了条件的哪个分支，然后将梯度计算逻辑应用于该分支。在前向计算图中张量 $C$ 经过条件控制不参与计算，在反向计算时同样遵守控制流决策，不会计算关于张量 $C$ 的梯度。

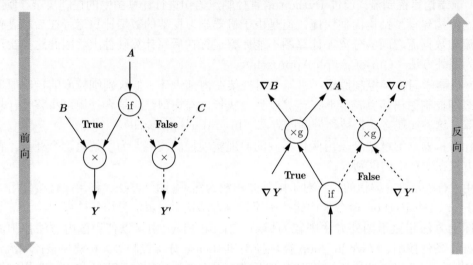

图 3.8    条件控制计算图

当模型中有循环控制时，循环中的操作可以执行零次或者多次。此时采用展开机制，对每一次操作都赋予独特的运算标识符，以此来区分相同运算操作的多次调用。每一次循环都直接依赖于前一次循环的计算结果，所以在循环控制中需要维护一个张量列表，将循环迭代的中间结果缓存起来，这些中间结果将参与前向计算和梯度计算。代码3.2描述了简单的循环控制，将其展开得到等价代码后，可以清楚地理解需要维护张量 $Y_i$ 和 $W_i$ 的列表。

代码 3.2    简单的循环控制

```
1  def recurrent_control(X : Tensor, W : Sequence[Tensor], cur_num = 3):
2      for i in range(cur_num):
3          X = matmul(X, W[i])
4      return X
5  #利用展开机制将上述代码展开，可得到等价表示
6  def recurrent_control(X : Tensor, W : Sequence[Tensor]):
7      X1 = matmul(X, W) #为便于表示与后续说明，此处W = W[0]，W1 = W[1]，W2 = W[2]
8      X2 = matmul(X1, W1)
9      Y = matmul(X2, W2)
10     return Y
```

图 3.9 描述了代码 3.2 的前向计算图和反向计算图，循环控制的梯度同样也是一个循环，它与前向循环相迭代次数相同，执行循环体的梯度计算。循环体输出的梯度值作为下一次梯度计算的输入值，直至循环结束。

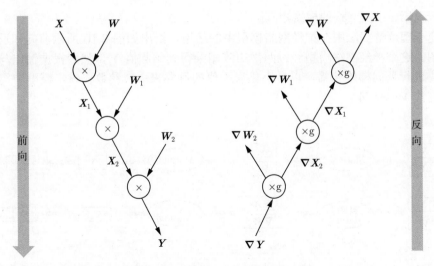

图 3.9    循环控制计算图

### 3.2.4    基于链式法则计算梯度

在 3.2.3 节循环展开的例子中，当神经网络接收输入张量 $\boldsymbol{Y}$ 后，输入数据根据计算图逐层进行前向传播，计算并保存中间结果变量，直至经过多层的计算后最终输出 $\boldsymbol{Y}_3$。在深度神经网络模型训练过程中，前向传播的输出结果与标签值通过计算产生一个损失函数结果。模型将来自损失函数的数据信息通过计算图反向传播，执行梯度计算更新训练参数。在神经网络模型中，反向传播通常使用损失函数关于参数的梯度进行更新，也可以使用其他信息进行反向传播，在这里仅讨论一般情况。

反向传播过程中，使用链式法则计算参数的梯度信息。链式法则是微积分中的求导法则，用于求解复合函数中的导数。复合函数的导数是构成复合有限个函数在相应点的导数乘积。假设 $f$ 和 $g$ 是关于实数 $x$ 的映射函数，设 $y = g(x)$ 并且 $z = f(y) = f(g(x))$，则 $z$ 对 $x$ 的导数为

$$\frac{\partial z}{\partial x} = \frac{\partial z}{\partial y}\frac{\partial y}{\partial x} \tag{3.1}$$

神经网络的反向传播是根据反向计算图的特定运算顺序执行链式法则的算法。由于神经网络的输入通常为三维张量，输出为一维向量。因此将上述复合函数关于标量的梯度法则进行推广和扩展。假设 $\boldsymbol{X}$ 是 $m$ 维张量，$\boldsymbol{Y}$ 为 $n$ 维张量，$z$ 为一维向量，$\boldsymbol{Y} = g(\boldsymbol{X})$ 并且 $z = f(\boldsymbol{Y})$，则 $z$ 关于 $\boldsymbol{X}$ 每个元素的偏导数为

$$\frac{\partial z}{\partial x_i} = \sum_j \frac{\partial z}{\partial y_j}\frac{\partial y_j}{\partial x_i} \tag{3.2}$$

式 (3.2) 可以等价表示为

$$\nabla_{\boldsymbol{X}} z = \left(\frac{\partial \boldsymbol{Y}}{\partial \boldsymbol{X}}\right)^{\top} \nabla_{\boldsymbol{Y}} z \tag{3.3}$$

其中 $\nabla_{\boldsymbol{X}}z$ 表示 $z$ 关于 $\boldsymbol{X}$ 的梯度矩阵。

为了便于理解链式法则在神经网络模型中的运用，给出如图 3.10 所示前向和反向结合的简单计算图。这个神经网络模型经过两次矩阵相乘得到预测值 $\boldsymbol{Y}$，然后根据输出与标签值之间的误差值进行反向梯度传播，以最小化误差值的目的来更新参数权重，模型中需要更新的参数权重包含 $\boldsymbol{W}$ 和 $\boldsymbol{W_1}$。

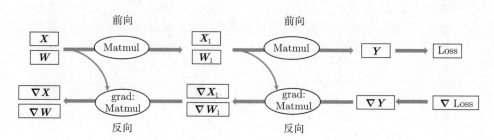

图 3.10　前向和反向结合的计算图

假设选取均方误差为损失函数，那么损失值是怎样通过链式法则将梯度信息传递给图中的 $\boldsymbol{W}$ 和 $\boldsymbol{W_1}$ 呢？又为什么要计算非参数数据 $\boldsymbol{X}$ 和 $\boldsymbol{X_1}$ 的梯度呢？为了解决上述两个疑问，要详细思考前向传播和反向传播的计算过程。首先通过前向传播来计算损失值，有三个步骤：① $\boldsymbol{X_1}=\boldsymbol{XW}$；② $\boldsymbol{Y}=\boldsymbol{X_1W_1}$；③ $\text{Loss}=\dfrac{1}{2}(\boldsymbol{Y}-\text{Label})^2$，此处 Label 即为标签值。

得到损失函数之后，目的是最小化预测值和标签值间的差异。为此根据链式法则利用式 (3.4) 和式 (3.5) 进行反向传播，求解损失函数关于参数 $\boldsymbol{W}$ 和 $\boldsymbol{W_1}$ 的梯度值，即

$$\frac{\partial \text{Loss}}{\partial \boldsymbol{W_1}} = \frac{\partial \boldsymbol{Y}}{\partial \boldsymbol{W_1}}\frac{\partial \text{Loss}}{\partial \boldsymbol{Y}} \tag{3.4}$$

$$\frac{\partial \text{Loss}}{\partial \boldsymbol{W}} = \frac{\partial \boldsymbol{X_1}}{\partial \boldsymbol{W}}\frac{\partial \text{Loss}}{\partial \boldsymbol{Y}}\frac{\partial \boldsymbol{Y}}{\partial \boldsymbol{X_1}} \tag{3.5}$$

可以看出式 (3.4) 和式 (3.5) 都计算了 $\dfrac{\partial \text{Loss}}{\partial \boldsymbol{Y}}$，对应图 3.10 中的 $\nabla \boldsymbol{Y}$。式 (3.5) 中的 $\dfrac{\partial \text{Loss}}{\partial \boldsymbol{Y}}\dfrac{\partial \boldsymbol{Y}}{\partial \boldsymbol{X_1}}$ 对应图 3.10 中的 $\nabla \boldsymbol{X_1}$，为了便于计算模型参数 $\boldsymbol{W}$ 的梯度信息，需要计算中间结果 $\boldsymbol{X_1}$ 的梯度信息。这也就解决了前面提出的第二个疑问，计算非参数的中间结果梯度是为了便于计算前序参数的梯度值。

接着将 $\boldsymbol{X_1}=\boldsymbol{XW}$、$\boldsymbol{Y}=\boldsymbol{X_1W_1}$ 和 $\text{Loss}=\dfrac{1}{2}(\boldsymbol{Y}-\text{Label})^2$ 代入式 (3.4) 和式 (3.5) 展开为式 (3.6) 和式 (3.7)，可以分析机器学习框架在利用链式法则构建反向计算图时，变量是如何具体参与到梯度计算中的。

$$\frac{\partial \text{Loss}}{\partial \boldsymbol{W_1}} = \frac{\partial \boldsymbol{Y}}{\partial \boldsymbol{W_1}}\frac{\partial \text{Loss}}{\partial \boldsymbol{Y}} = \boldsymbol{X_1}^{\top}(\boldsymbol{Y}-\text{Label}) \tag{3.6}$$

$$\frac{\partial \text{Loss}}{\partial \boldsymbol{W}} = \frac{\partial \boldsymbol{X_1}}{\partial \boldsymbol{W}} \frac{\partial \text{Loss}}{\partial \boldsymbol{Y}} \frac{\partial \boldsymbol{Y}}{\partial \boldsymbol{X_1}} = \boldsymbol{X}^\top (\boldsymbol{Y} - \text{Label})\boldsymbol{W_1}^\top \tag{3.7}$$

式 (3.6) 在计算 $\boldsymbol{W_1}$ 的梯度值时使用到了前向图中的中间结果 $\boldsymbol{X_1}$。式 (3.7) 中不仅使用输入数据 $\boldsymbol{X}$ 进行梯度计算，参数 $\boldsymbol{W_1}$ 也参与了参数 $\boldsymbol{W}$ 的梯度值计算。因此可以回答第一个疑问，参与计算图中参数的梯度信息计算过程的不仅有后序网络层传递而来的梯度信息，还包含有前向计算中的中间结果和参数数值。

通过分析图 3.10 和式 (3.4)∼ 式 (3.7) 解决了两个疑问后，可以发现计算图在利用链式法则构建反向计算图时，会对计算过程进行分析，保存模型中的中间结果和梯度传递状态，通过占用部分内存复用计算结果达到提高反向传播计算效率的目的。

将上述的链式法则推导推广到更加一般的情况，结合控制流的灵活构造，机器学习框架均可以利用计算图快速分析出前向数据流和反向梯度流的计算过程，正确地管理中间结果内存周期，更加高效地完成计算任务。

## 3.3　计算图的生成

在了解计算图的基本构成后，下一个问题就是：计算图要如何自动生成呢？在机器学习框架中可以生成静态图和动态图两种计算图。静态生成可以根据前端语言描述的神经网络拓扑结构以及参数变量等信息构建一份固定的计算图，因此静态图在执行期间可以不依赖前端语言描述，常用于神经网络模型的部署，比如移动端人脸识别场景中的应用等。

动态图则需要在每一次执行神经网络模型依据前端语言描述动态生成一份临时的计算图，这意味着计算图的动态生成过程灵活可变，该特性有助于在神经网络结构调整阶段提高效率。主流机器学习框架 TensorFlow、MindSpore 均支持动态图和静态图模式；PyTorch 则可以通过工具将构建的动态图神经网络模型转化为静态结构，以获得高效的计算执行效率。了解两种计算图生成方式的优缺点及构建执行特点，可以针对待解决的任务需求，选择合适的生成方式调用执行神经网络模型。

### 3.3.1　静态生成

静态图的生成与执行原理如图 3.11 所示，采用先编译后执行的方式，该模式将计算图的定义和执行进行分离。

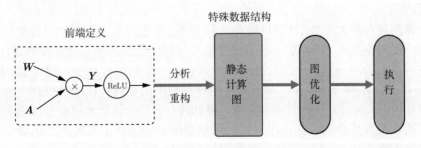

图 3.11　静态图生成与执行原理

使用前端语言定义模型形成完整的程序表达后，机器学习框架首先对神经网络模型进行分析，获取网络层之间的连接拓扑关系以及参数变量设置、损失函数等信息。然后机器学习框架会将完整的模型描述编译为可被后端计算硬件调用执行的固定代码文本，这种固定代码文本通常被称为静态图。当进行模型训练或者推理过程时，静态图可以不再编译前端语言模型，直接接收数据并通过相应硬件调度执行图中的算子来完成任务。静态图可以通过优化策略转换成等价的更加高效的结构，提高后端硬件的计算效率。

以代码3.3为例，详细讲解静态图的生成与执行。在部分机器学习框架中进行前端定义时，需要声明并编写包含数据占位符、损失函数、优化函数、网络编译、执行环境以及网络执行器等在内的预定义配置项，此外还需要使用图内控制流算子编写控制语句。随着机器学习框架设计的改进与发展，框架趋向于提供友好的编程接口和统一的模型构建模式，比如 MindSpore 提供动静态统一的前端编程表达。因此为了便于理解静态生成的过程与原理，此处使用更加简洁的语言逻辑描述模型。

代码 3.3　　简单条件控制模型

```
1   def model(X, flag):
2       if flag > 0:
3           Y = matmul(W1, X)
4       else:
5           Y = matmul(W2, X)
6       Y = Y + b
7       Y = relu(Y)
8       return Y
```

机器学习框架在进行静态生成编译时并不读取输入数据，此时需要一种特殊的张量表示输入数据辅助构建完整的计算图，这种特殊张量被称为："数据占位符"。在代码3.3第 1 行中输入数据 $X$ 需要使用占位符在静态图中表示。由于静态图生成时模型无数据输入，因此代码3.3第 2 行中的条件控制，也无法进行逻辑计算，条件控制在编译阶段并不会完成判断，因此需要将条件控制算子以及所有的分支计算子图加入计算图中。在静态图执行计算阶段网络接收数据流入，调度条件控制算子根据输入数据进行逻辑判断，控制数据流入不同的分支计算子图中进行后续计算。由于控制流和静态图生成的特殊性，在部分机器学习框架中前端语言 Python 的控制流不能够被正确编译为等价的静态图结构，因此需要机器学习框架的控制原语实现控制流。

静态计算图具有两大优势：计算性能与直接部署。静态图经过机器学习框架编译时能够获取模型完整的图拓扑关系。机器学习框架掌控全局信息便更容易制定计算图的优化策略，比如算子融合将网络中的两个或多个细粒度的算子融合为一个粗粒度算子，图 3.12 中将 Add 算子与 ReLU 算子合并为一个操作，可节省中间计算结果的存储、读取等过程，降低框架底层算子调度的开销，从而提升执行性能和效率，降低内存开销。因此使用静态图模型运行往往能够获取更好的性能和更少的内存占用。在后续章节中将详细介绍更多关于机器学习框架在编译方面的优化策略。

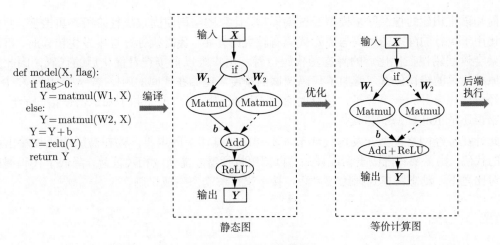

图 3.12　静态图生成流程

在部署模型进行应用时，可以将静态计算图序列化保存。在模型推理阶段，执行序列化的模型即可，无需重新编译前端语言源代码。机器学习框架也可以将静态图转换为支持不同计算硬件直接调用的代码。结合计算图序列化和计算图可转换成多种硬件代码两种特性，静态图模型可以直接部署在不同的硬件上面，提供高效的推理服务。

尽管静态图具备强大的执行计算性能与直接部署能力，但是在部分机器学习框架中静态图模式下，编写神经网络模型以及定义模型训练过程代码较为烦琐。如代码3.4所示，将代码3.3改写为以 TensorFlow 机器学习框架静态图模式要求的代码，代码第 10 行使用图内控制流算子实现条件控制。静态图模式下的代码编写和阅读对于机器学习初学者都有一定门槛。

代码 3.4　静态图模式代码

```
1  import tensorflow as tf
2  import numpy as np
3
4  x = tf.placeholder(dtype=tf.float32, shape=(5,5))        #数据占位符
5  w1 = tf.Variable(tf.ones([5,5]),name='w1')
6  w2 = tf.Variable(tf.zeros([5,5]),name='w2')
7  b = tf.Variable(tf.zeros([5,]),name='b')
8  def f1(): return tf.matmul(w1,x)
9  def f2(): return tf.matmul(w2,x)
10 y1 = tf.cond(flag > 0, f1, f2)                          #图内条件控制流算子
11 y2 = tf.add(y1, b)
12 output = tf.relu(y2)
13 with tf.Session() as sess:
14     sess.run(tf.global_variables_initializer())         #静态图变量初始化
15     random_array = np.random.rand(5,5)
16     sess.run(output, feed_dict = {x:random_array, flag: [1.0]})  #静态图执行
```

前端语言构建的神经网络模型经过编译后，计算图结构便固定执行阶段不再改变，并且经过优化用于执行的静态图代码与原始代码有较大的差距。代码执行过程中发生错误时，机器学习框架会返回错误在优化后的静态图代码位置。用户难以直接查看优化后的代码，因此无法定位原始代码的错误位置，增加了代码调试的难度。比如在代码3.4中，若 Add 算子和 ReLU 算子经过优化合并为一个算子，执行时合并算子报错，用户可能并不知道错误指向的是 Add 算子错误还是 ReLU 算子错误。

此外在神经网络模型开发迭代环节，不能即时打印中间结果。若在源码中添加输出中间结果的代码，则需要将源码重新编译后，再调用执行器才能获取相关信息，降低了代码调试效率。对比之下，动态图模式则比较灵活，接下来讲解动态生成机制。

### 3.3.2 动态生成

动态图生成与执行原理如图 3.13 所示，采用解析式的执行方式，其核心特点是编译与执行同时发生。动态图采用前端语言自身的解释器对代码进行解析，利用机器学习框架本身的算子分发功能，算子会即刻执行并输出结果。动态图模式采用用户友好的命令式编程范式，使用前端语言构建的神经网络模型更加简洁，深受广大深度学习研究者青睐。

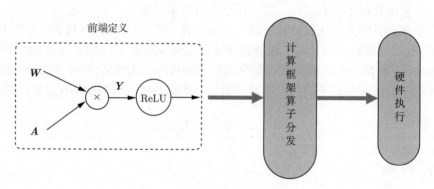

图 3.13　动态图生成与执行原理

接下来使用 3.3.1 节的伪代码讲解动态图生成和静态图生成的区别。

尽管静态图和动态图在前端语言表达上略有差异，本质的区别在于编译执行过程。使用前端语言构建完成模型表达后，动态图生成并不采用机器学习框架编译器生成完整的静态图，而是采用前端语言的解释器 Python API 调用机器学习框架，框架利用自身的算子分发功能，将 Python 调用的算子在相应的硬件（如 CPU、GPU、NPU 等）上进行加速计算，然后再将计算结果返回给前端。该过程并不产生静态图，而是按照前端语言描述模型结构，按照计算依赖关系进行调度执行，动态生成临时的图拓扑结构。

动态图生成流程如图 3.14 所示。

神经网络前向计算按照模型声明定义的顺序进行执行。当模型接收输入数据 $X$ 后，机器学习框架开始动态生成图拓扑结构，添加输入节点并准备将数据传输给后续节点。模型中存在条件控制时，动态图模式下会即刻得到逻辑判断结果并确定数据流向，因此在图 3.14 中假

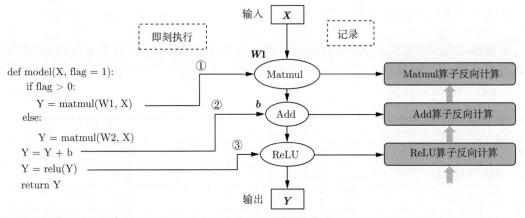

图 3.14　动态图生成流程

设判断结果为真的情况下，图结构中仅会添加关于张量 **W1** 的 Matmul 算子节点。按照代码制定的模型计算顺序与算子依赖关系，机器学习框架会依次添加 Add 算子节点和 ReLU 算子节点。机器学习框架会在添加节点的同时完成算子分发计算并返回计算结果，同时做好准备向后续添加的节点传输数据。当模型再次进行前向计算时，动态生成的图结构失效，并再次根据输入和控制条件生成新的图结构。相比于静态生成，可以发现动态生成的图结构并不能完整表示前端语言描述的模型结构，需要即时根据控制条件和数据流向产生图结构。由于机器学习框架无法通过动态生成获取完整的图结构，因此动态图模式下难以进行图结构优化以提高计算效率。

　　在静态生成环节，由于已经获取完整的神经网络模型定义，因此可以同时构建出完整的前向计算图和反向计算图。而在动态生成中，由于边解析边执行的特性，反向梯度计算的构建随着前向计算调用而进行。在执行前向过程中，机器学习框架根据前向算子的调用信息，记录对应的反向算子信息以及参与梯度计算的张量信息。前向计算完毕之后，反向算子与张量信息随之完成记录，机器学习框架会根据前向动态图拓扑结构，将所有反向过程串联起来形成整体反向计算图。最终，将反向计算图在计算硬件上执行计算得到梯度用于参数更新。

　　对应于图 3.14，当调用到关于张量 **W1** 的 Matmul 算子节点时，框架会执行两个操作：调用 Matmul 算子，计算关于输入 **X** 和 **W1** 的乘积结果，同时根据反向计算过程 Grad\_**W1**=Grad\_**Y** ∗ **X**，记录下需要参与反向计算的算子和张量 **X**。机器学习框架依据收集的信息完成前向计算和反向图构建。

　　尽管动态图生成中完整的网络结构在执行前是未知的，不能使用静态图中的图优化技术来提高计算执行性能。但其即刻算子调用与计算的能力，使得模型代码在运行的时候，每执行一句就会立即进行运算并会返回具体的值，方便开发者在模型构建优化过程中进行错误分析、结果查看等调试工作，为研究和实验提供了高效的助力。

　　此外得益于动态图模式灵活的执行计算特性，动态图生成可以使用前端语言的原生控制流，充分发挥前端语言的编程友好性特性。解决了静态图中代码难调试、代码编写烦琐以及控制流复杂等问题，对于初学者更加友好，提高了算法开发迭代的效率和神经网络模型改进的速率。

### 3.3.3 动态图和静态图生成的比较

静态图生成和动态图生成的过程各有利弊。为了方便读者对比，将静态图和动态图特性对比进行总结，见表 3.2。

表 3.2　静态图与动态图对比

| 特　性 | 静　态　图 | 动　态　图 |
|---|---|---|
| 即时获取中间结果 | 否 | 是 |
| 代码调试难易 | 难 | 简单 |
| 控制流实现方式 | 特定的语法 | 前端语言语法 |
| 性能 | 优化策略多，性能更佳 | 图优化受限，性能较差 |
| 内存占用 | 内存占用少 | 内存占用相对较多 |
| 部署能力 | 可直接部署 | 不可直接部署 |

从使用者的角度可以直观感受到静态图不能实时获取中间结果，代码调试困难以及控制流编写复杂，而动态图可以实时获取结果，调试简单，控制流符合编程习惯。虽然静态图的编写、生成过程复杂，但是相应的执行性能却超过动态图，下面用代码3.5说明静态图在性能和内存占用方面的优势。

代码 3.5　动态图和静态图生成比较样例

```
1  def model(X1, X2):
2      Y1 = matmul(X1, W1)
3      Y2 = matmul(X2, W2)
4      Y = Y1 + Y2
5      output = relu(Y)
6      return output
```

在代码3.5静态图生成过程中，机器学习框架获取完整的计算图，可以分析出计算 $Y1$ 和 $Y2$ 的过程相对独立，可以将其进行自动并行计算，加快计算效率。在静态生成过程中还可以利用计算图优化策略中的算子融合方法，将 Add 和 ReLU 两个算子融合为一个算子执行，这样减少了中间变量 $Y$ 的存储与读取过程，加快了计算效率，减少了内存占用。而动态生成的过程中，若无手动配置并行策略，机器学习框架无法获取图结构不能分析出算子之间的独立性，则只能按照代码顺序执行 Add 和 ReLU 两步操作，且需要存储变量 $Y$。除此之外，由于静态图生成能够同时分析重构出前向计算图和反向计算图，可以提前确定反向计算中需要保存的前向中间变量信息。而动态图生成则在完成前向计算后才能构建出反向计算图，为了保证反向计算效率需要保存更多的前向计算中间变量信息，相比之下静态图生成的过程更加节省内存。

针对两种模式的特性，结合任务需求选择合适的模式可以事半功倍。在学术科研以及模型开发调试阶段，为了快速验证思想和迭代更新模型结构，可以选择动态图模式构建算法；网络模型确定，为了加速训练过程或者为硬件部署模型，可以选择静态图模式。

### 3.3.4　动态图与静态图的转换和融合

动态图便于调试，适用于模型构建实验阶段；静态图执行高效，节省模型训练时间，那么有没有办法可以让机器学习框架结合两种模式的优势呢？事实上，目前 TensorFlow、MindSpore、PyTorch、PaddlePaddle 等主流机器学习框架为了兼顾动态图易用性和静态图执行性能高效两方面的优势，均具备动态图转静态图的功能，支持使用动态图编写代码，框架自动转换为静态图网络结构执行计算。

下面将主流框架中动态图转换为静态图支持接口梳理如表3.3所示。

表 3.3　主流框架动态图转换为静态图支持接口

| 框　架 | 动态图转换为静态图 |
| --- | --- |
| TensorFlow | tf_function，追踪算子调度构建静态图，<br>其中 AutoGraph 机制可以自动转换控制流为静态表达 |
| MindSpore | context.set_context(mode=context.PYNATIVE_MODE): 动态图模式;<br>context.set_context(mode=context.GRAPH_MODE): 静态图模式;<br>ms_function: 支持基于源码转换 |
| PyTorch | torch.jit.script(): 支持基于源码转换;<br>torch.jit.trace(): 支持基于追踪转换 |
| PaddlePaddle | paddle.jit.to_static(): 支持基于源码转换;<br>paddle.jit.TracedLayer.trace(): 支持基于追踪转换 |

动态图转换为静态图的实现方式有两种：

（1）**基于追踪转换**：以动态图模式执行并记录调度的算子，构建和保存为静态图模型。

（2）**基于源码转换**：分析前端代码将动态图代码自动转换为静态图代码，并在底层自动帮用户使用静态图执行器运行。

**基于追踪转换**的原理相对简单，当使用动态图模式构建好网络后，使用追踪转换将分为两个阶段。第一个阶段与图 3.14 动态图生成流程相同，机器学习框架创建并运行动态图代码，自动追踪数据流的流动以及算子的调度，将所有的算子捕获并根据调度顺序构建静态图模型。与动态图生成不同的地方在于机器学习框架并不会销毁构建好的图，而是将其保存为静态图留待后续执行计算。第二个阶段，当执行完一次动态图后，机器学习框架已生成静态图，当再次调用相同的模型时，机器学习框架会自动指向静态图模型执行计算。追踪技术只是记录第一次执行动态图时调度的算子，但若是模型中存在依赖于中间结果的条件分支控制流，只能追踪到根据第一次执行时触发的分支。此时构建的静态图模型并不是完整的，缺失了数据未流向的其他分支。在后续的调用中，因为静态模型已无法再改变，若计算过程中数据流向缺失分支会导致模型运行错误。同样地，依赖于中间数据结果的循环控制也无法追踪到全部的迭代状态。

动态图基于前端语言的解释器进行模型代码的解析执行，而静态图模式下需要经过机器学习框架自带的图编译器对模型进行建图后，再执行静态计算图。由于图编译器所支持编译的静态图代码与动态图代码之间存在差异，因此需要基于源码转换的方法将动态图代码转换为静态图代码描述，然后经过图编译器生成静态计算图。

**基于源码转换**的方式则能够改善基于追踪转换的方式的缺陷。如图 3.15 所示，基于源码转换的流程经历两个阶段。第一个阶段，对动态图模式下的代码扫描并进行词法分析，通过词法分析器分析源代码中的所有字符，然后对代码进行分割并移除空白符、注释等，将所有的单词或字符都转换成符合规范的词法单元列表。接着进行语法分析（通过解析器），将得到的语法单元列表转换成树形式，并对语法进行检查避免错误。第二阶段，动态图转换为静态图的核心就是对抽象语法树进行转换，机器学习框架中对每一个需要转换的语法都预设有转换器，每一个转换器对语法树进行扫描改写，将动态图代码语法映射为静态图代码语法。其中最为重要的前端语言控制流，会在这一阶段分析转换为静态图接口进行实现，也就避免了基于追踪转换中控制流缺失的情况。转写完毕之后，即可从新的语法树还原出可执行的静态图代码。

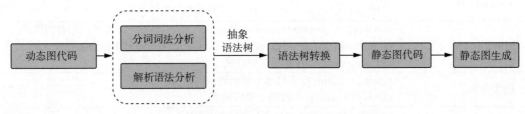

图 3.15　基于源码转换的流程

在使用上述功能的过程中，可以将整体模型动态图代码全部转换为静态图代码，提高计算效率并用于硬件部署。同时也可以将整体模型中的部分函数转换为局部静态子图，静态子图会被机器学习框架视为一个完整的算子并嵌入动态图中。执行整体动态图时，当计算到对应的函数会自动调用静态子图。使用该方式在一定程度上既保留代码调试改进的灵活性，又提高了计算效率。

代码3.6中模型整体可以采用动态图生成，而 @ms_function 可以使用基于源码转换的技术将模块 add_and_relu 的转换为静态图结构。与动态图生成中代码执行相同，模型接收输入，按照模型定义的计算顺序进行调度执行，并生成临时图结构，当执行语句 Y=add_and_relu(Y,b) 时，机器学习框架会自动调用该模块静态生成的图结构执行计算。模块 add_and_relu 可以利用静态图中的优化技术提高计算性能，实现动态图和静态图的混合执行。此外，动静态转换的技术常用于模型部署阶段，动态图预测部署时除了需要已经训练完成的参数文件，还须根据前端语言编写的模型代码构建拓扑关系，这使得动态图部署受到局限，部署硬件中往往难以提供支持前端语言执行环境。因此当使用动态图模式训练完成模型参数后，可以将整体网络结构转换为静态图格式，将神经网络模型和参数文件进行序列化保存，与前端代码完全解耦，扩大模型部署的硬件支持范围。

代码 3.6　MindSpore 动态图与静态图转换

```
1  @ms_function #mindspore中基于源码转换的函数装饰器，可以将该函数转换为静态图
2  def add_and_relu(Y, b):
3      Y = Y + b
4      Y = relu(Y)
5      return Y
6
7  def model(X, flag):
8      if flag > 0:
9          Y = matmul(W1, X)
10     else:
11         Y = matmul(W2, X)
12         Y = add_and_relu(Y, b)
13     return Y
```

## 3.4　计算图的调度

　　模型训练就是计算图调度图中算子的执行过程。宏观上来看，训练任务是由设定好的训练迭代次数循环执行计算图，此时我们需要优化迭代训练计算图过程中数据流载入和模型训练（推理）等多个任务之间的调度执行。微观上来看，单次迭代需要考虑计算图内部的调度执行问题，根据计算图、计算依赖关系、计算控制分析算子的任务调度队列。优化计算图的调度和执行性能，目的是尽可能充分利用计算资源，提高计算效率，缩短模型训练和推理时间。接下来会详细介绍计算图的调度和执行。

### 3.4.1　算子调度执行

　　算子的执行调度包含两个步骤：①根据拓扑排序算法，将计算图进行拓扑排序得到线性的算子调度序列；②将序列中的算子分配到执行流进行运算。算子调度执行的目标是根据计算图中算子依赖关系，确定算子调度序列，尽可能将序列中的算子并行执行，提高计算资源的利用率。

　　计算图中依赖边和算子构成了一张有向无环图，机器学习框架后端需要将包含这种依赖关系的算子准确地发送到计算资源，比如 GPU/NPU 上执行。因此，就要求算子按照一定的顺序排列好，再发送给 GPU/NPU 执行。针对有向无环图，通常使用拓扑排序得到一串线性的序列。

　　如图 3.16 所示，左边是一张有向无环图。图中包含了 a、b、c、d、e 五个节点和 a→d、b→c、c→d、d→e 四条边（a→d 表示 d 依赖于 a，称为依赖边）。将图的依赖边表达成节点的入度（图论中通常指有向图中某点作为图中边的终点的次数之和），可以得到各个节点的入度信息（a:0、b:0、c:1、d:2、e:1）。拓扑排序就是不断循环地将入度为 0 的节点取出放入队列中，直至所有有向无环图中的节点都加入队列中，循环结束。例如，第一步将入度为 0 的 a、 b 节点放入队列中，此时有向无环图中 c、d 的入度需要减 1，得到新的入度信息（c:0、d:1、e:1）。以此类推，将所有的节点都放入队列中并结束排序。

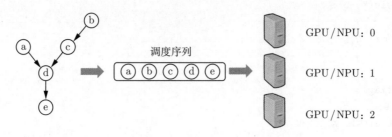

图 3.16　算子调度执行

生成调度序列之后，需要将序列中的算子与数据分发到指定的 GPU/NPU 上执行运算。根据算子依赖关系和计算设备数量，可以将无相互依赖关系的算子分发到不同的计算设备，同时执行运算，这一过程称为并行计算，与之相对应的按照序贯顺序在同一设备执行运算被称为串行计算。在深度学习中，当数据集和参数量的规模越来越大，在分发数据与算子时，通信消耗会随之增加，计算设备会在数据传输的过程中处于闲置状态，此时采用同步与异步的任务调度机制可以更好地协调通信与训练任务，提高通信模块与计算设备的使用率，在后续将详细介绍串行与并行、同步与异步的概念。

## 3.4.2　串行与并行

根据任务队列的执行顺序，可以将计算图的任务调度队列分为以下两种：

（1）**串行**：队列中的任务必须按照顺序进行调度执行直至队列结束；

（2）**并行**：队列中的任务可以同时进行调度执行，加快执行效率。

首先从微观上来分析计算图内部的串行调度。计算图中大多数算子之间存在直接依赖或者间接依赖关系，具有依赖关系的算子间任务调度则必定存在执行前后的时间顺序。如图 3.17 所示，计算图接收输入数据进行前向计算得到预测值，计算损失函数进行反向梯度计算，整体代码流程后序算子的计算有赖于前序算子的输出。此时算子的执行队列只能以串行的方式进行调度，保证算子都能正确接收到输入数据，才能完成计算图的一次完整执行。

宏观上来看，在迭代训练之间，每一轮迭代中计算图必须读取训练数据，执行完整的前向计算和反向梯度计算，将图中所有参数值更新完毕后，才能开始下一轮的计算图迭代计算更新。所以"数据载入 → 数据预处理 → 模型训练"的计算图整体任务调度是以串行方式进行的。

在分析计算图内部算子依赖关系时，除了直接依赖和间接依赖之外，存在算子间相互独立的情况。图 3.18 中 op1 和 op2 算子之间相互独立，此时可以将两个算子分配到两个硬件上进行并行计算。对比串行执行，并行计算可以同时利用更多的计算资源缩短执行时间。

并行包括算子并行、模型并行以及数据并行。算子并行不仅可以在相互独立的算子间执行，同时也可以将单个算子合理地切分为相互独立的两个子操作，进一步提高并行性。模型并行就是将整体计算图进行合理的切分，分配到不同设备上进行并行计算，缩短单次计算图迭代训练时间。数据并行则同时以不同的数据训练多个相同结构的计算图，缩短训练迭代次数，加快训练效率。这三种并行方式将在后续章节中进行详细讲解。

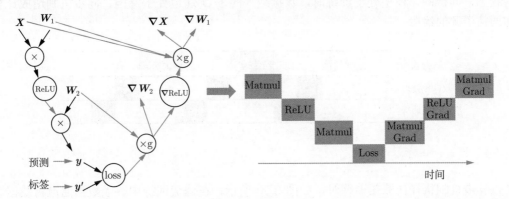

图 3.17　算子的串行执行

注：Matmul 表示矩阵乘法算子，可用 $\otimes$ 表示

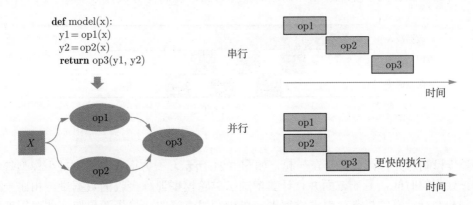

图 3.18　算子的并行执行

### 3.4.3　数据载入同步与异步机制

一次完整计算图的训练过程包括：数据载入、数据预处理、网络模型训练三个环节。三个环节之间的任务调度是以串行方式进行，每一个环节都依赖于前一个环节的输出。但计算图的训练是多轮迭代的过程，多轮训练之间的三个环节可以用同步与异步两种机制进行调度执行。

（1）**同步**：顺序执行任务，当前任务执行完后会等待后续任务执行情况，任务之间需要等待、协调运行；

（2）**异步**：当前任务完成后，不需要等待后续任务的执行情况，可继续执行当前任务进行下一轮迭代。

以同步机制执行计算图训练时，如图 3.19 所示，每一轮迭代中，数据读取后进行数据预处理操作，然后传输给计算图进行模型训练。每一个环节执行完当前迭代中的任务后，会一直等待后续环节的处理，直至计算图完成一次迭代训练更新参数值后，才会进行下一轮迭代的数据读取、数据预处理以及网络模型训练。当进行数据载入时，数据预处理、模型训练处于等待的状态，同样的，模型处于训练时，数据载入的 I/O 通道处于空闲，同步机制造成计算资源和通信资源的浪费。

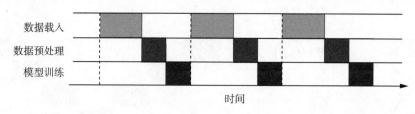

图 3.19　同步机制

以异步机制执行计算图训练时，如图 3.20 所示，在迭代训练中，当数据通道将数据读取后交给后续的数据与处理环节后，不需要等待计算图训练迭代完成，直接读取下一批次的数据。对比同步机制，异步机制的引入减少了数据载入、数据预处理、网络模型训练三个环节的空闲等待时间，能够大幅度缩短循环训练的整体时间，提高任务执行效率。

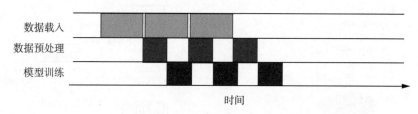

图 3.20　异步机制

将异步机制与并行计算结合在一起，如图 3.21 所示，一方面异步机制减少模型等待数据载入和预处理的时间，另一方面并行计算增加了单轮模型训练接收的数据量。相比于不采用异步机制和并行计算的机制，机器学习框架可以利用丰富的计算资源更快速地遍历训练完数据集，缩短训练时间提高计算效率。

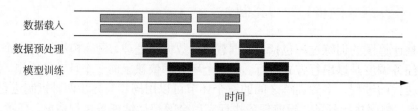

图 3.21　异步并行机制

## 3.5　总结

（1）为了兼顾编程的灵活性和计算的高效性，本章设计了基于计算图的深度学习框架。

（2）计算图的基本数据结构是张量，基本运算单元是算子。

（3）计算图可以表示机器学习模型的计算逻辑和状态，利用计算图分析图结构并进行优化。

（4）计算图是一个有向无环图，图中算子间可以存在直接依赖和间接依赖关系，或者相互独立关系，但不可以出现循环依赖关系。

（5）可以利用控制流改变数据在计算图中的流向，常用的控制流包括条件控制和循环控制流。

（6）计算图的生成可以分为静态生成和动态生成两种方式。

（7）静态图计算效率高，内存使用效率高，但调试性能较差，可以直接用于模型部署。

（8）动态图提供灵活的可编程性和可调试性，可实时得到计算结果，在模型调优与算法改进迭代方面具有优势。

（9）利用计算图和算子间依赖关系可以解决模型中的算子执行调度问题。

（10）根据计算图可以找到相互独立的算子进行并发调度，提高计算的并行性。而存在依赖关系的算子则必须依次调度执行。

（11）计算图的训练任务可以使用同步或者异步机制，异步能够有效提高硬件使用率，缩短训练时间。

## 3.6 拓展阅读

（1）计算图是机器学习框架的核心理念之一，了解主流机器学习框架的设计思想，有助于深入掌握这一概念，建议阅读 TensorFlow 设计白皮书[①]、PyTorch 机器学习框架设计论文[67]。

（2）图外控制流直接使用前端语言控制流，熟悉编程语言即可掌握这一方法，而图内控制流则相对较为复杂，建议阅读 TensorFlow 控制流文档[②]。

（3）动态图和静态图设计理念与实践，建议阅读 TensorFlow Eager 论文[③]、TensorFlow Eager Execution 示例[④]、TensorFlow Graph 理念与实践[⑤]、MindSpore 动静态图概念[⑥]。

---

① 可参考网址为：https://arxiv.org/pdf/1603.04467.pdf。

② 可参考网址为：http://download.tensorflow.org/paper/white_paper_tf_control_flow_implementation_2017_11_1.pdf。

③ 可参考网址为：https://arxiv.org/pdf/1903.01855.pdf。

④ 可参考网址为：https://tensorflow.google.cn/guide/eager?hl=zh-cn。

⑤ 可参考网址为：https://tensorflow.google.cn/guide/intro_to_graphs?hl=zh-cn。

⑥ 可参考网址为：https://www.mindspore.cn/docs/programming_guide/zh-CN/r1.6/design/dynamic_graph_and_static_graph.html。

# 进 阶 篇

　　下面本书将重点讲解 AI 编译器的基本构成，以及 AI 编译器前端、后端和运行时的关键技术。本书也将对于硬件加速器、数据处理、模型部署和分布式训练分别进行深入解读，从而为开发者提供从 0 到 1 构建机器学习框架所需的核心知识和实践经验。

# 第4章

# AI编译器和前端技术

编译器作为计算机系统的核心组件，在机器学习框架设计中也扮演着重要的角色，并衍生出了一个专门的编译器种类——AI 编译器。AI 编译器既要对上承接模型算法的变化，满足算法开发者不断探索的研究诉求，又要对下在最终的二进制输出上满足多样性硬件的诉求，满足不同部署环境的资源要求；既要满足框架的通用普适性，又要满足易用性的灵活性要求，还要满足性能的不断优化诉求。AI 编译器保证了机器学习算法的便捷表达和高效执行，日渐成为机器学习框架设计的重要一环。

本章将先从 AI 编译器的整体框架入手，介绍 AI 编译器的基础结构。接下来详细讨论编译器前端的设计，并将重点放在中间表示以及自动微分两个部分。有关 AI 编译器后端的详细知识，将会在第五章进行讨论。

本章的学习目标包括：

(1) 理解 AI 编译器的基本设计原理。

(2) 理解中间表示的基础概念、特点和实现方法。

(3) 理解自动微分的基础概念、特点和实现方法。

(4) 了解类型系统和静态推导的基本原理。

(5) 了解编译器优化的主要手段和常见优化方法。

## 4.1 AI 编译器设计原理

无论是传统编译器还是 AI 编译器，它们的输入均为用户的编程代码，输出为机器执行的高效代码。进阶篇将用两个章节详细介绍 AI 编译器，其中很多概念借用了通用编译器中的概念，如 AOT（Ahead of Time 提前编译）、JIT（Just in time 即时）、IR（Intermediate Representation 中间表示）、PASS 优化、AST（Abstract Syntax Tree）、副作用、闭包等，和编译器教材中对应概念的定义相同，对编译器相关概念感兴趣的读者可以翻阅相关教材，本书重点讨论机器学习编译器相较于传统编译器的独特设计与功能。

AI 编译器的设计受到主流编译器（如 LLVM）的影响。为了方便理解 AI 编译器，首先通过图 4.1 展示 LLVM 编译器的架构。

LLVM 包含了前端、IR 和后端三部分。前端将高级语言转换成 IR，后端将 IR 转换成目标硬件上的机器指令，IR 作为桥梁在前后端之间进行基于 IR 的各种优化。这样无论是新增硬件的支持，还是新增前端的支持，都可以尽可能地复用 IR 相关的部分。IR 可以是单层的，也可以是多层的，LLVM IR 是典型的单层 IR，其前后端优化都基于相同的 LLVM IR 进行。

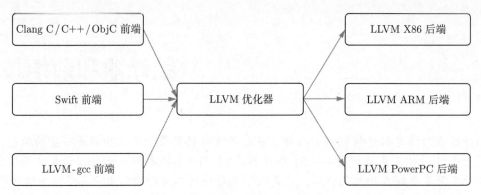

图 4.1　LLVM 编译器基础架构

　　AI 编译器一般采用多层级 IR 设计。图 4.2 展示了 TensorFlow 利用 MLIR 实现多层 IR 设计的例子（被称为 TensorFlow-MLIR）。其包含了 3 个层次的 IR，即 TensorFlow Graph IR，XLA（Accelerated Linear Algebra，加速线性代数）、HLO（High Level Operations，高级运算）以及特定硬件的 LLVM IR 或者 TPU IR。下面简要介绍不同的层级 IR 和其上的编译优化。

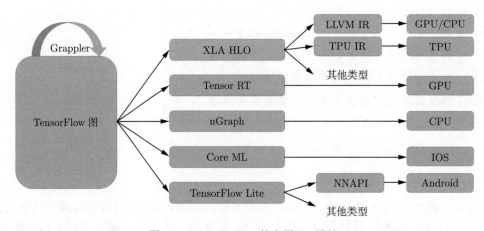

图 4.2　TensorFlow 的多层 IR 设计

　　计算图中涉及的编译优化一般称为图编译优化。Graph IR 主要实现整图级别的优化和操作，如图优化、图切分等，比较适合静态图的执行模式。由于整图级别的 IR 缺少相应的硬件信息，难以进行硬件相关的优化，所以在中间层次就出现了硬件相关的通用编译优化，如 XLA、Tensor RT、MindSpore 的图算融合等，它们能够针对不同的硬件进行算子融合等优化，提升不同网络在特定硬件上的执行性能。本书 5.2.1 节专门介绍图算融合编译器的相关设计。最后一个层次的 IR 是特定硬件加速器专有的 IR，一般由硬件厂商自带的编译器提供，如 Ascend 硬件自带的 TBE 编译器就是基于 TVM 的 Halide IR 生成高效的执行算子。

　　多层级 IR 的优势是 IR 表达上更加灵活，可以在不同层级的 IR 上进行合适的 PASS 优化，更加便捷和高效。但是多层级 IR 也存在一些劣势。首先，多层级 IR 需要进行不同 IR

之间的转换，而 IR 转换要做到完全兼容是非常困难的，工程工作量很大，还可能带来信息的损失。上一层 IR 优化掉某些信息之后，下一层需要考虑其影响，因此 IR 转换对优化执行的顺序有更强的约束。其次，多层级 IR 有些优化既可以在上一层 IR 进行，也可以在下一层 IR 进行，这让框架开发者很难选择。最后，不同层级 IR 定义的算子粒度大小不同，可能会给精度带来一定的影响。为了解决这一问题，机器学习框架如 MindSpore 采用统一的 IR 设计（MindIR）。图 4.3 展示了 MindSpore 的 AI 编译器内部的运行流程。其中，编译器前端主要指图编译和硬件无关的优化，编译器后端主要指硬件相关优化、算子选择等。

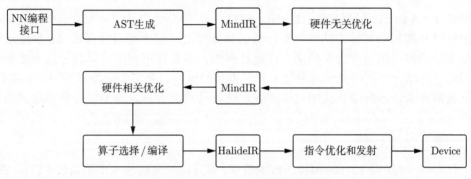

图 4.3　MindSpore 编译器处理流程

## 4.2　AI 编译器前端技术概述

图 4.4 展示了机器学习编译器前端的基础结构。其中，对源程序的解析过程与传统编译器是大致相同的，本节不进行更细致的讨论。机器学习框架的编译器前端的独特之处主要在于对自动微分功能的支持。为了满足自动微分功能带来的新需求，机器学习框架需要在传统中间表示的基础上设计新的中间表示结构。因此，本节重点放在中间表示和自动微分这两个部分，随后会简要探讨类型系统、静态分析和前端优化等编译器的基础概念。

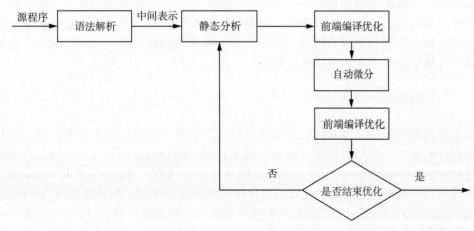

图 4.4　编译器前端基础结构

### 1. 中间表示

中间表示是编译器用于表示源代码的数据结构或代码，是程序编译过程中介于源语言和目标语言之间的程序表示。传统机器学习框架的中间表示分为三大类，分别是线性中间表示、图中间表示以及混合中间表示。然而，传统编译器的中间表示难以完全满足机器学习框架对于中间表示的一系列需求。因此，机器学习框架的开发者在传统中间表示的设计基础上不断扩展，提出了很多适用于机器学习框架的中间表示。

### 2. 自动微分

自动微分（Automatic Differentiation，AD）是一种介于符号微分和数值微分之间的针对计算图进行符号解析的求导方法，用于计算函数梯度值。深度学习等现代 AI 算法通过使用大量数据来学习拟合出一个带参模型。在此过程中，多是使用梯度下降的方法来更新模型的参数。因此，自动微分在深度学习中处于非常重要的地位，是整个训练算法的核心组件之一。自动微分通常在编译器前端优化中对中间表示的符号进行解析，来生成带有梯度函数的中间表示。

### 3. 类型系统与静态分析

为了有效减少程序在运行时可能出现的错误，编译器的前端引入类型系统（Type System）和静态分析（Static Analysis）系统。类型系统可以防止程序在运行时发生类型错误，而静态分析能够为编译优化提供线索和信息，并有效减少代码中存在的结构性错误、安全漏洞等问题。

### 4. 前端编译优化

编译优化意在解决代码的低效性，无论是在传统编译器还是在机器学习框架中都起着很重要的作用。前端的编译优化与硬件无关。

## 4.3　中间表示

作为编译器的核心数据结构之一，中间表示无论是在传统编译器中还是在机器学习框架中，都有着极其重要的地位。本节介绍中间表示的基本概念以及传统编译器的中间表示类型，并在此基础上探讨针对机器学习框架、中间表示的设计所面临的新的需求和挑战。最后介绍现有机器学习框架的中间表示的种类及其实现。

### 4.3.1　中间表示的基本概念

中间表示是编译器用于表示源代码的数据结构，是程序编译过程中介于源语言和目标语言之间的程序表示。几乎所有的编译器都需要某种形式的中间表示来对被分析、转换和优化的代码进行建模。在编译过程中，中间表示必须具备足够的表达力，在不丢失信息的情况下准确表达源代码，并且充分考虑从源代码到目标代码编译的完备性、编译优化的易用性和性能。

引入中间表示后，中间表示既能面向多个前端表达多种源程序语言，又能对接多个后端连接不同目标机器，如图 4.5 所示。编译流程可以直接在前后端增加新的优化流程，它们以现有的中间表示为输入，又以新生成的中间表示为输出这被称为优化器。优化器负责分析并改进中间表示，极大程度地提高了编译流程的可拓展性，也降低了优化流程对前端和后端的破坏。

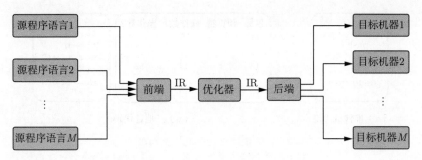

图 4.5　编译器优化流程

随着编译器技术的不断演进，中间表示主要经历了三个发展阶段。在早期阶段，中间表示是封闭在编译器内部供编译器编写者使用的；在中期阶段，随着编译器的开源，中间表示逐步开源公开，主要供编译器设计者、分析工具设计者使用；在现阶段，中间表示正在朝着软件生态构建、构建统一的中间表示的方向发展。

### 4.3.2　中间表示的种类

4.2.1 节介绍了中间表示的基本概念，初步阐述了中间表示的重要作用和发展历程。接下来从组织结构的角度出发，介绍通用编译器的中间表示类型以及各自特点，如表4.1所示。中间表示组织结构的设计对编译阶段的分析优化、代码生成等有重要影响。编译器的设计需求不同，采用的中间表示组织结构也有所不同。

表 4.1　中间表示的分类

| 组 织 结 构 | 特　　点 | 举　　例 |
| --- | --- | --- |
| Linear IR | 基于线性代码 | 堆栈机代码、三地址代码 |
| Graphical IR | 基于图 | 抽象语法树、有向无环图、控制流图 |
| Hybrid IR | 基于图与线性代码混合 | LLVM IR |

#### 1. 线性中间表示

线性中间表示类似抽象机的汇编代码，将被编译代码表示为操作的有序序列，对操作序列规定了一种清晰且实用的顺序。由于大多数处理器采用线性的汇编语言，因此线性中间表示广泛应用于编译器设计。

常用线性中间表示有堆栈机代码（Stack-Machine Code）和三地址代码（Three Address Code）。堆栈机代码是一种单地址代码，提供了简单紧凑的表示。堆栈机代码的指令通常只有一个操作码，其操作数存在一个栈中。大多数操作指令从栈获得操作数，并将其结果推入栈中。三地址代码，简称为 3AC，模拟了现代 RISC 机器的指令格式。它通过一组四元组实现，每个四元组包括一个运算符和三个地址（两个操作数、一个目标）。对于表达式 $a - b * 5$，堆栈机代码和三地址代码如图 4.6 所示。

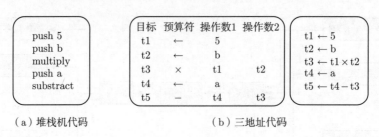

（a）堆栈机代码　　　　　　　　　　（b）三地址代码

图 4.6　堆栈机代码和三地址代码

### 2. 图中间表示

图中间表示将编译过程的信息保存在图中，算法通过图中的对象如节点、边、列表、树等来表述。虽然所有的图中间表示都包含节点和边，但在抽象层次、图结构等方面各有不同。常见的图中间表示包括抽象语法树（Abstract Syntax Tree，AST）、有向无环图（Directed Acyclic Graph，DAG）、控制流图（Control-Flow Graph，CFG）等。

AST 抽象语法树采用树型中间表示的形式，是一种接近源代码层次的表示。对于表达式 $a * 5 + a * 5 * b$，其 AST 表示如图 4.7 所示。可以看到，AST 形式包含 $a * 5$ 的两个不同副本，存在冗余。在 AST 的基础上，DAG 提供了简化的表达形式：一个节点可以有多个父节点，相同子树可以重用。如果编译器能够证明 $a$ 的值没有改变，则 DAG 可以重用子树，降低求值过程的代价。

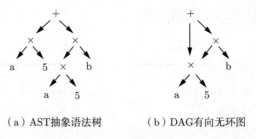

（a）AST抽象语法树　　　　　　（b）DAG有向无环图

图 4.7　AST 图和 DAG 图

### 3. 混合中间表示

混合中间表示是线性中间表示和图中间表示的结合，这里以 LLVM IR 为例进行说明，如图 4.8 所示。LLVM（Low Level Virtual Machine）是 2000 年提出的开源编译器框架项目，旨在为不同的前端后端提供统一的中间表示。LLVM IR 使用线性中间表示来构建基本块，使用图中间表示来构建这些块之间的控制流，如图 4.8 所示。基本块中，每条指令以静态单赋值（Static Single Assignment，SSA）形式呈现，这些指令构成一个指令线性列表。SSA 形式要求每个变量只被赋值一次，并且每个变量在使用之前被定义。控制流图中，每个节点为一个基本块，基本块之间通过边实现控制转移。

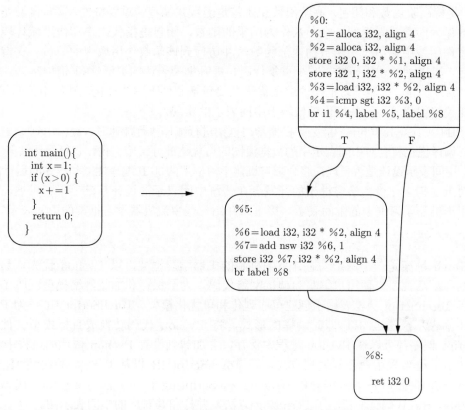

图 4.8　LLVM IR

### 4.3.3　机器学习框架的中间表示

4.2.2 节介绍了中间表示的类型，并举例说明了常见的中间表示形式。传统中间表示如 LLVM IR，能够很好地满足通用编译器的基本功能需求，包括类型系统、控制流和数据流分析等。然而，它们偏向机器语言，难以满足机器学习框架编译器中间表示的需求。

在设计机器学习框架的中间表示时，需要充分考虑以下因素。

（1）张量表达。机器学习框架主要处理张量数据，因此正确处理张量数据类型是机器学习框架中间表示的基本要求。

（2）自动微分。自动微分是指对网络模型的自动求导，通过梯度指导对网络权重的优化。主流机器学习框架都提供了自动微分的功能，在设计中间表示时需要考虑自动微分实现的简洁性、性能以及高阶微分的扩展能力。

（3）计算图模式。主流机器学习框架如 TensorFlow、PyTorch、MindSpore 等都提供了静态图和动态图两种计算图模式，静态计算图模式先创建定义计算图再显式执行，有利于对计算图进行优化，高效但不灵活。动态计算图模式则是每使用一个算子后，该算子会在计算图中立即执行得到结果，使用灵活便于调试，但运行速度较低。机器学习框架的中间表示设计同时支持静态图和动态图，可以针对待解决的任务需求，选择合适的模式构建算法模型。

（4）支持高阶函数和闭包。高阶函数和闭包是函数式编程的重要特性，高阶函数是指使用其他函数作为参数或者返回一个函数作为结果的函数，闭包是指代码块和作用域环境的结合在另一个作用域中调用一个函数的内部函数，并访问到该函数作用域中的成员。支持高阶函数和闭包，可以抽象通用问题、减少重复代码、提升框架表达的灵活性和简洁性。

（5）编译优化。机器学习框架的编译优化主要包括硬件无关的优化、硬件相关的优化、部署推理相关的优化等，这些优化都依赖于中间表示的实现。

（6）JIT（Just In Time）能力。机器学习框架进行编译执行加速时，经常用到 JIT 即时编译。JIT 编译优化将会对中间表示中的数据流图的可优化部分实施优化，包括循环展开、融合、内联等。中间表示设计是否合理，将会影响机器学习框架的 JIT 编译性能和程序的运行能力。

针对上述需求，机器学习框架的开发者在传统中间表示的设计基础上不断扩展，提出了很多适用于机器学习框架的中间表示。接下来介绍一些主流机器学习框架的中间表示。

### 1. PyTorch

PyTorch 框架是一个基于动态计算图机制的机器学习框架，以 Python 优先，具有很强的易用性和灵活性，方便用户编写和调试网络代码。为了保存和加载网络模型，PyTorch 框架提供了 TorchScript 方法，用于创建可序列化和可优化模型。TorchScript IR 作为 PyTorch 模型的中间表示，通过 JIT 即时编译的形式，将 Python 代码转换成目标模型文件。任何 TorchScript 程序都可以在 Python 进程中保存，并加载到没有 Python 依赖的进程中。

PyTorch 框架采用命令式编程方式，其 TorchScript IR 以基于 SSA 的线性 IR 为基本组成形式，并通过 JIT 即时编译的 Tracing 和 Scripting 两种方法将 Python 代码转换成 TorchScript IR。代码 4.1 使用了 Scripting 方法，并打印其对应的中间表示图。

代码 4.1    GPU 核函数

```
1   import torch
2
3   @torch.jit.script
4   def test_func(input):
5       rv = 10.0
6       for i in range(5):
7           rv = rv + input
8           rv = rv/2
9       return rv
10
11  print(test_func.graph)
```

该中间表示图的结构如代码 4.2 所示。

代码 4.2    TorchScript 的中间表示图的结构

```
1   graph(%input.1 : Tensor):
2     %9 : int = prim::Constant[value=1]()
```

```
3    %5 : bool = prim::Constant[value=1]()              # test.py:6:1
4    %rv.1 : float = prim::Constant[value=10.]()        # test.py:5:6
5    %2 : int = prim::Constant[value=5]()               # test.py:6:16
6    %14 : int = prim::Constant[value=2]()              # test.py:8:10
7    %rv : float = prim::Loop(%2, %5, %rv.1)            # test.py:6:1
8      block0(%i : int, %rv.9 : float):
9        %rv.3 : Tensor = aten::add(%input.1, %rv.9, %9) # <string>:5:9
10       %12 : float = aten::FloatImplicit(%rv.3)        # test.py:7:2
11       %rv.6 : float = aten::div(%12, %14)             # test.py:8:7
12       -> (%5, %rv.6)
13   return (%rv)
```

TorchScript 是 PyTorch 的 JIT 实现，支持使用 Python 训练模型，然后通过 JIT 转换为语言无关的模块，从而提升模型部署能力提高编译性能。同时，TorchScript IR 显著改善了 Pytorch 框架的模型可视化效果。

**2. Jax**

Jax 机器学习框架同时支持静态图和动态图，其中间表示采用 Jaxpr（JAX Program Representation）IR。Jaxpr IR 是一种强类型纯函数的中间表示，其输入、输出都带有类型信息，函数输出只依赖输入，不依赖全局变量。

Jaxpr IR 的表达采用 ANF（A-norm Form）函数式表达形式，ANF 文法如代码 4.3 所示。

代码 4.3　ANF 文法

```
1   <aexp> ::= NUMBER | STRING | VAR | BOOLEAN | PRIMOP
2           | (lambda (VAR ...) <exp>)
3   <cexp> ::= (<aexp> <aexp> ...)
4           | (if <aexp> <exp> <exp>)
5   <exp>  ::= (let ([VAR <cexp>]) <exp>) | <cexp> | <aexp>
```

ANF 形式将表达式划分为两类：原子表达式（aexp）和复合表达式（cexp）。原子表达式用于表示常数、变量、原语、匿名函数，复合表达式由多个原子表达式组成，可看作一个匿名函数或原语函数调用，组合的第一个输入是调用的函数，其余输入是调用的参数。代码 4.4 打印了一个函数对应的 JaxPr。

代码 4.4　打印 JaxPr

```
1   from jax import make_jaxpr
2   import jax.numpy as jnp
3
4   def test_func(x, y):
5       ret = x + jnp.sin(y) * 3
6       return jnp.sum(ret)
```

```
7
8   print(make_jaxpr(test_func)(jnp.zeros(8), jnp.ones(8)))
```

其对应的 JaxPr 如代码 4.5 所示。

代码 4.5　JaxPr 结构

```
1   { lambda ; a:f32[8] b:f32[8]. let
2       c:f32[8] = sin b
3       d:f32[8] = mul c 3.0
4       e:f32[8] = add a d
5       f:f32[] = reduce_sum[axes=(0,)] e
6     in (f,) }
```

Jax 框架结合了 Autograd 和 JIT，基于 Jaxpr IR，支持循环、分支、递归、闭包函数求导以及三阶求导，并且支持自动微分的反向传播和前向传播。

**3. TensorFlow**

TensorFlow 框架同时支持静态图和动态图，是一个基于数据流编程的机器学习框架，使用数据流图作为数据结构进行各种数值计算。TensorFlow 机器学习框架的静态图机制更为人所熟知。在静态图机制中，运行 TensorFlow 的程序会经历一系列抽象以及分析，程序会逐步从高层的中间表示向底层的中间表示进行转换，这种变换被称为 lowering。

为了适配不同的硬件平台，TensorFlow 采用多种 IR 设计，其编译生态系统如图 4.9 所示。其中蓝色部分是基于图的中间表示，绿色部分是基于 SSA 的中间表示。在中间表示的转换过程中，各个层级的中间表示各自为政，无法有效地沟通信息，也不清楚其他层级的中间表示做了哪些优化，因此每个中间表示只能尽力将当前的优化做到最好，造成了很多优化在每个层级的中间表示中重复进行，从而导致优化效率的低下。尤其是从图中间表示到 SSA 中间表示的变化过大，转换开销极大。此外，各个层级的相同优化的代码无法复用，也降低了开发效率。

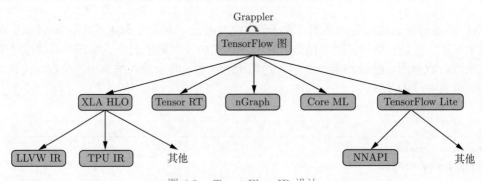

图 4.9　TensorFlow IR 设计

多层级 IR 的优势是 IR 表达上更加灵活，可以在不同层级的 IR 上进行合适的 PASS 优化，更加方便，优化算法也更加高效。但是多层级 IR 也有一些劣势：首先多层级 IR 需要进行不同 IR 之间的转换，IR 转换要做到完全兼容非常困难，工程工作量很大；IR 的转换除了工程上的工作量比较大以外，可能会带来信息的损失，由于上一层 IR 优化掉某些信息，给下一层优化带来困难。考虑到优化会造成信息丢失的影响，因此对优化执行的顺序也有更强的约束。其次多层级 IR 有些优化既可以在上一层 IR 进行，也可以在下一层 IR 进行，让框架开发者很难选择。最后不同层级 IR 定义的算子粒度大小不同，可能给精度带来一定的影响。为了解决这一问题，最新的机器学习框架如 MindSpore 开始采用统一的 IR 设计（MindIR）。图 4.10 展示了 MindSpore 的 AI 编译器内部的运行流程。其中，编译器前端主要是指图编译和硬件无关的优化，编译器后端主要是指硬件相关优化、算子选择等。

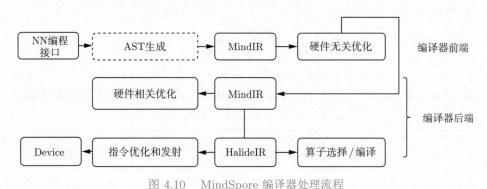

图 4.10　MindSpore 编译器处理流程

### 4. MLIR

针对上述问题，TensorFlow 团队提出了 MLIR（Multi-Level Intermediate Represent，多级中间表示）。MLIR 不是一种具体的中间表示定义，而是为中间表示提供一个统一的抽象表达和概念。开发者可以使用 MLIR 开发的一系列基础设施来定义符合自己需求的中间表示，因此可以把 MLIR 理解为"编译器的编译器"。MLIR 不局限于 TensorFlow 框架，还可以用于构建连接其他语言与后端（如 LLVM）的中间表示。

MLIR 深受 LLVM 设计理念的影响，但与 LLVM 不同的是，MLIR 是一个更开放的生态系统。在 MLIR 中，没有预设的操作与抽象类型，这使得开发者可以更自由地定义中间表示，并更有针对性地解决其领域的问题。MLIR 通过 Dialect 的概念来支持这种可拓展性，Dialect 在特定的命名空间下为抽象提供了分组机制，分别为每种中间表示定义对应的产生式并绑定相应的 Operation，从而生成一个 MLIR 类型的中间表示。Operation 是 MLIR 中抽象和计算的核心单元，其具有特定的语意，可以用于表示 LLVM 中所有核心的 IR 结构，例如指令、函数以及模块等。如下就是一个 MLIR 定义下的 Operation：

```
%tensor = "toy.transpose"(%tensor) {inplace = true} : (tensor<2x3xf64>) ->
    tensor<3x2xf64> loc("example/file/path":12:1)
```

其具体含义为：

（1）%tensor：Operation 定义的结果的名字，% 是为了避免冲突统一而加入的。一个 Operation 可以定义 0 或者多个结果，它们是 SSA 值。

（2）"toy.transpose"：Operation 的名字。它是一个唯一的字符串，其中 Dialect 为 Toy。因此它可以理解为 Toy Dialect 中的 transpose Operation。

（3）(%tensor)：输入操作数（或参数）的列表，它们是由其他操作定义或引用块参数的 SSA 值。

（4）inplace = true：零个或多个属性的字典，这些属性是始终为常量的特殊操作数。这里定义了一个名为 inplace 的布尔属性，它的常量值为 true。

（5）(tensor<2x3xf64>)->tensor<3x2xf64>：函数形式表示的操作类型，前者是输入，后者是输出。尖括号内代表输入与输出的数据类型以及形状，例如 $<2x3xf64>$ 代表一个形状为 $(2, 3)$，数据类型为 float64 的张量。

（6）loc("example/file/path":12:1)：此操作的源代码中的位置。

由于各层中间表示都遵循如上样式进行定义，所以各个层级的中间表示之间可以更加方便地进行转换，提高了中间表示转换的效率。各个不同层级的中间表示还可以协同优化。此外，由于中间表示之间不再相互独立，各层级的优化不必做到极致，而是可以将优化放到最适合的层级。其他的中间表示只需要先转换为该层级的中间表示，就可以进行相关的优化，提高了优化的效率与开发效率。TensorFlow 从图中间表示到 SSA 中间表示的转换也可以通过使用 MLIR 来进行多层转换，使转换更加平滑，降低转化的难度。有关 MLIR 的更多内容将会在第 6 章进行介绍。

### 5. MindSpore

与 PyTorch、Jax、TensorFlow 框架相同，MindSpore 机器学习框架同时支持静态图和动态图。MindSpore 框架采用一种基于图表示的函数式中间表示，即 MindIR，全称 MindSpore IR。MindIR 没有采用多层中间表示的结构，而是通过统一的中间表示，定义了网络的逻辑结构和算子的属性，从而消除不同后端的模型差异，连接不同的目标机器。

MindIR 最核心的目的是服务于自动微分变换，而自动微分采用基于函数式编程框架的变换方法，因此 MindIR 采用了接近于 ANF 函数式的语义。MindIR 具有以下特点。

（1）基于图的（Graph based）。

与 TensorFlow 类似，程序使用图来表示，使其容易去做优化。但跟 TensorFlow 不一样的是，在 MindSpore 中，函数是"一等公民"。函数可以被递归调用，也可以被当作参数传到其他的函数中，或者从其他函数中返回，这使得 MindSpore 可以表达一系列控制流结构。

（2）纯函数的（Purely functional）。

纯函数是指函数的结果只依赖参数的函数。若函数依赖或影响外部的状态，例如，函数会修改外部全局变量，或者函数的结果依赖全局变量的值，则称函数具有副作用[85]。若使用了带有副作用的函数，代码的执行顺序必须得到严格的保证，否则可能会得到错误的结果，如对全局变量的先写后读变成了先读后写。同时，副作用的存在也会影响自动微分，因为反向部分需要从前向部分获取中间变量，需要确保该中间变量的正确，因此需要保证自动微分的函数是纯函数。

由于 Python 语言具有高度动态性的特点，纯函数式编程对于用户使用有一些限制。有些机器学习框架的自动微分功能只支持对纯函数求导，且要求用户自行保证这一点。如果用户代码中写了带有副作用的函数，那么求导的结果可能会不符合预期。MindIR 支持副作用的表达，能够将副作用的表达转换为纯函数的表达，从而在保持 ANF 函数式语义不变的同时，确保执行顺序的正确性，实现自由度更高的自动微分。

（3）支持闭包表示的（Closure representation）。

反向模式的自动微分，需要将基本操作的中间结果存储到闭包中，然后进行组合连接。所以有一个自然的闭包表示尤为重要。闭包是指代码块和作用域环境的结合。在 MindIR 中，代码块是以函数图的形式呈现的，而作用域环境可以理解为该函数被调用时的上下文环境。

（4）强类型的（Strongly typed）。

每个节点需要有一个具体的类型，这对于性能最大化很重要。在机器学习应用中，因为算子可能很耗费时间，所以越早捕获错误越好。因为需要支持函数调用和高阶函数，相比于 TensorFlow 的数据流图，MindIR 的类型和形状推导更加复杂且强大。

在结合 MindSpore 框架的自身特点后，MindIR 的定义如图 4.11 所示。MindIR 中的 ANode 对应于 ANF 的原子表达式，ValueNode 用于表示常数值，ParameterNode 用于表示函数的形参，CNode 则对应于 ANF 的复合表达式，表示函数调用。

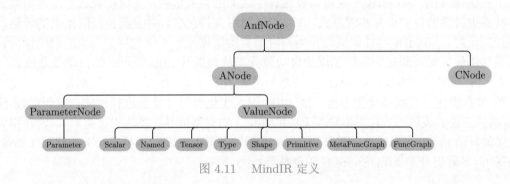

图 4.11　MindIR 定义

接下来通过代码 4.6 作为示例，来进一步分析 MindIR。

代码 4.6　MindSpore 网络构建

```
1  def func(x, y):
2      return x / y
3
4  @ms_function
5  def test_f(x, y):
6      a = x - 1
7      b = a + y
8      c = b * func(a, b)
9      return c
```

该函数对应的 ANF 表达式如代码 4.7 所示。

代码 4.7　ANF 表示式

```
1  lambda(x, y)
2     let a = x - 1 in
3     let b = a + y in
4     let func = lambda(x, y)
5        let ret = x / y in
6        ret end in
7     let %1 = func(a, b) in
8     let c = b * %1 in
9     c end
```

在 ANF 中，每个表达式都用 let 表达式绑定为一个变量，通过对变量的引用来表示对表达式输出的依赖，而在 MindIR 中，每个表达式都绑定为一个节点，通过节点与节点之间的有向边表示依赖关系。

MindIR 同时支持静态计算图和动态计算图的构建方式，更好地兼顾了灵活性与高性能。相比于传统计算图，MindIR 不仅可以表达算子之间的数据依赖，还可以表达丰富的函数式语义，具备更自然的自动微分实现方式。MindIR 原生支持闭包，并且支持高阶函数的表达。在处理控制流时，MindIR 将控制流转换为高阶函数的数据流，不仅支持数据流的自动微分，还支持条件跳转、循环和递归等控制流的自动微分，从而提升 MindSpore 的自动微分能力。

在 JIT 即时编译方面，MindIR 采用基于图表示的形式，将控制流和数据流合一，支持更高效的 JIT 优化。在编译优化方面，MindIR 引入优化器对计算图进行优化，采用前端-优化器-后端的三段式表达形式，支持硬件无关的优化（如类型推导、表达式化简等）、硬件相关的优化（如自动并行、内存优化、图算融合、流水线执行等）以及部署推理相关的优化（如量化、剪枝等），显著提升了 MindSpore 的编译执行能力。

## 4.4　自动微分

4.2 节介绍了机器学习框架的中间表示，设计这些中间表示的最核心目的之一便是服务于自动微分变换。下面将详细介绍自动微分。

### 4.4.1　自动微分的基本概念

自动微分是一种对计算机程序进行高效且准确求导的技术，在二十世纪六七十年代就已经广泛应用于流体力学、天文学、数学金融等领域。时至今日，自动微分的理论及其实现仍然是一个活跃的研究领域。随着近些年深度学习在越来越多的机器学习任务上取得领先成果，自动微分被广泛地应用于机器学习领域。许多机器学习模型使用的优化算法都需要获取模型的导数，因此自动微分技术成为了一些热门的机器学习框架（例如 TensorFlow 和 PyTorch）的核心特性。

常见的计算机程序求导的方法可以归纳为以下 4 种：手工微分（Manual Differentiation）、数值微分（Numerical Differentiation）、符号微分（Symbolic Differentiation）和自动微分（Automatic Differentiation）。

（1）手工微分：手工求解函数导数的表达式，并在程序运行时根据输入的数值直接计算结果。手工微分需根据函数的变化重新推导表达式，工作量大且容易出错。

（2）数值微分：数值微分通过差分近似方法完成，其本质是根据导数的定义进行推导。

$$f'(x) = \lim_{h \to 0} \frac{f(x+h) - f(x)}{h} \tag{4.1}$$

当 $h$ 充分小时，可以用差分 $\dfrac{f(x+h) - f(x)}{h}$ 来近似导数结果。而近似的一部分误差称为截断误差（Truncation Error）。理论上，数值微分中的截断误差与步长 $h$ 有关，$h$ 越小则截断误差越小，近似程度越高。但实际情况下数值微分的误差并不会随着 $h$ 的减小而一直减小。这是因为计算机系统对于浮点数运算的精度有限，导致另外一种误差的存在，这种误差称为舍入误差（Round-off Error）。舍入误差会随着 $h$ 变小而逐渐增大。当 $h$ 较大时，截断误差占主导，而当 $h$ 较小时，舍入误差占主导。在截断误差和舍入误差的共同作用下，数值微分的误差将会在某一个 $h$ 值处达到最小值，并不会无限减小。因此，数值微分虽然易于实现，却存在精度误差问题。

（3）符号微分：利用计算机程序自动地通过如下数学规则对函数表达式进行递归变换来完成求导。

$$\frac{\partial}{\partial x}(f(x) + g(x)) \rightsquigarrow \frac{\partial}{\partial x}f(x) + \frac{\partial}{\partial x}g(x) \tag{4.2}$$

$$\frac{\partial}{\partial x}(f(x)g(x)) \rightsquigarrow \left(\frac{\partial}{\partial x}f(x)\right)g(x) + f(x)\left(\frac{\partial}{\partial x}g(x)\right) \tag{4.3}$$

符号微分常被应用于现代代数系统工具中，例如 Mathematica，以及机器学习框架，如 Theano。符号微分虽然消除了手工微分硬编码的缺陷。但它对表达式进行了严格的递归变换和展开，而且产生的变换结果无法复用，很容易产生表达式膨胀（Expression Swell[14]）问题。符号微分要求表达式被定义成闭合式的（closed-form），不能带有或者严格限制控制流的语句表达，使用符号微分会在很大程度上限制机器学习框架网络的设计与表达。

（4）自动微分[94]：自动微分的思想是将计算机程序中的运算操作分解为一个有限的基本操作集合，且集合中基本操作的求导规则均为已知，在完成每一个基本操作的求导后，使用链式法则将结果组合得到整体程序的求导结果。自动微分是一种介于数值微分和符号微分之间的求导方法，结合了数值微分和符号微分的思想。相比于数值微分，自动微分可以精确地计算函数的导数；相比于符号微分，自动微分将程序分解为基本表达式的组合，仅对基本表达式应用符号微分规则，并复用每一个基本表达式的求导结果，从而避免符号微分中的表达式膨胀问题。另外，自动微分可以处理分支、循环和递归等控制流语句。目前的深度学习框架基本都采用自动微分机制进行求导运算，下面将重点介绍自动微分机制以及自动微分的实现。

### 4.4.2 前向与反向自动微分

自动微分根据链式法则的不同组合顺序，可以分为前向模式（Forward Mode）和反向模式（Reverse Mode）。对于一个复合函数 $y = a(b(c(x)))$，其梯度值 $\frac{\partial y}{\partial x}$ 的计算公式为：

$$\frac{\partial y}{\partial x} = \frac{\partial y}{\partial a} \frac{\partial a}{\partial b} \frac{\partial b}{\partial c} \frac{\partial c}{\partial x} \tag{4.4}$$

前向模式的自动微分是从输入方向开始计算梯度值的，其计算公式为：

$$\frac{\partial y}{\partial x} = \left( \frac{\partial y}{\partial a} \left( \frac{\partial a}{\partial b} \left( \frac{\partial b}{\partial c} \frac{\partial c}{\partial x} \right) \right) \right) \tag{4.5}$$

反向模式的自动微分是从输出方向开始计算梯度值的，其计算公式为：

$$\frac{\partial y}{\partial x} = \left( \left( \left( \frac{\partial y}{\partial a} \frac{\partial a}{\partial b} \right) \frac{\partial b}{\partial c} \right) \frac{\partial c}{\partial x} \right) \tag{4.6}$$

以下面的函数为例介绍两种模式的计算方式，计算函数在 $(x_1, x_2) = (2, 5)$ 处的导数 $\frac{\partial y}{\partial x_1}$：

$$y = f(x_1, x_2) = \ln(x_1) + x_1 x_2 - \sin(x_2) \tag{4.7}$$

该函数对应的计算图如图 4.12 所示。

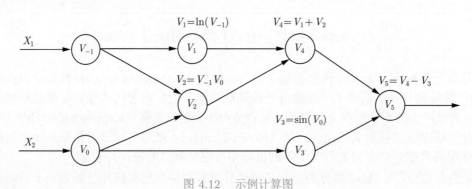

图 4.12　示例计算图

#### 1. 前向模式

前向模式的计算过程如图 4.13 所示，左侧是源程序分解后得到的基本操作集合，右侧是运用链式法则和已知的求导规则，从上至下计算每一个中间变量 $\dot{v}_i = \frac{\partial v_i}{\partial x_1}$，从而计算出最后的变量 $\dot{v}_5 = \frac{\partial y}{\partial x_1}$。

| 正向计算 | |
| --- | --- |
| $V_{-1} = X_1$ | $=2$ |
| $V_0 = X_2$ | $=5$ |
| $V_1 = \ln V_{-1}$ | $= \ln 2$ |
| $V_2 = V_{-1} \times V_0$ | $=10$ |
| $V_3 = \sin V_0$ | $= \sin 5$ |
| $V_4 = V_1 + V_2$ | $=0.693+10$ |
| $V_5 = V_4 - V_3$ | $=10.693+0.959$ |
| $y = V_5 = V_4 - V_3 = 10.693+0.959$ | |

| 正向模式自动微分计算 | |
| --- | --- |
| $\dot{V}_{-1} = \dot{X}_1$ | $=1$ |
| $\dot{V}_0 = \dot{X}_2$ | $=0$ |
| $\dot{V}_1 = \dot{V}_{-1} / V_{-1}$ | $= \frac{1}{2}$ |
| $\dot{V}_2 = \dot{V}_{-1} \times V_0 + \dot{V}_0 \times V_{-1}$ | $=1 \times 5 + 0 \times 2$ |
| $\dot{V}_3 = \dot{V}_0 \times \cos V_0$ | $=0 \times \cos 5$ |
| $\dot{V}_4 = \dot{V}_1 + \dot{V}_2$ | $=0.5+5$ |
| $\dot{V}_5 = \dot{V}_4 - \dot{V}_3$ | $=5.5-0$ |
| $\dot{y} = \dot{V}_5$ | $=5.5$ |

图 4.13　前向模式自动微分示例

对一个函数求导得到的是该函数的任意一个输出对任意一个输入的偏微分的集合。对于一个带有 $n$ 个独立输入 $x_i$ 和 $m$ 个独立输出 $y_i$ 的函数 $f: \mathbf{R}^n \to \mathbf{R}^m$，该函数的求导结果可以构成如下的雅克比矩阵（Jacobian Matrix）：

$$\mathbf{J}_f = \begin{bmatrix} \dfrac{\partial y_1}{\partial x_1} & \cdots & \dfrac{\partial y_1}{\partial x_n} \\ \vdots & \ddots & \vdots \\ \dfrac{\partial y_m}{\partial x_1} & \cdots & \dfrac{\partial y_m}{\partial x_n} \end{bmatrix} \tag{4.8}$$

前向模式中，每次计算函数 $f$ 的所有输出对某一个输入的偏微分，对应于雅克比矩阵的某一列，如下面的向量所示。因此，通过 $n$ 次前向模式的自动微分就可以得到整个雅克比矩阵。

$$\begin{bmatrix} \dfrac{\partial y_1}{\partial x_i} \\ \vdots \\ \dfrac{\partial y_m}{\partial x_i} \end{bmatrix} \tag{4.9}$$

前向模式通过计算雅克比向量积（Jacobian-vector Products）的方式计算这一列的结果。向量 $\dot{x} = r$ 是初始定义的。基本操作的求导规则是已经定义好的，即基本操作的雅克比矩阵是已知量。在此基础上，应用链式法则从 $f$ 的输入到输出传播求导结果就可以得到输入网络的雅克比矩阵中的一列。

$$\mathbf{J}_f \mathbf{r} = \begin{bmatrix} \dfrac{\partial y_1}{\partial x_1} & \cdots & \dfrac{\partial y_1}{\partial x_n} \\ \vdots & \ddots & \vdots \\ \dfrac{\partial y_m}{\partial x_1} & \cdots & \dfrac{\partial y_m}{\partial x_n} \end{bmatrix} \begin{bmatrix} r_1 \\ \vdots \\ r_n \end{bmatrix} \tag{4.10}$$

### 2. 反向模式

反向模式的计算过程如图 4.14 所示，左侧是源程序分解后得到的基本操作集合，右侧展示了运用链式法则和已知的求导规则，从 $\bar{v}_5 = \bar{y} = \frac{\partial y}{\partial y} = 1$ 开始，由下至上地计算每一个中间变量 $\bar{v}_i = \frac{\partial y_j}{\partial v_i}$，从而计算出最后的变量 $\bar{x}_1 = \frac{\partial y}{\partial x_1}$ 和 $\bar{x}_2 = \frac{\partial y}{\partial x_2}$。

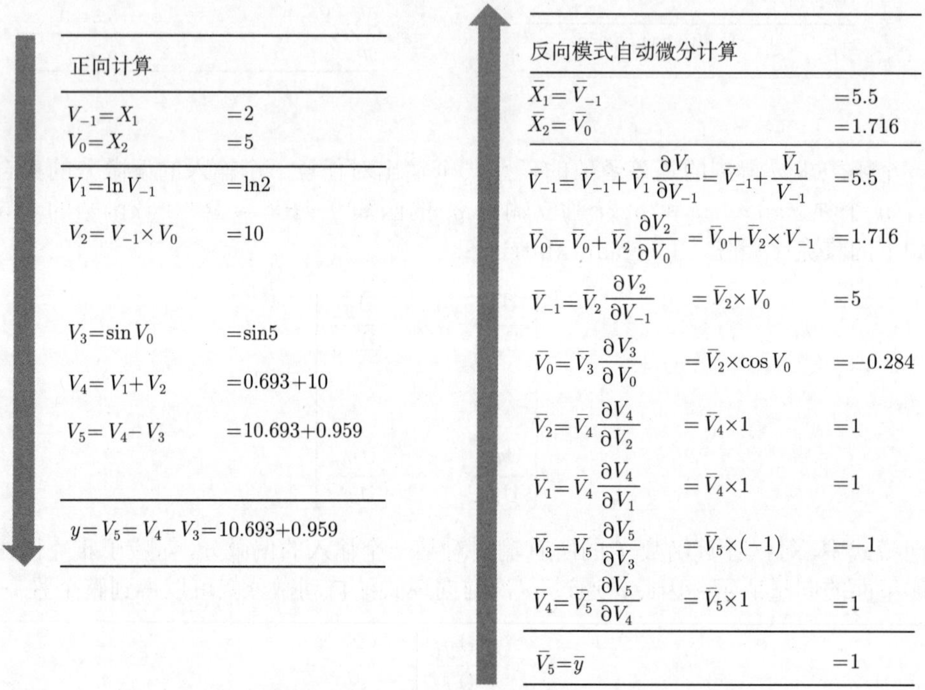

| 正向计算 | |
| --- | --- |
| $V_{-1} = X_1$ | $=2$ |
| $V_0 = X_2$ | $=5$ |
| $V_1 = \ln V_{-1}$ | $=\ln 2$ |
| $V_2 = V_{-1} \times V_0$ | $=10$ |
| $V_3 = \sin V_0$ | $=\sin 5$ |
| $V_4 = V_1 + V_2$ | $=0.693 + 10$ |
| $V_5 = V_4 - V_3$ | $=10.693 + 0.959$ |
| $y = V_5 = V_4 - V_3$ | $=10.693 + 0.959$ |

| 反向模式自动微分计算 | | |
| --- | --- | --- |
| $\bar{X}_1 = \bar{V}_{-1}$ | | $=5.5$ |
| $\bar{X}_2 = \bar{V}_0$ | | $=1.716$ |
| $\bar{V}_{-1} = \bar{V}_{-1} + \bar{V}_1 \frac{\partial V_1}{\partial V_{-1}} = \bar{V}_{-1} + \frac{\bar{V}_1}{V_{-1}}$ | | $=5.5$ |
| $\bar{V}_0 = \bar{V}_0 + \bar{V}_2 \frac{\partial V_2}{\partial V_0} = \bar{V}_0 + \bar{V}_2 \times V_{-1}$ | | $=1.716$ |
| $\bar{V}_{-1} = \bar{V}_2 \frac{\partial V_2}{\partial V_{-1}}$ | $= \bar{V}_2 \times V_0$ | $=5$ |
| $\bar{V}_0 = \bar{V}_3 \frac{\partial V_3}{\partial V_0}$ | $= \bar{V}_2 \times \cos V_0$ | $=-0.284$ |
| $\bar{V}_2 = \bar{V}_4 \frac{\partial V_4}{\partial V_2}$ | $= \bar{V}_4 \times 1$ | $=1$ |
| $\bar{V}_1 = \bar{V}_4 \frac{\partial V_4}{\partial V_1}$ | $= \bar{V}_4 \times 1$ | $=1$ |
| $\bar{V}_3 = \bar{V}_5 \frac{\partial V_5}{\partial V_3}$ | $= \bar{V}_5 \times (-1)$ | $=-1$ |
| $\bar{V}_4 = \bar{V}_5 \frac{\partial V_5}{\partial V_4}$ | $= \bar{V}_5 \times 1$ | $=1$ |
| $\bar{V}_5 = \bar{y}$ | | $=1$ |

图 4.14　反向模式自动微分示例

反向模式每次计算的是函数 $f$ 的某一个输出对任一输入的偏微分，也就是雅克比矩阵的某一行，如下面的向量所示。因此，通过运行 $m$ 次反向模式自动微分就可以得到整个雅克比矩阵。

$$\begin{bmatrix} \dfrac{\partial y_j}{\partial x_1} & \cdots & \dfrac{\partial y_j}{\partial x_n} \end{bmatrix} \tag{4.11}$$

类似地，可以通过计算向量雅克比积（Vector-jacobian Products）的方式计算雅克比矩阵的一行。

$$\mathbf{r}^{\mathrm{T}} \mathbf{J}_f = \begin{bmatrix} r_1 & \cdots & r_m \end{bmatrix} \begin{bmatrix} \dfrac{\partial y_1}{\partial x_1} & \cdots & \dfrac{\partial y_1}{\partial x_n} \\ \vdots & \ddots & \vdots \\ \dfrac{\partial y_m}{\partial x_1} & \cdots & \dfrac{\partial y_m}{\partial x_n} \end{bmatrix} \tag{4.12}$$

在求解函数 $f$ 的雅克比矩阵时，前向模式的迭代次数与雅克比矩阵的列数相关，而反向模式的迭代次数则与雅克比矩阵的行数相关。因此，当函数输出个数远远大于输入个数时（$f : \mathbf{R}^n \to \mathbf{R}^m, n \ll m$），前向模式效率更高；反之，当函数输入个数远远大于输出个数时（$f : \mathbf{R}^n \to \mathbf{R}^m, n \gg m$），反向模式效率更高。在极端情况下的函数 $f : \mathbf{R}^n \to \mathbf{R}$，只需要应用一次反向模式就能够把所有输出对输入的导数 $\left( \dfrac{\partial y}{\partial x_1}, \cdots, \dfrac{\partial y}{\partial n} \right)$ 都计算出来，而前向模式需要执行 $n$ 次。对于多输入单输出网络的求导恰好是机器学习实践中最常见的一种求导场景，这使得反向模式的自动微分成为反向传播算法使用的核心技术之一。

反向模式也存在一定的缺陷。在源程序分解为一系列基本操作后，前向模式由于求导顺序与基本操作的执行顺序一致，输入值可以在执行基本操作的过程中同步获得。而在反向模式中，由于求导顺序与源程序的执行顺序相反，计算过程需要分为两个阶段。第一个阶段先执行源程序，并将源程序的中间结果保存起来，在第二阶段再取出中间结果用于计算导数。因此反向模式会有额外的内存消耗。业界也一直在研究反向模式的内存占用优化方法，例如检查点策略（Checkpointing Strategies）和数据流分析（Data-flow Analysis）。

### 4.4.3　自动微分的实现

4.3.2 节介绍了自动微分的基本概念，可以总结为将程序分解为一系列微分规则已知的基本操作，然后运用链式法则将它们的微分结果组合起来，得到程序的微分结果。而在机器学习的应用中，因为输入的数量远远大于输出的数量，所以反向模式的自动微分更受青睐。虽然自动微分的基本思想是明确的，但是具体的实现方法也分为几类，大体可以划分为基本表达式法（Elemental Libraries）、操作符重载法（Operator Overloading，OO）和代码变换法（Source Transformation，ST）。

（1）基本表达式法：封装大多数的基本表达式及对应的微分表达式，通过库函数的方式提供给用户，用户在写代码时，需要手工将程序分解为一系列基本表达式，然后使用这些库函数去替换这些基本表达式。以程序 $a = (x + y)/z$ 为例，用户需要手工地把这个程序分解为：

```
t = x + y
a = t / z
```

然后使用自动微分的库函数去替换分解出来的基本表达式：

```
// 参数为变量x, y, t和对应的导数变量dx, dy, dt
call ADAdd(x, dx, y, dy, t, dt)
// 参数为变量t, z, a和对应的导数变量dt, dz, da
call ADDiv(t, dt, z, dz, a, da)
```

库函数 ADAdd 和 ADDiv 运用链式法则，分别定义如代码 4.8 所示的 ADAdd 和 ADDiv 的微分表达式。

代码 4.8　ADAdd，ADDiv 微分表达式

代码 4.8　　ADAdd，ADDiv 微分表达式

```
1  def ADAdd(x, dx, y, dy, z, dz):
2    z = x + y
3    dz = dy + dx
4
5  def ADDiv(x, dx, y, dy, z, dz):
6    z = x / y
7    dz = dx / y + (x / (y * y)) * dy
```

　　基本表达式法的优缺点显而易见，优点是实现简单直接，可为任意语言快速实现微分的库函数；而缺点是增加了用户的工作量，用户必须先手工分解程序为一些基本表达式，才能使用这些库函数进行编程，无法方便地使用语言原生的表达式。

　　（2）操作符重载法（Operator Overloading, OO）：依赖于现代编程语言的多态特性，使用操作符重载对编程语言中的基本操作语义进行重定义，封装其微分规则。每个基本操作类型及其输入输出关系在程序运行时会被记录在一个数据结构 tape 里，最后，这些 tape 会形成一个跟踪轨迹（trace），就可以使用链式法则沿着轨迹正向或者反向地将基本操作组成起来进行微分。以自动微分库 AutoDiff 代码 4.9 为例，它对编程语言的基本运算操作符进行了重载。

代码 4.9　　操作符重载法

```
1  namespace AutoDiff
2  {
3    public abstract class Term
4    {
5      // 重载操作符 '+'，'*' 和 '/'，调用这些操作符时，会通过其中的
6      // TermBuilder 将操作的类型、输入输出信息等记录至 tape 中
7      public static Term operator+(Term left, Term right)
8      {
9        return TermBuilder.Sum(left, right);
10     }
11     public static Term operator*(Term left, Term right)
12     {
13       return TermBuilder.Product(left, right);
14     }
15     public static Term operator/(Term numerator, Term denominator)
16     {
17       return TermBuilder.Product(numerator, TermBuilder.Power(denominator, -1));
18     }
19   }
20
21   // Tape 数据结构中的基本元素，主要包含：
22   // 1）操作的运算结果
23   // 2）操作的运算结果对应的导数结果
```

```
24    // 3) 操作的输入
25    // 除此外还通过函数 Eval 和 Diff 定义了该运算操作的计算规则和微分规则
26    internal abstract class TapeElement
27    {
28      public double Value;
29      public double Adjoint;
30      public InputEdges Inputs;
31
32      public abstract void Eval();
33      public abstract void Diff();
34    }
35  }
```

OO 对程序的跟踪经过了函数调用和控制流，因此实现起来简单直接。其缺点是需要在程序运行时进行跟踪，特别在反向模式上还需要沿着轨迹反向地执行微分，所以会造成性能上的损耗——尤其是对于本来运行就很快的基本操作。并且因为其运行时跟踪程序的特性，该方法不允许在运行前做编译时刻的图优化，控制流也需要根据运行时的信息来展开。PyTorch 的自动微分框架使用了该方法。

（3）代码变换法（Source Transformation，ST）：提供对编程语言的扩展，分析程序的源码或抽象语法树（AST），将程序自动地分解为一系列可微分的基本操作，而这些基本操作的微分规则已预先定义好，最后使用链式法则对基本操作的微分表达式进行组合，生成新的程序表达来完成微分。TensorFlow、MindSpore 等机器学习框架都采用了该方式。

不同于 OO 在编程语言内部操作，ST 需要语法分析器（parser）和操作中间表示的工具。除此以外，ST 需要定义对函数调用和控制流语句（如循环和条件等）的转换规则。其优势在于对每一个程序，自动微分的转换只做一次，因此不会造成运行时的额外性能损耗。而且，因为整个微分程序在编译时就能获得，编译器可以对微分程序进行进一步的编译优化。但 ST 实现起来更加复杂，需要扩展语言的预处理器、编译器或解释器，需要支持更多的数据类型和操作，还需要更强的类型检查系统。另外，虽然 ST 不需要在运行时做自动微分的转换，但是对于反向模式，在反向部分执行时，仍然需要确保前向执行的一部分中间变量可以获取到，有以下两种方式可以解决该问题[91]）。

（1）基于 Tape 的方式。机器学习框架 Tangent 采用了该方式。该方式使用一个全局的 tape 确保中间变量可以被获取。原始函数被扩展为在前向部分执行时把中间变量写入到 tape 中的函数，在程序执行反向部分时会从 tape 中读取这些中间变量。除了存储中间变量外，OO 中的 tape 还会存储执行的操作类型。然而，因为 tape 是一个在运行时构造的数据结构，所以需要添加一些定制化的编译器优化方法。而且为了支持高阶微分，对于 tape 的读写都要求是可微分的。而大多数基于 tape 的工具都没有实现对 tape 的读写操作的微分，因此它们都不支持多次嵌套执行反向模式的自动微分（Reverse-over-reverse）。

（2）基于闭包（closure）的方式。基于闭包的方式可以解决基于 tape 方式的缺陷。在函数式编程时，闭包可以捕获到语句的执行环境并识别到中间变量的非局部使用。

MindSpore 选择通过基于闭包的代码变换法来实现的自动微分。这需要一个定制的中间表示。MindIR 的具体设计，在 4.2.3 节已经介绍过，这里不再赘述。

MindSpore 的自动微分，使用基于闭包的代码变换法实现，转换程序根据正向部分的计算，构造了一个闭包的调用链。这些闭包包含了计算导数的代码以及从正向部分拿到的中间变量。程序中的每个函数调用，都会得到转换并且额外返回一个叫作 bprop 的函数，bprop 根据给定的关于输出的导数，计算出关于输入的导数。由于每个基本操作的 bprop 是已知的，MindSpore 可以构造出用户定义的整个函数的 bprop。为了支持 reverse-over-reverse 调用去计算高阶导数，需要确保可以在已转换好的程序中再进行转换，这需要有处理函数自由变量（函数外定义的变量）的能力。为了达到这个目的，每个 bprop 除了关于原始函数输入的偏导数以外，还会返回一系列关于自由变量的偏导数，闭包里面的 bprop 负责把每个偏导数解开，将其分别累加贡献到各自的自由变量上，且闭包也是一种函数，可以作为其他闭包的输入。因此，MindSpore 自动微分的算法设计可以总结为以下 2 点。

（1）应用链式求导法则，对每个函数（算子或子图）定义一个反向传播函数 bprop : dout− > (df, dinputs)，这里 df 表示函数对自由变量的导数，dinputs 表示函数对输入的导数。

（2）应用全微分法则，将 (df, dinputs) 累加到对应的变量上。

因为 MindIR 实现了分支、循环和闭包等操作的函数式表达，所以在控制流场景时，对这些操作应用上述法则进行组合，即可完成微分。定义运算符 $K$ 求解导数，MindSpore 的自动微分算法可以简单表达如代码 4.10 所示。

代码 4.10　MindSpore 自动微分算法

```
// func和inputs分别表示函数及其输入，dout为关于输出的梯度
v = (func, inputs)
F(v): {
    (result, bprop) = K(func)(inputs)
    df, dinputs = bprop(dout)
    v.df += df
    v.dinputs += dinputs
}
```

MindSpore 解析器模块首先根据 Python 的 AST 生成 MindIR，再经过特化模块使得中间表示中的算子可识别，然后调用自动微分模块。自动微分模块的入口函数如代码 4.11 所示。

代码 4.11　MindSpore 自动微分入口

```
function Grad {
  Init();
  MapObject();        // 实现Parameter/Primitive/FuncGraph/FreeVariable对象的映射
  MapMorphism();      // 实现CNode的映射
  Finish();
  Return GetKGraph(); // 获取梯度函数计算图
}
```

Grad 函数先通过 MapObject 实现图上自由变量、Parameter 和 ValueNode（Primitive 或 FuncGraph）等节点到 fprop 的映射。fprop 是 (forward_result, bprop) 形式的梯度函数对象。forward_result 是前向计算图的输出节点，bprop 是以 fprop 的闭包对象形式生成的梯度函数，它只有 dout 这一个入参（Input Parameters），其余输入则是引用的 fprop 的输入和输出。其中对于 ValueNode<Primitive> 类型的 bprop，通过解析 Python 层预先注册的函数 get_bprop 得到，如代码 4.12 所示。对于 ValueNode<FuncGraph> 类型的节点，则递归求出它的梯度函数对象。

代码 4.12　ReLU 算子反向微分规则

```
@bprop_getters.register(P.ReLU)
def get_bprop_relu(self):
    """Grad definition for 'ReLU' operation."""
    input_grad = G.ReluGrad()

    def bprop(x, out, dout):
        dx = input_grad(dout, out)
        return (dx,)

    return bprop
```

随后，MapMorphism 函数从原函数的输出节点开始实现对 CNode 的映射，并建立起节点间的反向传播连接，实现梯度累加，最后返回原函数的梯度函数计算图。

## 4.5　类型系统和静态分析

4.3 节介绍了自动微分的基本概念和实现方法，自动微分是机器学习框架中不可或缺的核心功能。在编译器前端的设计中，为了提高编译器的抽象能力和程序运行的正确性，有效减少程序在运行时可能出现的错误，编译器引入了类型系统和静态分析系统，接下来对它们的基本概念、主要功能、常见系统进行介绍。

### 4.5.1　类型系统概述

程序设计语言中，类型是指数值、表达式、函数等属性内容。类型系统是指类型的集合以及使用类型来规定程序行为的规则。类型系统用于定义不同的类型，指定类型的操作和类型之间的相互作用，广泛应用于编译器、解释器和静态检查工具中。类型系统提供的主要功能如下。

（1）正确性。编译器的类型系统引入了类型检查技术，用于检测和避免运行时错误，确保程序运行时的安全性。通过类型推导与检查，编译器能够捕获大多数类型相关的异常报错，避免执行病态程序导致运行时错误，保证内存安全，避免类型间的无效计算和语义上的逻辑错误。

（2）优化。静态类型检查可以提供有用的信息给编译器，从而使得编译器可以应用更有效的指令，节省运行时的时间。

（3）抽象。在安全的前提下，一个强大的类型系统的标准是抽象能力。通过合理地抽象，开发者可以更关注更高层次的设计。

（4）可读性。阅读代码时，明确的类型声明有助于理解程序代码。

机器学习框架一般使用 Python 语言作为描述网络模型结构的前端语言。Python 语言是一门动态强类型的语言，入门简单易学习，开发代码简洁高效，但由于其解释执行的方式，运行速度往往较慢。Python 前端语言给用户带来了动态灵活的语义和高效的开发效率，但是若想要生成运行高效的后端代码，后端框架需要优化友好的静态强类型中间表示。因此，需要一种高效可靠的静态分析方法作为桥梁，将 Python 前端表示转换成等价的静态强类型中间表示，以此给用户同时带来高效的开发效率和运行效率。例如，Hindley-Milner（HM）类型系统是一种具有参数多态性的简单类型 lambda 演算的类型系统。它最初由 J. Roger Hindley 提出[30]，并由 Robin Milner 进行扩展和验证[54]。后来，路易斯·达马斯（Luis Damas）对 HM 类型推导方法进行了详尽的分析和证明[15]，并将其扩展到支持具有多态引用的系统。Hindley-Milner 类型系统的目标是在没有给定类型注解的情况下，自动推导出任意表达式的类型。其算法具有抽象性和通用性，采用简洁的符号表示，能够根据表达式形式推导出明确直观的定义，常用于类型推导和类型检查。因此，Hindley-Milner 类型系统广泛应用于编程语言设计中，如 Haskell 和 Ocaml。

### 4.5.2　静态分析概述

在设计好类型系统后，编译器需要使用静态分析系统对中间表示进行静态检查与分析。语法解析模块（parser）将程序代码解析为抽象语法树（AST）并生成中间表示。此时的中间表示缺少类型系统中定义的抽象信息，因此引入静态分析模块，对中间表示进行处理分析，并且生成一个静态强类型的中间表示，用于后续的编译优化、自动并行以及自动微分等。在编译器前端的编译过程中，静态分析可能会被执行多次，有些框架还会通过静态分析的结果判断是否终止编译优化。

静态分析模块基于抽象释义对中间表示进行类型推导、泛型特化等操作，这些专业术语的含义如下。

（1）抽象释义：通过抽象解释器将语言的实际语义近似为抽象语义，只获取后续优化需要的属性，进行不确定性的解释执行。抽象值一般包括变量的类型和维度。

（2）类型推导：在抽象释义的基础上，编译器推断出程序中变量或表达式的抽象类型，方便后续利用类型信息进行编译优化。

（3）泛型特化：泛型特化的前提是编译器在编译期间可以进行类型推导，提供类型的上下文。在编译期间，编译器通过类型推导确定调用函数的类型，然后，编译器会通过泛型特化，进行类型取代，为每个类型生成一个对应的函数方法。

接下来以 MindSpore 框架为例，简要介绍静态分析模块的具体实现。MindSpore 采用抽象释义的方法，对抽象值做不确定的抽象语义的解释执行，函数图中每个节点的抽象值是所期望得到的程序静态信息。基本的抽象释义方法流程可以理解为：从 MindIR 的顶层函数图入口开始解释执行，将函数图中所有节点进行拓扑排序，根据节点的语义递归推导各节点的抽象值。当遇到函数子图时，递归进入函数子图进行解释执行，最后返回顶层函数输出节点的抽象值。根据抽象释义方法流程，MindSpore 的静态分析模块主要分为抽象域模块、缓存模块、语义推导模块和控制流处理模块，如图 4.15 所示。

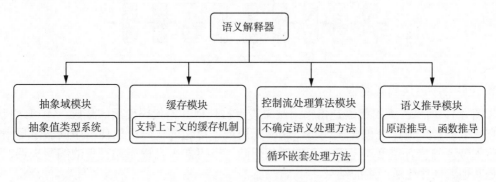

图 4.15　静态分析模块

## 4.6　常见前端编译优化方法

和传统编译器相同，机器学习编译器也会进行编译优化。编译优化意在解决编译生成的中间表示的低效性，使得代码的长度变短，编译与运行的时间减少，执行期间处理器的能耗变低。编译优化可以分为与硬件无关的优化和与硬件相关的编译优化。因为前端是不感知具体后端硬件的，因此前端执行的优化都是与硬件无关的编译优化。

### 4.6.1　前端编译优化简介

大多数编译优化器会由一系列的"趟"（Pass）组成。每个"趟"以中间表示为输入，又以新生成的中间表示为输出。一个"趟"还可以由几个小的"趟"组成。一个"趟"可以运行一次，也可以运行多次。

在编译优化中，优化操作的选择以及顺序对于编译的整体具有非常关键的作用。编译器可以根据具体需要运行不同的编译优化操作，也可以根据编译优化级别来调整优化的次数、种类以及顺序，如图 4.16 所示。

### 4.6.2　常见编译优化方法介绍及实现

前端编译优化的方法有很多，机器学习框架也有很多不同于传统编译器的优化方式。本小节将会介绍 3 种常见且通用的前端编译优化方法。

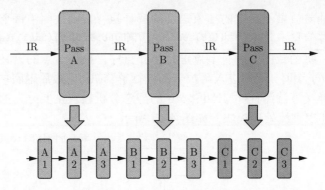

图 4.16　编译优化的"趟"结构

**1. 无用与不可达代码消除**

如图 4.17 所示。无用代码是指输出结果没有被任何其他代码使用的代码，不可达代码是指没有有效的控制流路径包含该代码。删除无用或不可达的代码可以使得中间表示更小，提高程序的编译与执行速度。无用与不可达代码除了有可能来自程序编写者的编写失误，也有可能是其他编译优化所产生的结果。

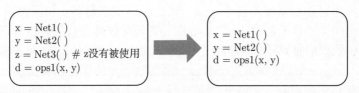

图 4.17　无用代码消除

**2. 常量传播、常量折叠**

常量传播：如图 4.18 所示，如果某些量为已知值的常量，那么可以在编译时刻将使用这些量的地方进行替换。

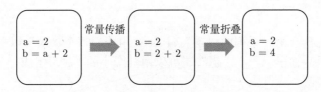

图 4.18　常量传播与常量折叠

常量折叠：如图 4.18 所示，多个量进行计算时，如果能够在编译时刻直接计算出结果，那么变量将由常量替换。

**3. 公共子表达式消除**

如图 4.19 所示，如果一个表达式 E 已经计算过了，并且从先前的计算到现在 E 中所有变量的值都没有发生变化，那么 E 就成为了公共子表达式。对于这种表达式，没有必要花时间再对它进行计算，只需要直接用前面计算过的表达式结果代替 E 就可以了。

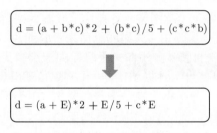

$$d = (a + b*c)*2 + (b*c)/5 + (c*c*b)$$

$$d = (a + E)*2 + E/5 + c*E$$

图 4.19　公共子表达式消除

## 4.7　总结

（1）中间表示是编译器的核心数据结构之一，是程序编译过程中介于源语言和目标语言之间的程序表示。

（2）传统编译器的中间表示从组织结构出发，可以分为线性中间表示、图中间表示以及混合中间表示。

（3）机器学习框架对中间表示有一系列新的需求，这些新的需求是传统中间表示所不能完美支持的。因此需要在传统中间表示的基础上扩展，以更适用于机器学习框架。

（4）自动微分的基本思想是将计算机程序中的运算操作分解为一个有限的基本操作集合，且集合中基本操作的求导规则均为已知，在完成每一个基本操作的求导后，使用链式法则将结果组合，得到整体程序的求导结果。

（5）自动微分根据链式法则的组合顺序，可以被分为前向自动微分与反向自动微分。

（6）前向自动微分更适用于对输入维度小于输出维度的网络求导，反向自动微分则更适用于对输出维度小于输入维度的网络求导。

（7）自动微分的实现方法大体上可以划分为基本表达式法、操作符重载法以及代码变化法。

（8）类型系统是指类型的集合以及使用类型来规定程序行为的规则，用于定义不同的类型、指定类型的操作和类型之间的相互作用，广泛应用于编译器、解释器和静态检查工具中。

（9）静态分析，是指在不实际运行程序的情况下，通过词法分析、语法分析、控制流、数据流分析等技术对代码进行分析验证的技术。

（10）编译优化意在解决编译生成的中间表示的低效性，前端执行的优化均为与硬件无关的编译优化。

# 第5章

# AI编译器后端和运行时

第 4 章详细讲述了一个 AI 编译器前端的主要功能，重点介绍了中间表示及自动微分。在得到中间表示后，如何充分利用硬件资源高效地执行，是编译器后端和运行时要解决的问题。

本章介绍 AI 编译器后端的一些基本概念，详细描述后端的计算图优化、算子选择等流程。对编译器前端提供的中间表示进行优化，充分发挥硬件能力，从而提高程序的执行效率。在此基础上，介绍运行时如何对计算任务进行内存分配以及高效地调度执行。

本章的学习目标包括：

（1）了解编译器后端和运行时的作用；

（2）掌握计算图优化的常用方法；

（3）掌握算子选择的常用方法；

（4）掌握内存分配的常用方法；

（5）掌握计算图调度和执行的常用方法；

（6）了解目前算子编译器的基本特点及其尚未收敛的几个问题。

## 5.1　概述

编译器前端主要将用户代码进行解析翻译得到计算图 IR，并对其进行设备信息无关的优化，此时的优化并不考虑程序执行的底层硬件信息。编译器后端的主要职责是对前端下发的 IR 做进一步的计算图优化，让其更加贴合硬件，并为 IR 中的计算节点选择在硬件上执行的算子，然后为每个算子的输入输出分配硬件内存，最终生成一个可以在硬件上执行的任务序列。

如图5.1所示，编译器后端处于前端和硬件驱动层中间，主要负责计算图优化、算子选择和内存分配的任务。

首先需要根据硬件设备的特性将 IR 图进行等价图变换，以便在硬件上能够找到对应的执行算子，该过程是计算图优化的重要步骤之一。前端 IR 是通过解析用户代码生成的，属于较高的抽象层次，隐藏一些底层运行的细节信息，此时无法直接对应硬件上的算子（算子是设备上的基本计算序列，例如 MatMul、Convolution、ReLU 等），需要将细节信息展开后才能映射到目标硬件上的算子。对于某些前端 IR 的子集来说，一个算子便能够执行对应的功能，此时可以将这些 IR 节点合并成为一个计算节点，该过程称为算子融合；对于一些复杂计算，后端并没有直接与之对应的算子，但是可以通过几个基本运算的算子组合达到同样的计算效果，此时可以将前端 IR 节点拆分成多个小算子。

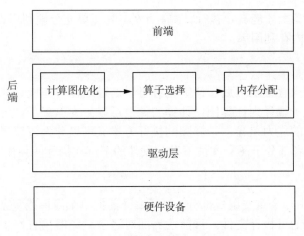

图 5.1　编译器后端总体架构简图

在完成计算图优化之后，就要进行算子选择过程，为每个计算节点选择执行算子。算子选择是在得到优化的 IR 图后选取最合适的目标设备算子的过程。针对用户代码所产生的 IR 往往可以映射成多种不同的硬件算子，但是这些不同硬件算子的执行效率往往有很大差别，如何根据前端 IR 选择出最高效的算子，是算子选择的核心问题。算子选择本质上是模式匹配问题。其最简单的方法就是每个 IR 节点对应一个目标硬件的算子，但是这种方法往往对目标硬件的资源利用比较差。现有的编译器一般都对每个 IR 节点提供了多个候选的算子，算子选择目标就是从中选择最优的一个算子作为最终执行在设备上的算子。

总的来说，在机器学习系统中，对前端生成的 IR 图上的各个节点进行拆分和融合，让前端所表示的高层次 IR 逐步转换为可以在硬件设备上执行的低层次 IR。得到这种更加贴合硬件的 IR 后，对于每个单节点的 IR 可能仍然有很多种不同的选择，例如可以选择不同的输入输出格式和数据类型，需要对 IR 图上每个节点选择出最为合适的算子，算子选择过程可以认为是针对 IR 图的细粒度优化过程，最终生成完整的算子序列。最后，遍历算子序列，为每个算子分配相应的输入输出内存，然后将算子加载到设备上执行计算。

**1. 计算图优化**

计算图优化是指在不影响模型数值特性的基础上，通过图变换达到简化计算、减少资源开销、适配硬件的执行能力、提升执行性能的目的。

**2. 算子选择**

算子选择是将 IR 图上的每个计算节点映射到设备上可执行算子的过程，一个 IR 图上的计算节点往往可以对应多个设备上的算子，这个过程需要考虑算子的规格、算子的执行效率等问题，算子选择目标就是从中选择最优的一个算子。

**3. 内存分配**

经过计算图优化和算子选择之后，可以得到 IR 图中每个算子的输入输出的形状、数据类型、存储格式。根据这些信息，计算输入输出数据的大小，并为输入输出分配设备上的内存，然后将算子加载到设备上才能真正执行计算。此外，为了更充分地利用设备内存资源，可以对内存进行复用，提高内存利用率。

#### 4. 计算调度与执行

经过算子选择与内存分配之后，计算任务可以通过运行时完成计算的调度与在硬件上的执行。根据是否将算子编译为计算图，计算的调度可以分为单算子调度与计算图调度两种方式。而根据硬件提供的能力差异，计算图的执行方式又可以分为逐算子下发执行的交互式执行及将整个计算图或者部分子图一次性下发到硬件的下沉式执行两种模式。

#### 5. 算子编译器

作为 AI 编译器中一个重要组成部分，算子编译器把单个简单或复杂的算子经过表达和优化后编译为一个单独的可执行文件。目前业界面对算子编译器仍有许多有趣的问题尚未得出明确结论，相关的处理逻辑与方法也尚未收敛。本节希望将这些问题简单抛出，并给出业界比较典型的几种处理方式。若能对业界朋友们和同学们有所启发甚至能对这些问题起到促进收敛的作用，那真是再好不过！目前尚待收敛的问题包括而不限于：如何通过算子编译器进行性能优化？算子编译器如何兼容不同体系结构特点的芯片？面对输入 Python 代码的灵活性及神经网络训练时动态性的情况，该如何充分将这些完美表达出来？

## 5.2   计算图优化

后端的计算图优化主要是针对硬件的优化，根据优化适用于所有硬件还是只适用于特定硬件，可以分为通用硬件优化和特定硬件优化，例如为了适配硬件指令限制而做的子图变换和与特定硬件无关的算子内存 I/O 优化。

### 5.2.1   通用硬件优化

通用硬件优化主要指与特定硬件类型无关的计算图优化，优化的核心是子图的等价变换：在计算图中尝试匹配特定的子图结构，找到目标子图结构后，通过等价替换方式，将其替换成对硬件更友好的子图结构。

以优化内存 I/O 为例。深度学习算子按其对资源的需求可以分为两类：计算密集型算子，这些算子的时间绝大部分花在计算上，如卷积、全连接等；访存密集型算子，这些算子的时间绝大部分花在访存上，它们大部分是 Element-Wise 算子，例如 ReLU、Element-Wise Sum 等。在典型的深度学习模型中，一般计算密集型和访存密集型算子是相伴出现的，最简单的例子是 "Conv + ReLU"。Conv 卷积算子是计算密集型算子，ReLU 算子是访存密集型算子，ReLU 算子可以直接取 Conv 算子的计算结果进行计算，因此可以将二者融合成一个算子来进行计算，从而减少内存访问延时和带宽压力，提高执行效率。

例如 "Conv + Conv + Sum + ReLU" 的融合，从图5.2中可以看到，融合后的算子减少了两个内存的读和写的操作，优化了 Conv 输出和 Sum 输出的读和写的操作。

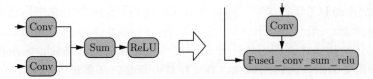

图 5.2　Element-Wise 算子融合

除上述针对特定算子类型结构的融合优化外，基于自动算子生成技术，还可以实现更灵活、更极致的通用优化。以 MindSpore 的图算融合技术为例，图算融合通过"算子拆解、算子聚合、算子重建"三个主要阶段让计算图中的计算更密集，并进一步减少低效的内存访问。

图5.3中，算子拆解阶段（Expander）将计算图中一些复杂算子（composite op，图5.3中Op1、Op3、Op4）展开为计算等价的基本算子组合（虚线正方形框包围着的部分）；在算子聚合阶段（Aggregation），将计算图中的基本算子（basic op，如图5.3中 Op2）、拆解后的算子（expanded op）组合融合，形成一个更大范围的算子组合；在算子重建阶段（Reconstruction）中，按照输入张量到输出张量的仿射关系将基本算子进行分类（elemwise、broadcast、reduce、transform 等），并在这基础上归纳出不同的通用计算规则（如 elemwise + reduce 规则，elemwise + reduce 在满足一定条件后可以高效执行），根据这些计算规则不断地从这个大的算子组合上进行分析、筛选，最终重新构建成新的算子（如虚线矩形包围的两个算子 New Op1 和 New Op2）。图算融合通过对计算图结构的拆解和聚合，可以实现跨算子边界的联合优化；并在算子重建中，通过通用的计算规则，以必要的访存作为代价，生成对硬件更友好、执行更高效的新算子。

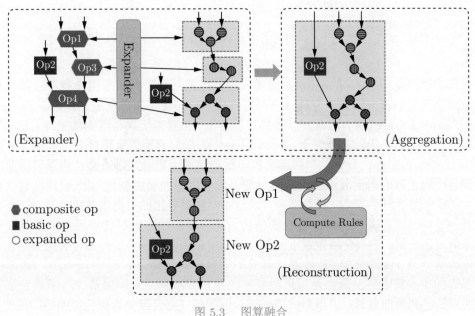

图 5.3　图算融合

### 5.2.2 特定硬件优化

特定硬件优化是指该计算图的优化是在特定硬件上才能做的优化，常见的基于硬件的优化包括由于硬件指令的限制而做的优化、特定硬件存储格式导致的优化等。

**1. 硬件指令限制**

在一些特定的硬件上，IR 中计算节点没有直接对应的硬件算子，只能通过子图的变换来达到子图中所有算子在对应的硬件上的存在。例如，在 MindSpore 中，昇腾芯片上的 Concat 算子只支持有限的输入个数（63 个），因此当前端 IR 上的输入个数大于限制输入时，需要将该计算节点拆分成等价的多个 Concat 节点，如图5.4所示。当 Concat 有 100 个输入时，单个算子只支持最多 63 个输入，此时会将该计算节点拆分成两个 Concat 节点，分别为 63 个输入和 37 个输入的两个算子。

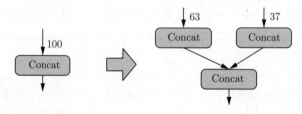

图 5.4　Concat 算子拆分

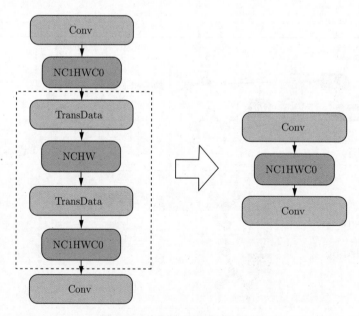

图 5.5　数据排布格式转换消除

**2. 数据排布格式的限制**

针对不同特点的计算平台和不同的算子，为了追求最好的性能，一般都需要选择不同的数据排布格式（Format），而这些排布格式可能跟框架默认的排布格式是不一样的。在这种情况下，一般的做法是算子在执行完成后对输出插入一个格式转换操作，把排布格式转换回框架的默认排布格式，这就引入了额外的内存操作。以图5.5为例，在昇腾平台上 Conv 算子在输入和输出的内存排布为 5HD 时是性能最优的，所以可以看到 Conv 算子输出结果的格式是 5HD，然后通过一个转换操作转回了框架默认的 NCHW，紧接着，后面又是一个 Conv 算子，它需要 5HD 的输入，所以又做了一个 NCHW 到 5HD 的转换。很容易看出，虚线框内的两个转换操作互为逆操作，可以相互抵消。通过对计算图的模式匹配，可以将该类型的操作消除。

# 5.3　算子选择

经过计算图优化后，需要对 IR 图上的每个节点进行算子选择，才能生成真正在设备上执行的算子序列。由于 IR 图上的节点可能有后端的很多算子与其对应，不同规格的算子在不同的情况下执行效率各不相同，在算子选择阶段的主要任务就是根据 IR 图中的信息在众多算子中选择出最合适的一个算子去目标设备上执行。

## 5.3.1　算子选择的基础概念

经历了后端的图优化后，IR 图中的每个节点都有一组算子与之对应。此时的 IR 图中的每个节点可以认为是用户可见的最小硬件执行单元。但是此时 IR 图中的一个节点代表了用户代码的一个操作，对于这个操作还没有具体生成有关设备信息的细节描述。这些信息是算子选择所选择的内容信息，称为算子信息。算子信息主要包括以下内容。

（1）针对不同特点的计算平台和不同的算子，为了追求最好的性能，一般都需要选择不同的数据排布格式。机器学习系统常见的数据排布格式有 NCHW 和 NHWC 等。

（2）针对不同的硬件支持不同的计算精度，例如 float32、float16 和 int32 等。算子选择需要在所支持各种数据类型的算子中选择出与用户所设定的数据类型最为相符的算子。

### 1. 数据排布格式

机器学习系统中很多运算都会转换成为矩阵的乘法，例如卷积运算。矩阵乘法 $A \times B = C$ 是以 $A$ 的一行乘以 $B$ 的一列求和后得到 $C$ 的一个元素。以图5.6为例，在图的上方，矩阵数据按照行优先来进行存储，虽然 $B$ 在存储时按照行存储，但是读取数据时却按照列进行读取，假如把 $B$ 的格式转换为列存储，如图5.6所示。

这样就可以通过访问连续内存的方式加快数据访问速度进而提升运算速度。由此可见，不同的数据排布方式对性能有很大影响。

在机器学习系统中常见的数据格式一般有两种，分别为 NCHW 类型和 NHWC 类型。其中，$N$ 代表数据输入的批大小，$C$ 代表图像的通道，$H$ 和 $W$ 分别代表图像输入的高和宽。

图5.7展示了 BatchSize 为 2，通道数为 16，大小为 5×4 的数据逻辑示意图。

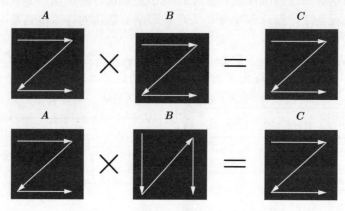

图 5.6　矩阵乘法数据排布示意图

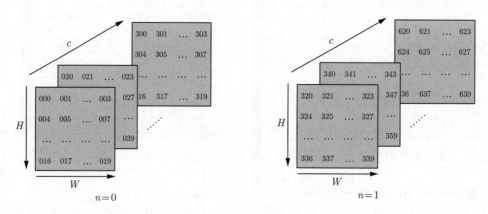

图 5.7　常见数据格式

但是计算机的存储并不能够直接将这样的矩阵放到内存中，需要将其展平成一维后存储，这样就涉及逻辑上的索引如何映射成为内存中的索引，即如何根据逻辑数据索引来映射到内存中的一维数据索引。

对于 NCHW 的数据是先取 $W$ 轴方向数据，再取 $H$ 轴方向数据，然后取 $C$ 轴方向数据，最后取 $N$ 轴方向数据。其中物理存储与逻辑存储之间的映射关系如式 (5.1) 所示。

$$\text{offsetnchw}(n,c,h,w) = n \times C \times H \times W + c \times H \times W + h \times W + w \tag{5.1}$$

如图5.8所示，在这种格式中，按照最低维度 $W$ 轴方向进行展开，$W$ 轴相邻的元素在内存排布中同样是相邻的。如果需要取下一个图片上的相同位置的元素，就必须跳过整个图像的尺寸（$C \times H \times W$）。比如有 8 张 32×32 的 RGB 图像，此时 $N = 8, C = 3, H = 32, W = 32$。在内存中存储它们需要先按照 $W$ 轴方向进行展开，然后按照 $H$ 轴排列，这样便完成了一个通道的处理，之后按照同样的方式处理下一个通道。处理完全部通道后，处理下一张图片。PyTorch 和 MindSpore 框架默认使用 NCHW 格式。

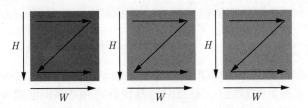

图 5.8　RGB 图片下的 NHWC 数据格式

类似的 NHWC 数据格式是先取 $C$ 方向数据，再取 $W$ 方向，然后是 $H$ 方向，最后取 $N$ 方向。NHWC 是 TensorFlow 默认的数据格式。这种格式在 PyTorch 中称为 Channel-Last。其中物理存储与逻辑存储之间的映射关系如式 (5.2) 所示。

$$\text{offsetnchw}(n, h, w, c) = n \times H \times W \times C + h \times W \times C + w \times C + c \tag{5.2}$$

图5.9展示了不同数据格式下逻辑排布到内存物理侧数据排布的映射。[x:1] 代表从最内侧维度到最下一维度的索引变换。比如 [a:1] 表示当前行 $W$ 轴结束后，下一个 $H$ 轴排布。[b:1] 表示最内侧 $C$ 轴排布完成后按照 $W$ 轴进行排列。

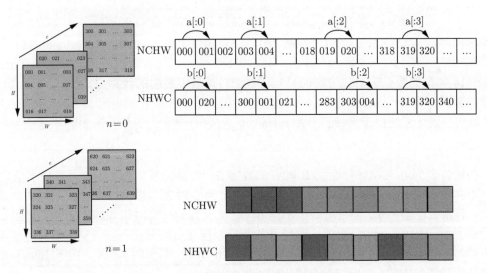

图 5.9　NCHW 与 NHWC 数据存储格式

上述的数据存储格式具有很大的灵活性，很多框架都采用上述的两种格式作为默认的数据排布格式。但是在硬件上对数据操作时，此时的数据排布可能还不是最优的。在机器学习系统中，用户输入的数据往往会远远大于计算部件一次性计算所能容纳的最大范围，所以此时必须将输入的数据进行切片，分批送到运算部件中进行运算。为了加速运算，很多框架又引入了一些块布局格式来进行进一步的优化，这种优化可以使用一些硬件的加速指令，对数据进行搬移和运算，例如 oneDnn 上的 nChw16c 和 nChw8c 格式，以及 Ascend 芯片的 5HD 等格式。这种特殊的数据格式与硬件更为贴合，可以快速将矩阵向量化，并且极大地利用片内缓存。

## 2. 数据精度

通常，深度学习的系统使用单精度（float32）表示，这种数据类型占用 32 位内存。还有一种精度较低的数据类型为半精度（float16），其内部占用了 16 位的内存。由于很多硬件会对半精度数据类型进行优化，半精度的计算吞吐量可以是单精度的 2 ~ 8 倍，且半精度占用的内存更小，这样可以输入更大的批大小（BatchSize），进而减少总体训练时间。接下来详细介绍半精度浮点数与精度浮点数的区别。

图5.10中，Sig 代表符号位，占 1 位，表示了机器数的正负，Exponent 表示指数位，Mantissa 为尾数位。

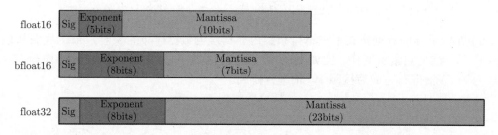

图 5.10    浮点数的二进制表示

float16 类型的数据采用二进制的科学计数法转换为十进制的计算方式如式 (5.3) 所示。

$$(-1)^{\text{Sig}} \times 2^{\text{Exponent}-15} \times \left( \frac{\text{Mantissa}}{1024} + 1 \right) \tag{5.3}$$

当指数位全为 0 且尾数位全为 0 时表示数字 0。如果指数位全为 0，尾数位不全为 0 则表示一个非常小的数值。当指数位全为 1 尾数位全为 0 时表示根据符号位正无穷大，或者负无穷大。若指数位全为 1，但是尾数位不为 0，则表示 NAN。其中，bfloat16 并不属于一个通用的数据类型，是 Google 提出的一种特殊的类型，现在一般只在一些 TPU 上训练使用，其指数位数与 float32 位数保持一致，可以较快地与 float32 进行数据转换。由于 bfloat16 并不是一种通用类型，IEEE 中也并没有提出该类型的标准。

## 3. 算子信息库

前面讲述了数据格式和数据精度的概念，基于这两个概念，在不同硬件下会有不同的算子支持，此时需要有一个硬件上支持的所有算子的集合，该集合称为算子信息库。算子选择过程就是从算子信息库中选择最合适算子的过程。

### 5.3.2　算子选择的过程

前面介绍了算子选择主要是针对 IR 图中的每个操作节点选择出最为合适的算子。其中，算子信息主要包括支持设备类型、数据类型和数据排布格式三方面。经过编译器前端类型推导与静态分析的阶段后，IR 图中已经推导出了用户代码侧的数据类型。下面介绍算子选择的基本过程。

图5.11展示了算子选择过程。首先选择算子执行的硬件设备。不同的硬件设备上，算子的实现、支持数据类型、执行效率通常会有所差别。这一步往往是用户自己指定的，若用户未指定，则编译器后端会为用户匹配一个默认的设备。后端会根据 IR 图中推导出的数据类型和内存排布格式选择对应的算子。

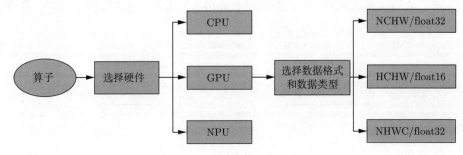

图 5.11　算子选择过程

理想情况下，算子选择出的算子类型应该与用户预期的类型保持一致。但是由于软硬件的限制，很可能算子的数据类型不能满足用户所期待的数据类型，此时需要对该节点进行升精度或者降精度处理才能匹配到合适的算子。例如，在 MindSpore 的 Ascend 后端，硬件限制导致 Conv2D 算子只存在 float16 一种数据类型。如果用户设置的整网使用的数据类型为 float32 数据，那么只能对 Conv2D 算子的输入数据进行降精度处理，即将输入数据类型从 float32 转换成 float16。

算子的数据排布格式转换是一个比较耗时的操作，为了避免频繁的格式转换所带来的内存搬运开销，数据应该尽可能地以同样的格式在算子之间传递，算子和算子的衔接要尽可能避免出现数据排布格式不一致的现象。另外，数据类型不同导致的降精度可能会使得误差变大，收敛速度变慢甚至不收敛，所以数据类型的选择也要结合具体算子分析。

总的来说，一个好的算子选择算法应该尽可能保持数据类型与用户设置的数据类型一致，且尽可能减少出现数据格式转换。

## 5.4　内存分配

内存在传统计算机存储器层次结构中有着重要的地位，它是连接高速缓存和磁盘之间的桥梁，有着比高速缓存更大的空间、比磁盘更快的访问速度。随着深度学习的发展，深度神经网络的模型越来越复杂，AI 芯片[①]上的内存很可能无法容纳一个人型网络模型。因此，对内存进行复用是一个重要的优化手段。此外，通过连续内存分配和 In-Place 内存分配还可以提高某些算子的执行效率。

### 5.4.1  Device 内存概念

在深度学习体系结构中，通常将与硬件加速器（如 GPU、AI 芯片等）相邻的内存称为设备（Device）内存，与 CPU 相邻的内存称为主机（Host）内存。如图5.12所示，CPU 可以合法地访问主机上的内存，而无法直接访问设备上的内存；同理，AI 芯片可以访问设备上的内存，却无法访问主机上的内存。因此，在网络训练过程中，往往需要从磁盘加载数据到主机内存中，然后在主机内存中做数据处理，再从主机内存复制到设备内存中，最后设备才能合法地访问数据。算子全部计算完成后，用户要获取训练结果，又需要把数据从设备内存复制到主机内存中。

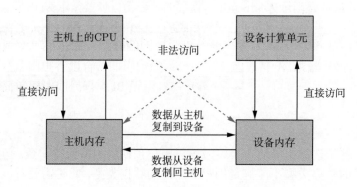

图 5.12    主机内存和设备内存

### 5.4.2  内存分配

内存分配模块主要负责给图中算子的输入、输出分配 Device 内存。用户的前端脚本经过编译器前端处理后得到中间表达，后端根据中间表达进行算子选择和相关优化，可以得到算子最终的输入输出张量的形状、数据类型（Data Type）、格式（Format）等信息，根据这些信息可以计算出算子输入、输出张量的尺寸大小。基本的计算方法如式 (5.4) 所示。

$$\text{size} = \prod_{i=0}^{\text{dimention}} \text{shape}_i \times \text{sizeof}(\text{datatype}) \tag{5.4}$$

得到张量的尺寸大小后，往往还需要对内存大小进行对齐操作。内存通常以 4 字节、8 字节或 16 字节为一组进行访问，如果被搬运的内存大小不是这些值的倍数，内存后面会填充

---

① 与前面的硬件加速器指意相同，业内习惯称为 AI 芯片。

相应数量的空数据以使得内存长度达到这些值的倍数。因此，访问非对齐的内存可能会更加耗时。

下面以图5.13为例介绍内存分配的大致流程。

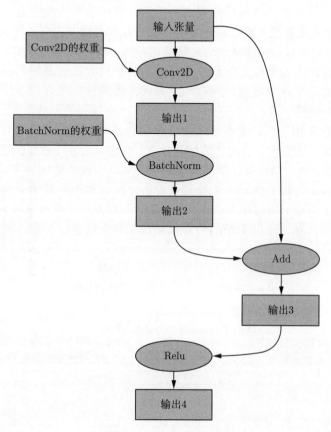

图 5.13　内存分配示例

对应的代码如下：

```
def ResidualBlock(x):
    identity = x
    out = Conv2D(x)
    out = BatchNorm(out)
    out = out + identity
    out = Relu(out)
    return out
```

首先给输入张量、Conv2D 的权重和 Conv2D 的输出分配内存地址。然后为 BatchNorm 的输入分配地址时，发现 BatchNorm 的输入就是 Conv2D 算子的输出，而该张量的地址已经在之前分配过了，因此只需要将 Conv2D 算子的输出地址共享给 BatchNorm 的输入，就可以避免内存的重复申请及内存的冗余复制。以此类推，可以发现整个过程中可以将待分配的内存分成三种类型：一是整张图的输入张量，二是算子的权重或者属性，三是算子的输出张量，三种类型在训练过程中的生命周期有所不同。

在 CPU 上常常使用 malloc 函数直接申请内存，这种方式申请内存的好处是随时申请随时释放，简单易用。然而在许多对性能要求严苛的计算场景中，由于所申请内存块的大小不定，频繁申请释放会降低性能。通常会使用内存池的方式去管理内存，先申请一定数量的内存块留作备用，当程序有内存申请需求时，直接从内存池中的内存块中申请。当程序释放该内存块时，内存池会进行回收并用作后续程序内存申请时使用。在深度学习框架中，设备内存的申请也是非常频繁的，往往也是通过内存池的方式去管理设备内存，并让设备内存的生命周期与张量的生命周期保持一致。不同的深度学习框架在内存池的设计上大同小异，以图5.14的MindSpore 框架内存申请为例，进程会从设备上申请足够大的内存，然后通过双游标从两端偏移为张量分配内存。首先从申请的首地址开始进行偏移，为算子权重的张量分配内存，这部分张量生命周期较长，往往持续整个训练过程。然后从申请设备地址的末尾开始偏移，为算子的输出张量分配内存，这部分内存的生命周期较短，在该算子计算结束并且后续计算过程中无须再次使用该算子的输出的情况下，其生命周期就可以结束。通过这种方式，只需要从设备上申请一次足够大的内存，后续算子的内存都通过指针偏移进行分配，减少了直接从设备申请内存的耗时。

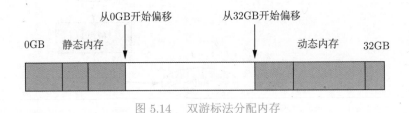

图 5.14　双游标法分配内存

### 5.4.3　内存复用

在机器学习系统中，内存复用是指分析张量的生命周期，将生命周期结束的张量的设备内存释放回内存池并用于后续张量的内存分配。内存复用的目的是提高内存的利用率，让有限的设备内存容纳更大的模型。以图5.13为例，当 BatchNorm 算子计算结束后，输出 1 不再被任何算子使用，则该张量的设备内存可以被回收，并且如果输出 1 的内存尺寸大于或等于输出 3 的内存尺寸，则从输出 1 回收的地址可以用于输出 3 的内存分配，从而达到复用输出 1 地址的目的。

为了更好地描述内存复用问题，通过内存生命周期图来辅助理解。如图5.15所示，图中横坐标表示张量的生命周期，纵坐标表示张量占用的内存大小。在生命周期内，某一个张量将一直占用某块设备内存，直至生命周期结束才会释放相应内存块。通过张量生命周期和内存大小可以构造出矩形块，而内存分配要求解的目标是在内存生命周期图中容纳更多的矩形块，问题的约束是矩形块之间无碰撞。图5.15（a）是在未使用任何内存复用策略的情况下的内存生命周期图，此时内存同时只能容纳 T0、T1、T2、T3 共 4 个张量。

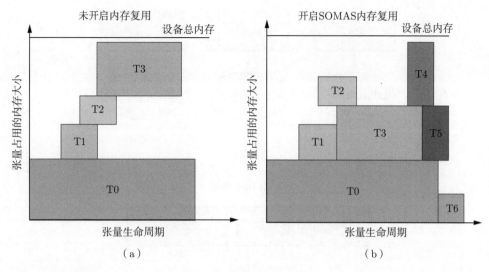

图 5.15 内存生命周期图

内存复用策略的求解是一个 NP 完全的问题。许多深度学习框架通常采用贪心的策略去分配内存，例如采用 BestFit 算法，每次直接从内存池中选取可以满足条件的最小内存块，然而这种贪心的策略往往会陷入局部最优解，而无法求得全局最优解。为了更好地逼近内存分配策略全局最优解，MindSpore 框架提出了一种新的内存分配算法 SOMAS（Safe Optimized Memory Allocation Solver，安全优化的内存分配求解器）。SOMAS 将计算图并行流与数据依赖进行聚合分析，得到算子间祖先关系，构建张量全局生命周期互斥约束，使用多种启发式算法求解最优的内存静态规划，实现逼近理论极限的内存复用，从而提升支持的内存大小。

如图5.15（b）所示，经过 SOMAS 求解之后，同样的内存大小可支持的张量数量达到了 7 个。

### 5.4.4 常见的内存分配优化手段

#### 1. 内存融合

上述内存分配的方式都是以单个张量的维度去分配的，每个张量分配到的设备地址往往是离散的。但是对于某些特殊的算子，如 AllReduce 通信算子，需要为它们分配连续的内存。通信算子的执行包含通信等待、数据搬移、计算等步骤，而在大规模分布式集群的场景下，通信的耗时往往是性能瓶颈。针对这种场景，如图5.16所示，可以将多个通信算子融合成一个，为通信算子的输入分配连续的内存，从而减少通信的次数。又比如分布式训练中的神经网络权重初始化，通常将一个训练进程中的权重初始化，然后将该权重广播到其他进程中。当一个网络有较多权重时，需要多次进行广播。通常可以为所有权重分配连续的内存地址，然后广播一次，节省大量通信的耗时。

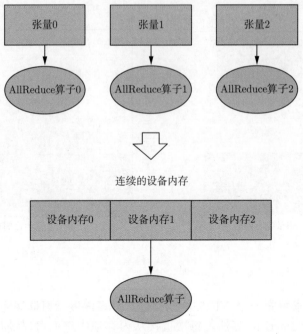

图 5.16    通信算子内存融合

### 2. In-Place 算子

在前面的内存分配流程中，会为每个算子的输入和输出都分配不同的内存。然而对很多算子而言，为其分配不同的输入和输出地址，会浪费内存并且影响计算性能。例如优化器算子，其计算的目的就是更新神经网络的权重；例如 Python 语法中的 += 和 *= 操作符，将计算结果更新到符号左边的变量中；例如 a[0]=b 语法，将 a[0] 的值更新为 b。诸如此类计算有一个特点，都是为了更新输入的值。下面以张量的 a[0]=b 操作为例介绍 In-Place 的优点。图5.17左边是非 In-Place 操作的实现，step1 将张量 a 复制到张量 a′，step2 将张量 b 赋值给张量 a′，step3 将张量 a′ 复制到张量 a。图5.17右边是算子 In-Place 操作的实现，仅用一个步骤将张量 b 复制到张量 a 对应的位置上。对比两种实现，可以发现 In-Place 操作节省了两次复制的耗时，并且省去了张量 a′ 内存的申请。

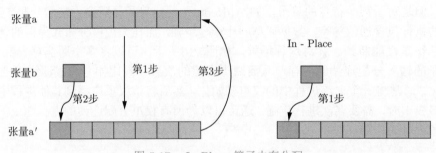

图 5.17    In-Place 算子内存分配

本节简单介绍了设备内存的概念、内存分配的流程和一些优化内存分配的方法。内存分配是编译器后端最重要的部分之一，内存的合理分配，不仅关系到相同芯片上能否支持更大的网络模型，也关系到模型在硬件上的执行效率。

## 5.5　计算调度与执行

经过算子选择与内存分配之后，计算任务可以通过运行时完成计算的调度与在硬件上的执行。根据是否将算子编译为计算图，计算的调度可以分为单算子调度与计算图调度两种方式，例如 MindSpore 中分别提供了 PyNative 模式和 Graph 模式。而根据硬件提供的能力差异，计算图的执行方式又可以分为逐算子下发执行的交互式执行及将整个计算图或者部分子图一次性下发到硬件的下沉式执行两种模式。

### 5.5.1　单算子调度

单算子调度相对于计算图而言，算法或者模型中包含的算子通过 Python 语言的运行时被逐个调度执行，例如 PyTorch 的默认执行方式，TensorFlow 的 eager 模式，以及 MindSpore 的 PyNative 模式，以 MindSpore 为例，代码如代码5.1所示。

代码 5.1　单算子执行

```
 1  import mindspore.nn as nn
 2  from mindspore import context
 3  from mindspore import ms_function
 4
 5  # 以单算子方式执行后续计算中的算子
 6  context.set_context(mode=context.PYNATIVE_MODE)
 7
 8  class Computation(nn.Cell):
 9      def construct(self, x, y):
10          m = x * y
11          n = x - y
12          print(m)
13          z = m + n
14          return z
15
16  compute = Computation()
17  c = compute(1, 2)
18  print(c)
```

上述脚本将所有的计算逻辑定义在 Computation 类的 construct 方法中，由于在脚本开头的 context 中预先设置了单算子执行模式，construct 中的计算将被 Python 的运行时逐行调用执行，同时可以在代码中的任意位置添加 print 命令以便打印中间的计算结果。

单算子执行的调用链路如图5.18所示，算子在 Python 侧被触发执行后，会经过机器学习框架初始化，其中需要确定算子的精度，输入与输出的类型和大小，以及对应的硬件设备等信息，接着框架会为该算子分配计算所需的内存，最后交给具体的硬件计算设备完成计算。

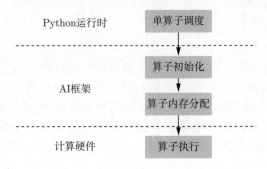

图 5.18　单算子执行的调用链路

单算子调度方式的好处在于其灵活性，由于算子直接通过 Python 运行时调度，一是可以表达任意复杂的计算逻辑，尤其是在需要复杂控制流及需要 Python 原生数据结构支持来实现复杂算法的场景；二是单算子调度对于程序正确性的调试非常便利，开发人员可以在代码执行过程中打印任意需要调试的变量；三是通过 Python 运行时驱动算子的方式，可以在计算中与 Python 庞大而丰富的生态库协同完成计算任务。

### 5.5.2　计算图调度

虽然单算子调度具有如上所述的优点，其缺点也很明显。一方面是难于进行计算性能的优化，原因是缺乏计算图的全局信息，单算子执行时无法根据上下文完成算子融合、代数化简等优化；另一方面由于缺乏计算的拓扑关系，整个计算只能串行调度执行，即无法通过运行时完成并行计算。上述示例代码的计算逻辑可以表达为图5.19。由该计算图可以看出，其中乘法和减法之间并没有依赖关系，因此这两个计算可以并行执行，而这样的并行执行信息只有将计算表达为计算图后才能完成分析，这也是计算图调度相对于单算子调度的优势之一。

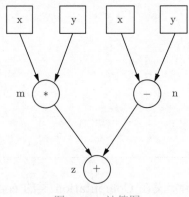

图 5.19　计算图

下面介绍计算图的调度方式。在一个典型的异构计算环境中，主要存在 CPU、GPU 及 NPU 等多种计算设备，因此一张计算图可以由运行在不同设备上的算子组成为异构计算图。图5.20展示了一个典型的由异构硬件共同参与的计算图。

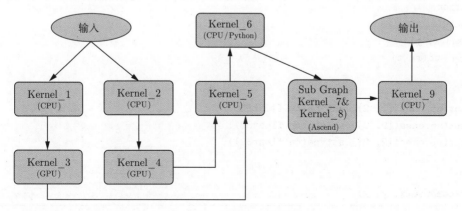

图 5.20　异构硬件计算图

所述计算图由以下几类异构硬件对应的算子组成。

（1）**CPU 算子**：由 C++语言编写实现并在主机上通过 CPU 执行的算子，CPU 计算的性能取决于是否能够充分利用 CPU 多核心的计算能力。

（2）**GPU 算子**：以英伟达 GPU 芯片为例，在主机侧将 GPU Kernel 逐个下发到 GPU 设备上，由 GPU 芯片执行算子的计算逻辑，由于芯片上具备大量的并行执行单元，可以为高度并行的算法提供强大的加速能力。

（3）**NPU 算子**：以华为 Ascend 芯片为例，Ascend 是一个高度集成的 SoC 芯片，NPU 的优势是支持将部分或整个计算图下沉到芯片中完成计算，计算过程中不与 Host 发生交互，因此具备较高的计算性能。

（4）**Python 算子**：在执行模式上与 CPU 算子类似，都是由主机上的 CPU 执行计算的，区别在于计算逻辑由 Python 语言的运行时通过 Python 解释器解释执行。

异构计算图能够被正确表达的首要条件是准确标识算子执行所在的设备，例如异构计算图5.20中所标识的 CPU、GPU 和 Ascend Kernel，以及被标记为被 Python 语言运行时执行的 Python Kernel。主流框架均提供了指定算子所在运行设备的能力，以 MindSpore 为例，一段简单的异构计算代码如代码5.2所示。

代码 5.2　异构计算

```
import numpy as np
from mindspore import Tensor
import mindspore.ops.operations as ops
from mindspore.common.api import ms_function

# 创建算子并指定执行算子的硬件设备
```

```
7    add = ops.Add().add_prim_attr('primitive_target', 'CPU')
8    sub = ops.Sub().add_prim_attr('primitive_target', 'GPU')
9
10   # 指定按照静态计算图模式执行函数
11   @ms_function
12   def compute(x, y, z):
13       r = add(x, y)
14       return sub(r, z)
15
16   # 创建实参
17   x = Tensor(np.ones([2, 2]).astype(np.float32))
18   y = Tensor(np.ones([2, 2]).astype(np.float32))
19   z = Tensor(np.ones([2, 2]).astype(np.float32))
20
21   # 执行计算
22   output = compute(x, y, z)
```

上述代码片段完成了 x + y − z 的计算逻辑，其中 Add 算子被设置为在 CPU 上执行，Sub 算子被设置为在 GPU 上执行，从而形成了 CPU 与 GPU 协同的异构计算，通过类似的标签机制，可以实现任意复杂的多硬件协同的异构计算表达。另外一类较为特殊的异构是 Python 算子，Python 语言的优势在于表达的灵活性和开发效率，以及丰富的周边生态，因此将 Python 算子引入计算图中和其他异构硬件的算子协同计算，对计算的灵活性会产生非常大的帮助。与 CPU、GPU 分别执行在不同设备上的异构不同，Python 算子和 C++实现的 CPU 算子都通过主机侧的 CPU 核执行，差异在于 Python 算子通过统一的计算图进行描述，因此也需要在计算图的执行引擎中被触发执行。为了在计算图中能够表达 Python 算子，框架需要提供相应的支持。

完成计算图中算子对应设备的标记以后，计算图已经准备好被调度与执行，根据硬件能力的差异，可以将异构计算图的执行分为三种模式，分别是逐算子交互式执行、整图下沉执行与子图下沉执行。交互式执行主要针对 CPU 和 GPU 的场景，计算图中的算子按照输入和输出的依赖关系被逐个调度与执行；而整图下沉执行模式主要是针对 NPU 芯片而言，这类芯片主要的优势是能够将整个神经网络的计算图一次性下发到设备上，无须借助主机的 CPU 能力而独立完成计算图中所有算子的调度与执行，减少了主机和芯片的交互次数，借助 NPU 的张量加速能力，提高了计算效率和性能；子图下沉执行模式是前面两种执行模式的结合，由于计算图自身表达的灵活性，复杂场景的计算图在 NPU 芯片上进行整图下沉执行的效率不一定能达到最优，因此可以将对于 NPU 芯片执行效率低下的部分分离出来，交给 CPU 或者 GPU 等执行效率更高的设备处理，而将部分更适合 NPU 计算的子图下沉到 NPU 进行计算，这样可以兼顾性能和灵活性。

上述异构计算图可以实现两个目的，一个是异构硬件加速，将特定的计算放置到合适的硬件上执行；第二个是实现算子间的并发执行，从计算图上可以看出，kernel_1 和 kernel_2 之间没有依赖关系，kernel_3 和 kernel_4 之间也没有依赖关系，因此这两组 CPU 和 GPU

算子在逻辑上可以被框架并发调用，而 kernel_5 依赖 kernel_3 和 kernel_4 的输出作为输入，因此 kernel_5 需要等待 kernel_3 和 kernel_4 执行完成后再被触发执行。

虽然在计算图上可以充分表达算子间的并发关系，但是在实际代码中会产生由于并发而引起的一些不符合预期的副作用场景，如代码5.3所示。

代码 5.3　副作用场景

```
1  import mindspore as ms
2  from mindspore import Parameter, Tensor
3  import mindspore.ops.operations as ops
4  from mindspore.common.api import ms_function
5
6  # 定义全局变量
7  x = Parameter(Tensor([1.0], ms.float32), name="x")
8  y = Tensor([0.2], ms.float32)
9  z = Tensor([0.3], ms.float32)
10
11 # 指定按照静态计算图模式执行函数
12 @ms_function
13 def compute(y, z):
14     ops.Assign()(x, y)
15     ops.Assign()(x, z)
16     r = ops.Sub()(x, y)
17     return r
18
19 compute(y, z)
```

上述代码表达了代码5.4的计算逻辑。

代码 5.4　正常逻辑代码

```
1  x = y
2  x = z
3  x = x - y
```

这段简单的计算逻辑翻译到计算图上可以表示为图5.21。

代码5.4中所示三行计算之间并没有依赖关系，因此这三个算子在计算图的逻辑上可以被并发执行。然而根据代码的语义，显而易见是需要确保程序能够被顺序执行，这里引入的问题被称为副作用，副作用是指函数修改了在函数外部定义的状态变量的行为。副作用的引入导致了错误并发关系的发生，一种解决方案是在计算图编译阶段添加算子间的依赖，将并发执行逻辑转换为顺序执行逻辑，转换后的计算图如图5.22所示。

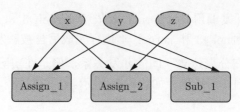

图 5.21　并发算子执行

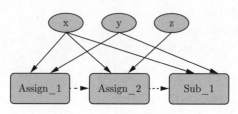

图 5.22　转换后的计算图

图5.22中虚线箭头表达了算子之间的依赖关系，添加依赖关系后，算子会按照 Assign_1、Assign_2、Sub_1 的顺序串行执行，与代码原本的语义保持一致。

### 5.5.3　交互式执行

如上所述，在交互式执行模式下，框架的运行时根据计算图中算子的依赖关系，按照某种执行序（例如广度优先序）逐个将算子下发到硬件上执行。为了助于理解和对比，先引入非异构计算图（计算图中的算子都是在同一类设备上）的执行方式，异构计算图的执行是基于非异构计算图的。

**1. 非异构计算图的执行方式**

如图5.23所示是一张非异构计算图，计算图上全部 Kernel 均为 GPU 算子，执行方式一般分为串行执行和并行执行。

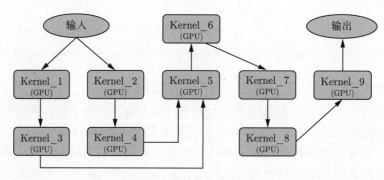

图 5.23　非异构计算图

（1）**串行执行**：将计算图展开为执行序列，按照执行序逐个串行执行，如图5.24所示。其特点为执行顺序固定，单线程执行，对系统资源要求相对较低。

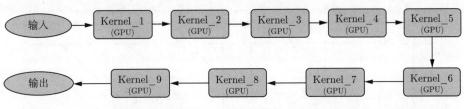

图 5.24　串行执行

（2）**并行执行**：将计算图按照算子之间的依赖关系展开，有依赖关系的算子通过输入依赖保证执行顺序，没有依赖关系的算子则可以并行执行，如图5.25所示，Kernel_1 和 Kernel_2 没有依赖可以并行执行，Kernel_3 和 Kernel_4 没有依赖可以并行执行。其特点为执行顺序不固定，每轮执行的算子顺序大概率不一样，多线程执行，对系统资源要求相对较高。

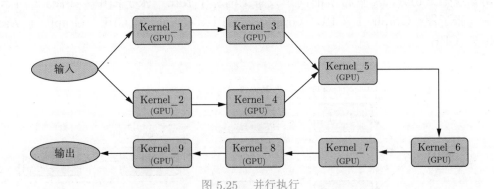

图 5.25　并行执行

串行执行和并行执行各有优点和缺点，总结对比见表 5.1。

表 5.1　串行执行和并行执行对比

| 执 行 方 式 | 串 行 执 行 | 并 行 执 行 |
| --- | --- | --- |
| 算子执行顺序 | 固定 | 不固定 |
| 算子执行线程 | 单线程 | 多线程 |
| 所需执行资源 | 较低 | 较高 |

## 2. 异构计算图的执行方式

图5.26是一张异构计算图，其中 Kernel_1、Kernel_2、Kernel_5、Kernel_9 为 CPU 算子，Kernel_6 为 Python 算子（执行也是在 CPU 上），Kernel_3 和 Kernel_4 为 GPU 算子，Kernel_7 和 Kernel_8 为 GPU 算子。

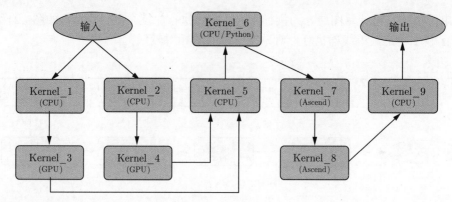

图 5.26　异构计算图

一般来说计算图的优化都是基于非异构计算图来实现的，要求计算图中的算子为同一设备上的，方便算子间的融合替换等优化操作，因此需要将一张异构计算图切分为多个非异构计算图，这里切分就比较灵活了，可以定义各种切分规则，一般按照产生尽量少的子图的切分规则来切分，尽量将多的同一设备上的算子放在一张子图中，如图5.27所示，最后产生 5 张子图：Graph_1_CPU、Graph_2_GPU、Graph_3_CPU、Graph_4_Ascend、Graph_5_CPU。

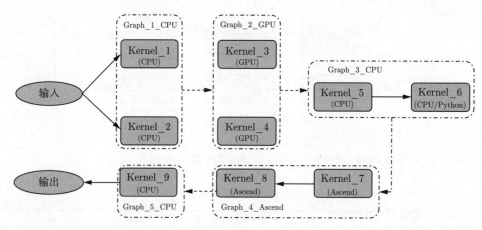

图 5.27　异构计算图切分

将一张异构计算图切分为多个子计算图后，执行方式一般分为子图拆分执行和子图合并执行：

（1）**子图拆分执行**：将切分后的多个子图分开执行，即一个子图执行完再执行另一个子图，如图5.28所示，上一个子图的输出数据会传输给下一个子图的输入，并且下一个子图需要将输入数据复制为本图的 Device 数据，如 Graph_2_GPU 需要将 Graph_1_CPU 的输出数据从 CPU 复制到 GPU，反过来 Graph_3_CPU 需要将 Graph2GPU 的输出数据从 GPU 复制到 CPU，子图之间互相切换执行有一定的开销。

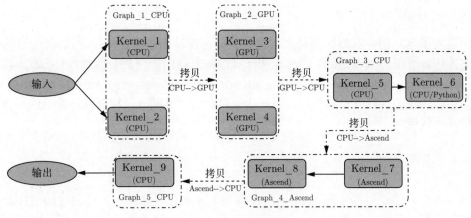

图 5.28　子图拆分

（2）**子图合并执行**：将切分后的多个子图进行合并，合并为一个整体的 DAG 执行，如图5.29所示，通过算子的设备属性来插入复制算子以实现不同设备上的算子数据传输，并且复制算子也是进入整图中的，从而形成一个大的整图执行，减少子图之间的切换执行开销。

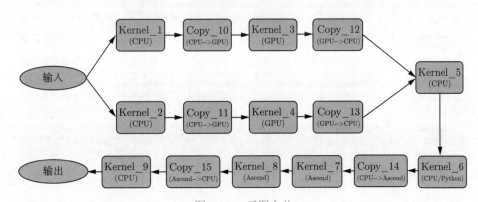

图 5.29　子图合并

由于子图合并执行能够减少子图之间的切换执行开销，因此一般来说子图合并执行性能较高，总结对比见表5.2。

表 5.2　子图拆分和子图合并对比

| 执 行 方 式 | 子 图 拆 分 | 子 图 合 并 |
|---|---|---|
| 异构数据传输 | 子图之间复制 | 算子之间复制 |
| 执行额外开销 | 子图切换执行开销 | 无 |
| 执行并发粒度 | 子图并发 | 算子原生并发 |

### 3. 异构计算图的执行加速

前面讲述了非异构计算图的两种执行方式和异构计算图的两种执行方式,其中异构计算图又是在非异构计算图的基础之上,因此异构计算图按照两两组合共有四种执行方式,以 Mind-Spore 为例,采用的是子图合并并行执行,示例图如图5.27所示,首先是作为一张整图来执行,可以避免子图切换的执行开销,然后在整图内并行执行,可以最大粒度发挥并发执行优势,达到最优的执行性能。

### 5.5.4　下沉式执行

下沉式执行通过专用芯片的 SoC 架构,将整个或部分计算图一次性调度到芯片上以完成全量数据的计算。例如,对于 Ascend 芯片,多个 Ascend 算子组成的计算图可以在执行前被编译成为一个任务,通过 Ascend 驱动程序提供的接口,将包含多个算子的任务一次性下发到硬件上调度执行。因此,上例中可以将 Ascend 的算子 Kernel_7 和 Kernel_8 优化为一个子图 Graph_4_Ascend,再将该子图编译成为一个任务,并下沉到 Ascend 上执行,如图5.30所示。

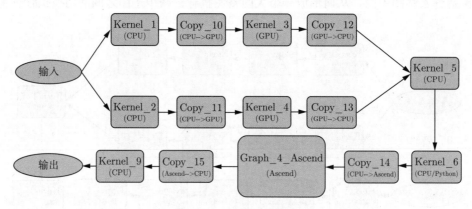

图 5.30　异构硬件加速

下沉式执行由于避免了在计算过程中主机侧和设备侧的交互,因此可以获得更好的整体计算性能。然而下沉式执行也存在一些局限,例如在动态 shape 算子、复杂控制流等场景下会面临较大的技术挑战。

## 5.6　算子编译器

算子编译器,顾名思义,即对单个算子或融合算子进行编译优化的工具。这里所谓的单个算子可以来自整个神经网络中的一部分,也可以来自通过领域特定语言(Domain Specific Language,DSL)实现的代码。而所谓编译,通俗来说起到的是针对目标语言进行表达和转换的作用。

从目的上来说，算子编译器致力于提高单个算子的执行性能。从工程实现上来说，算子编译器的输入一般为 Python 等动态语言描述的张量计算，而输出一般为特定 AI 芯片上的可执行文件。

### 5.6.1　算子调度策略

算子编译器为了实现较好的优化加速，会根据现代计算机体系结构特点，将程序运行中的每个细小操作抽象为调度策略。

如果不考虑优化和实际中芯片的体系结构特点，只需要按照算子表达式的计算逻辑，把输入进来的张量全部加载进计算核心里完成计算，之后再把计算结果从计算核心里面取出并保存下来即可。这里的计算逻辑指的就是基本数学运算（如加、减、乘、除）及其他函数表达式（如卷积、转置、损失函数）等。

但是图5.31展示的现代计算机存储结构表明：越靠近金字塔顶尖的存储器造价越高但是访问速度越快。

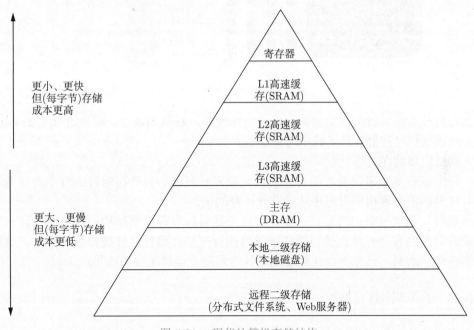

图 5.31　现代计算机存储结构

基于这一硬件设计的事实，有局部性概念。

（1）时间局部性，相对较短时间内重复访问特定内存位置，如多次访问 L1 高速缓存的同一位置的效率会高于多次访问 L1 中不同位置的效率。

（2）空间局部性，在相对较近的存储位置进行访问，如多次访问 L1 中相邻位置的效率会高于来回在 L1 和主存跳跃访问的效率。

满足这两项中任意一项都会有较好的性能提升。基于局部性概念，希望尽量把需要重复处理的数据放在固定的内存位置，且这一内存位置离处理器越近越好，以通过提升访存速度而提升性能。

另外，把传统的串行计算任务按逻辑和数据依赖关系进行分割后，有机会得到多组互不相关的数据，并把它们同时计算，如图5.32所示。

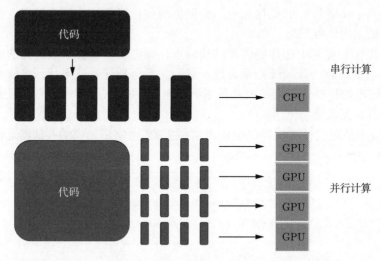

图 5.32    串行计算和并行计算区别图

以上在程序实际运行时针对数据做出的特殊操作，统称为调度。调度进行了如下定义。

（1）应该在何时何处计算函数中的每个值？

（2）数据应该储存在哪里？

（3）每个值在多个消费者之间访存需要花费多长时间？另外在何时由每个消费者独立重新计算？这里的消费者指使用前序结构进行计算的值。

通俗理解，调度策略指的是：在编译阶段根据目标硬件体系结构的特点而设计出的一整套通过提升局部性和并行性而使得编译出的可执行文件在运行时性能最优的算法。这些算法并不会影响计算结果，只是干预计算过程，以达到提升运算速度的效果。

## 5.6.2    子策略组合优化

算子编译器的一种优化思路是，将抽象出来的调度策略进行组合，拼接排布出一个复杂而高效的调度集合。子策略组合优化本质上还是基于人工手动模板匹配的优化方式，依赖于开发人员对于硬件架构有较深的理解。这种方式较为直接，但组合出的优化策略无法调优，同时对各类算子精细化的优化也带来较多的人力耗费。本节以 TVM 为例，通过在 CPU 上加速优化一段实际代码，简要介绍其中几种基本调度策略组成的优化算法。

以形式为乘累加计算的代码5.5为例简要分析描述这一算法。该代码的核心计算逻辑为：首先对张量 C 进行初始化，之后将张量 A 与张量 B 相乘后，结果累加到张量 C 中。

代码 5.5　乘累加计算代码

```
for (m: int32, 0, 1024) {
  for (n: int32, 0, 1024) {
    C[((m*1024) + n)] = 0f32
    for (k: int32, 0, 1024) {
      let cse_var_2: int32 = (m*1024)
        let cse_var_1: int32 = (cse_var_2 + n)
          C[cse_var_1] = (C[cse_var_1] + (A[(cse_var_2 + k)]*B[((k*1024) + n)]))
    }
  }
}
```

假定数据类型为浮点型（Float），此时张量 A、B、C 的大小均为 $1024 \times 1024$，三者占用的空间共为 $1024 \times 1024 \times 3 \times \mathrm{sizeof(float)} = 12\mathrm{MB}$。这远远超出了常见缓存的大小（如 L1 Cache 为 32KB）。因此，按照此代码形式，要将整块张量 A、B、C 一起计算，只能放入离计算核更远的内存进行，其访存效率远低于缓存。

为了提升性能，提出使用平铺、循环移序和切分的调度策略。由于 L1 缓存大小为 32KB，为了保证每次计算都能够放入缓存中，选取因子为 32 进行平铺，使得平铺后的每次计算时只需要关注 m.inner × n.inner 构成的小块即可，而其他的外层循环不会影响最内层小块的访存，其占用内存大小为 $32 \times 32 \times 3 \times \mathrm{sizeof(float)} = 12\mathrm{KB}$，足够放入缓存中。代码5.6展示了经过该策略优化后的变化。

代码 5.6　子策略组合优化后的代码

```
// 由for (m: int32, 0, 1024)以32为因子平铺得到外层循环
for (m.outer: int32, 0, 32) {
  // 由for (n: int32, 0, 1024)以32为因子平铺得到外层循环
  for (n.outer: int32, 0, 32) {
    // 由for (m: int32, 0, 1024)以32为因子平铺得到内层循环
    for (m.inner.init: int32, 0, 32) {
      // 由for (n: int32, 0, 1024)以32为因子平铺得到内层循环
      for (n.inner.init: int32, 0, 32) {
        // 对应得到相应系数
        C[((((m.outer*32768) + (m.inner.init*1024)) + (n.outer*32)) + n.inner.init)] = 0f32
      }
    }
    // 由for (k: int32, 0, 1024)以4为因子切分得到外层循环，并进行循环移序
    for (k.outer: int32, 0, 256) {
      // 由for (k: int32, 0, 1024)以4为因子切分得到外层循环，并进行循环移序
      for (k.inner: int32, 0, 4) {
        // 由for (m: int32, 0, 1024)以32为因子平铺得到内层循环
        for (m.inner: int32, 0, 32) {
          // 由for (n: int32, 0, 1024)以32为因子平铺得到内层循环
```

```
20    for (n.inner: int32, 0, 32) {
21        // 由n轴平铺得到的外轴系数
22        let cse_var_3: int32 = (n.outer*32)
23        // 由m轴平铺得到的外轴和内轴系数
24        let cse_var_2: int32 = ((m.outer*32768) + (m.inner*1024))
25        // 由m轴和n轴得到的外轴和内轴系数
26        let cse_var_1: int32 = ((cse_var_2 + cse_var_3) + n.inner)
27        // 这里是核心计算逻辑，划分成不同层次使得每次循环计算的数据能够放入cache中
28        C[cse_var_1] = (C[cse_var_1] + (A[((cse_var_2 + (k.outer*4)) + n.inner)] *
             B[((((k.outer*4096) + (k.inner*1024)) + cse_var_3) + n.inner)]))
29      }
30     }
31    }
32   }
33  }
34 }
```

本示例参照 TVM 提供的"在 CPU 上优化矩阵乘运算的实例教程"中的第一项优化，读者可深入阅读后续优化内容。

### 5.6.3  调度空间算法优化

算子编译器的另外一种优化思路是：通过对调度空间搜索/求解，自动生成对应算子调度。此类方案包括多面体模型编译（Polyhedron Compilation）（基于约束对调度空间求解）和 Ansor（调度空间搜索）等。这类方法的好处是提升了算子编译的泛化能力，缺点是搜索空间过程会导致编译时间过长。以多面体模型编译技术将代码的多层循环抽象为多维空间，将每个计算实例抽象为空间中的点，实例间的依赖关系抽象为空间中的线，主要对循环进行优化。该算法的主要思想是针对输入代码的访存特点进行建模，调整循环语句中的每个实例的执行顺序，使得新调度下的循环代码有更好的局部性和并行性。

以代码5.7为例介绍该算法。

#### 代码 5.7  待优化代码

```
1  for (int i = 0; i < N; i++)
2    for (int j = 1; j < N; j++)
3      a[i+1][j] = a[i][j+1] - a[i][j] + a[i][j-1];
```

如图5.33所示，通过多面体模型算法先对此代码的访存结构进行建模，然后分析实例（图5.33中节点）间的依赖关系（图5.33中箭头）。再进行复杂的依赖分析和调度变换之后得到一个符合内存模型的最优解。代码5.8显示了经过多面体模型优化后得到的结果。

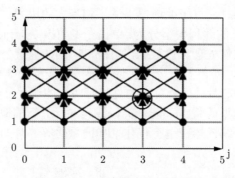

图 5.33　示例代码的多面体模型

代码 5.8　多面体模型算法优化后的代码

```
1  for (int i_new = 0; i_new < N; i_new++)
2    for (int j_new = i+1; j_new < i+N; j_new++)
3      a[i_new+1][j_new-i_new] = a[i_new][j_new-i_new+1] - a[i_new][j_new-i_new] +
           a[i_new][j_new-i_new-1];
```

观察得到的代码，发现优化后的代码较为复杂。但是仅凭肉眼很难发现其性能优势之处。仍需对此优化后的代码进行如算法描述那样建模，并分析依赖关系后得出结论。如图5.34所示，经过算法优化后解除了原代码中的循环间的依赖关系，从而提高了并行计算的机会。即沿着图5.34中虚线方向分割并以灰色块划分后，可以实现并行计算。该算法较为复杂，限于篇幅，在这里不再详细展开。读者可移步到笔者专门为此例写的文章：《深度学习编译之多面体模型编译——以优化简单的两层循环代码为例》详读。

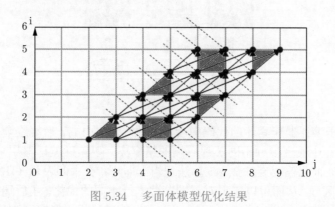

图 5.34　多面体模型优化结果

### 5.6.4　芯片指令集适配

前面讲述了算子编译器的优化方法，本节将阐述算子编译器适配不同芯片上指令集的情况。一般来说，通用编译器的设计会尽量适配多种后端。如此一来，在面临不同体系结构特点和不同编程模型的多种后端时，算子编译器承受了相当大的压力。

当下的 AI 芯片中，常见的编程模型分为：单指令多数据（Single Instruction, Multiple Data, SIMD），即单条指令一次性处理大量数据，如图5.35所示；单指令多线程（Single Instruction, Multiple Threads，SIMT），即单条指令一次性处理多个线程的数据，如图5.36所示。前者对应的是带有向量计算指令的芯片，后者对应的是带有明显的线程分级的芯片。另外，也有一些芯片开始结合这两种编程模型的特点，既有类似线程并行计算的概念，又有向量指令的支持。针对不同的编程模型，算子编译器在进行优化（如向量化等）时的策略也会有所不同。

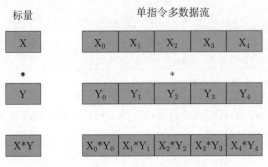

图 5.35　单指令多数据流示意图

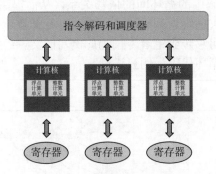

图 5.36　单指令多线程示意图

一般来说，算子编译器在具体的代码中会从按照前端、中端、后端逐渐差异化的思路进行实现。即在前端设计中兼容多种不同芯片后端的指令集，以帮助编译器用户（AI 程序员）不需要在乎芯片差异，而只需要专注在 AI 算法逻辑上即可；在中间表示（IR）设计中对不同芯片的体系结构进行区分，从而可以实现对不同芯片进行不同的优化；在后端的目标代码生成部分对各个芯片的不同指令集详细区分，以保证生成出的目标代码能够顺利运行在目标芯片上。

### 5.6.5　算子表达能力

算子表达能力指的是：算子编译器的前端识别输入代码，并在不损失语义信息的情况下转换为中间表示的能力。算子编译器承接的前端输入往往是 PyTorch 等的 Python 形式的代码，而 Python 中各种灵活的表达方式（包括而不限于索引、View 语义等）对算子编译器的前端表达能力提出了较高要求。另外在检测网络中，输入算子往往还有大量的控制流语句。此外，还经常可以看到神经网络中存在许多的动态形状问题，即网络中的算子形状会受网络迭代次数和控制流等条件的影响。这些都对算子编译器前端的表达能力提出了很高的要求。

在实际工程实践中，大量的长尾分布般不常见但性能很差的算子（以下简称为长尾算子）往往是整体网络训练或推理的瓶颈。而这些长尾算子大都是由于其出现频次低而不至于实现在计算库中。同时其语法过于灵活或存在大量的控制流语句及动态形状问题而难以被目前的算子编译器前端充分表达出来，因此也难以通过算子编译器进行优化加速。于是，这些长尾算子只好以运行速度较慢的 Python 解释器或者虚拟机的方式执行，从而成为整个网络中的性能瓶颈。此时，提高算子编译器前端的表达能力就成为了重中之重。

### 5.6.6　相关编译优化技术

算子编译器与传统编译器在优化技术方面根出同源，但由于面对的问题不同，所以在优化思路上也有差别。两者都以前中后端的思路进行设计，都以增强局部性和并行性为优化的理论依据。但是前者面向的问题是 AI 领域中的计算问题，往往在优化过程中会大量参考和借鉴高性能计算（High-Performance Computing, HPC）的优化思路，这种情况称为借助专家经验进行优化。算子编译器面对的后端 AI 芯片的体系结构的不同，如重点的以单指令多数据和单指令多线程为代表的两种后端体系结构，决定了优化过程中更多偏向于生成对单指令多数据友好的加速指令，或者生成对单指令多线程友好的多线程并行计算模型。而后者面向的问题是更加通用的标量计算行为和计算机控制命令，往往在优化中围绕寄存器的使用和分支预测准确性等进行优化。总之，由于需要解决的问题不同，算子编译器和传统编译器在优化算法的具体实现上有着一定的区别，但是在算法设计时也有互相借鉴的机会。

## 5.7　总结

（1）编译器后端主要负责计算图优化、算子选择、内存分配三个任务。

（2）计算图优化在不影响模型的数值特性的基础上，通过图变换达到减少资源开销、适配硬件的执行能力、提升执行性能的目的。

（3）计算图优化主要分为硬件通用优化和特定硬件优化，例如与硬件无关的算子内存 I/O 优化和为了适配特定硬件指令限制而做的子图变换。

（4）算子选择是为 IR 图中的每个计算节点选择一个最适合在设备上执行的算子。

（5）数据存在多种存储格式和计算精度，不同的存储格式和计算精度在不同场景下对算子计算性能有较大的影响，所以算子选择需要综合考虑各方面影响选择最优的算子。

（6）经过计算图优化和算子选择之后，得到最终的 IR。基于最终的 IR，需要为算子的输入输出张量分配内存，然后加载算子到硬件上执行。

（7）内存复用是一个重要的内存分配优化手段，可以让设备容纳更大的网络模型。

（8）将通信算子的内存进行融合，可以提高通信的效率。合理分配 In-Place 算子的内存，可以节省内存并且提高计算效率。

（9）运行时对于算子的执行可以分为单算子调度和计算图调度两种模式，而在计算图调度模式中，根据具体硬件的能力又可以分为交互式执行和下沉式执行两种方式，交互式执行具备更多的灵活性，下沉执行可以获得更好的计算性能。

（10）算子编译器是优化硬件性能的关键组件。其中，调度策略的优化和基于多面体模型算法的优化是两个关键技术。

## 5.8  拓展阅读

（1）内存分配作为机器学习后端的重要部分，建议阅读 *Sublinear Memory Cost*[1]和 *Dynamic Tensor Rematerialization*[2]。

（2）对于运行时的调度及执行，建议阅读 *A Lightweight Parallel and Heterogeneous Task Graph Computing System*[3]、*Dynamic Control Flow in Large-Scale Machine Learning*[4]和 *Deep Learning with Dynamic Computation Graphs*[5]。

（3）算子编译器是本书的扩展部分，建议阅读提出计算与调度分离的论文：*Halide: A Language and Compiler for Optimizing Parallelism, Locality, and Recomputation in Image Processing Pipelines*[6]，以及介绍调度空间优化的论文 *Ansor: Generating High-Performance Tensor Programs for Deep Learning*[7]和 *Polly - Polyhedral optimization in LLVM*[8]。

---

① 可参考网址为：https://arxiv.org/abs/1604.06174。
② 可参考网址为：https://arxiv.org/abs/2006.09616。
③ 可参考网址为：https://arxiv.org/abs/2004.10908。
④ 可参考网址为：https://arxiv.org/abs/1805.01772。
⑤ 可参考网址为：https://arxiv.org/abs/1702.02181。
⑥ 可参考网址为：https://dl.acm.org/doi/abs/10.1145/2499370.2462176。
⑦ 可参考网址为：https://arxiv.org/abs/2006.06762。
⑧ 可参考网址为：https://arxiv.org/abs/2105.04555。

# 第6章

# 硬件加速器

第 5 章详细讨论了后端的计算图优化、算子选择及内存分配。当前主流深度学习模型大多基于神经网络实现，无论是训练还是推理，都会产生海量的计算任务，尤其是涉及矩阵乘法这种高计算任务的算子。然而，通用处理器芯片如 CPU 在执行这类算子时通常耗时较大，难以满足训练和推理任务的需求。因此，工业界和学术界都将目光投向特定领域的加速器芯片设计，希望以此来解决算力资源不足的问题。

本章将着重介绍加速器的基本组成原理，并且以矩阵乘法为例，介绍在加速器上的编程方式及优化方法。

本章的学习目标包括：

（1）掌握加速器的基本组成；

（2）掌握矩阵乘法的常见优化手段；

（3）理解编程 API 的设计理念。

## 6.1 概述

### 6.1.1 硬件加速器设计的意义

未来人工智能发展的三大核心要素是数据、算法和算力。目前，人工智能系统算力大都构建在 CPU 和 GPU 之上且主体多是 GPU。随着神经网络的层增多，模型体量增大，算法趋于复杂，CPU 和 GPU 很难再满足新型网络对于算力的需求。例如，2015 年 Google 公司的 AlphaGo 用了 1202 个 CPU 和 176 个 GPU 打败了人类职业选手，每盘棋需要消耗上千美元的电费，而与之对应的人类选手的功耗仅为 20 瓦。

虽然 GPU 在面向向量、矩阵及张量的计算上，引入许多新颖的优化设计，但由于 GPU 需要支持的计算类型复杂，芯片规模大、能耗高，人们开始将更多的精力转移到深度学习硬件加速器的设计上来。和传统 CPU 和 GPU 芯片相比，深度学习硬件加速器有更高的性能和更低的能耗。未来随着人们真正进入智能时代，智能应用的普及会越来越广泛，到那时每台服务器、每台智能手机和每个智能摄像头，都需要使用深度学习加速器。

### 6.1.2 硬件加速器设计的思路

近些年来，计算机体系结构的研究热点之一是深度学习硬件加速器的设计。在体系结构的研究中，能效和通用性是两个重要的衡量指标。其中能效关注单位能耗下基本计算的次数，通用性主要指芯片能够覆盖的任务种类。以两类特殊的芯片为例：一种是较为通用的通用处理器

（如 CPU），该类芯片理论上可以完成各种计算任务，但是其能效较低大约只有 0.1TOPS/W。另一种是专用集成电路（Application Specific Integrated Circuit，ASIC），其能效更高，但是支持的任务相对而言就比较单一。对于通用的处理器而言，为了提升能效，在芯片设计上引入了许多加速技术，例如超标量技术、单指令多数据（SIMD）技术及单指令多线程（SIMT）技术等。

对于不同的加速器设计方向，业界也有不同的硬件实现。针对架构的通用性，NVIDIA 持续在 GPU 芯片上发力，先后推出了 Volta、Turing、Ampere 等架构，并推出用于加速矩阵计算的张量计算核心（Tensor Core），以满足深度学习海量算力的需求。

对于偏定制化的硬件架构，面向深度学习计算任务，业界提出了特定领域架构（Domain Specific Architecture，DSA）。Google 公司推出了 TPU 芯片，专门用于加速深度学习计算任务，其使用脉动阵列（Systolic Array）来优化矩阵乘法和卷积运算，可以充分地利用数据局部性，降低对内存的访问次数。华为也推出了自研昇腾AI处理器，旨在为用户提供更高能效的算力和易用的开发、部署体验，其中的 CUBE 运算单元，就用于加速矩阵乘法的计算。

## 6.2 硬件加速器基本组成原理

6.1 节主要介绍了加速器的意义及设计思路，讲述了加速器与通用处理器在设计上的区别，可以看到加速器的硬件结构与 CPU 的硬件结构有着根本的不同，通常都是由多种片上缓存及多种运算单元组成的。本节主要以 GPU 的 Volta 架构为样例进行介绍。

### 6.2.1 硬件加速器的架构

现代 GPU 在十分有限的面积上实现了极强的计算能力和极高的储存器及 IO 带宽。在一块高端的 GPU 中，晶体管数量已经达到主流 CPU 的两倍，而且显存已经达到了 16GB 以上，工作频率也达到了 1GHz。GPU 的体系架构由两部分组成，分别是流处理阵列和存储器系统，两部分通过一个片上互联网络连接。流处理器阵列和存储器系统都可以单独扩展，规格可以根据产品的市场定位单独裁剪。GV100 的组成[65] 如图 6.1 所示。

（1）6 个 GPU 处理集群（GPU Processing Cluster，GPC），每个 GPC 含有：7 个纹理处理集群（Texture Processing Cluster，TPC）（每个 TPC 含有两个流多处理器（Streaming Multiprocessor，SM））和 14 个 SM。

（2）84 个 SM，每个流多处理器含有：64 个 32 位浮点运算单元，64 个 32 位整数运算单元，32 个 64 位浮点运算单元，8 个张量计算核心，4 个纹理单元。

（3）8 个 512 位内存控制器。

一个完整的 GV100 GPU 含有 84 个 SM，5376 个 32 位浮点运算单元，5376 个 32 位整型运算单元，2688 个 64 位浮点运算单元，672 个张量计算核心和 336 个纹理单元。一对内存控制器控制一个 HBM2 DRAM 堆栈。图 6.1 中展示的为带有 84 个 SM 的 GV100 GPU（不同的厂商可以使用不同的配置），Tesla V100 则含有 80 个 SM。

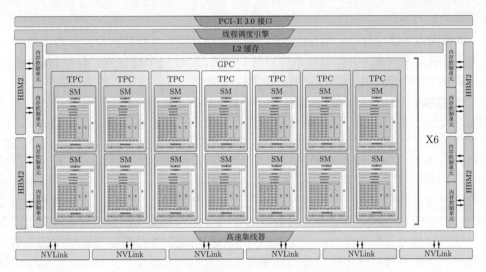

图 6.1　Volta GV100

### 6.2.2　硬件加速器的存储单元

与传统的 CPU 模型相似，从一个计算机系统主内存 DRAM 中获取数据的速度相对于处理器的运算速度较慢。对于加速器而言，如果没有缓存进行快速存取，DRAM 的带宽非常不足。如果无法快速地在 DRAM 上获取程序和数据，加速器将因空置而降低利用率。为了缓解 DRAM 的带宽问题，GPU 提供了不同层次的若干区域供程序员存放数据，每块区域的内存都有自己的最大带宽及延迟。开发者需根据不同存储器之间存储速度数量级的变化规律，选用适当类型的内存并最大化地利用它们，从而发挥硬件的最大算力，减少计算时间。

（1）**寄存器文件（Register File）**：片上最快的存储器，但与 CPU 不同，GPU 的每个 SM（流多处理器）有上万个寄存器。尽管如此，当每个线程使用过多的寄存器时，SM 中能够调度的线程块数量就会受到限制，可执行的线程总数量会因此受到限制，可执行的线程数量过少会造成硬件无法充分利用，性能急剧下降。所以要根据算法的需求合理使用寄存器。

（2）**共享内存（Shared Memory）**：共享内存实际上是用户可控的一级缓存，每个 SM（流多处理器）中有 128KB 的一级缓存，开发者可根据应用程序需要配置最大 96KB 的一级缓存作为共享内存。共享内存的访存延迟极低，只有几十个时钟周期。共享内存具有高达 1.5TB/s 的带宽，远远高于全局内存的峰值带宽 900GB/s。共享内存的使用对于高性能计算工程师来说是一个必须要掌握的概念。

（3）**全局内存（Global Memory）**：全局内存之所以称为全局，是因为 GPU 与 CPU 都可以对它进行读写操作。全局内存对于 GPU 中的每个线程都是可见的，都可以直接对全局内存进行读写操作。CPU 等其他设备可以通过 PCI-E 总线对其进行读写操作。全局内存也是 GPU 中容量最大的一块内存，可达 16GB 之多，同时也是延迟最大的内存，通常有高达上百个时钟周期的访存延迟。

（4）**常量内存**（Constant Memory）：常量内存其实只是全局内存的一种虚拟地址形式，并没有真正的物理硬件内存块。常量内存有两个特性，一个是高速缓存，另一个更重要的特性是它支持将某个单个值广播到线程束中的每个线程中。

（5）**纹理内存**（Texture Memory）：纹理内存是全局内存的一个特殊形态。当全局内存被绑定为纹理内存时，执行读写操作将通过专用的纹理缓存来加速。在早期的 GPU 上没有缓存，因此每个 SM 上的纹理内存为设备提供了唯一真正缓存数据的方法。然而随着硬件的升级，一级缓存和二级缓存的出现使得纹理缓存的这项优势已经荡然无存。纹理内存的另外一个特性，也是最有用的特性就是当访问存储单元时，允许 GPU 实现硬件相关的操作。比如说使用纹理内存，可以通过归一化的地址对数组进行访问，获取的数据可以通过硬件进行自动插值，从而达到快速处理数据的目的。此外对于二维数组和三维数组，支持硬件级的双线性插值与三线性插值。纹理内存另一个实用的特性是可以根据数组的索引自动处理边界条件，不需要对特殊边缘进行处理即可完成数组内元素操作，从而防止线程中分支的产生。

### 6.2.3 硬件加速器的计算单元

为了支持不同的神经网络模型，加速器会提供以下几种计算单元，不同的网络层可以根据需要选择使用合适的计算单元，如图 6.2所示。

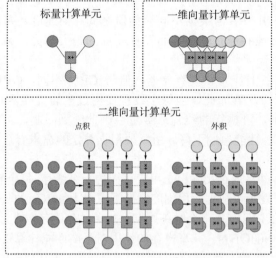
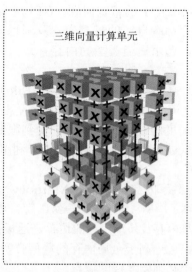

图 6.2　多种计算单元

（1）**标量计算单元**：与标准的精简指令运算集（Reduced Instruction Set Computer，RISC）相似，一次计算一个标量元素。

（2）**一维向量计算单元**：一次可以完成多个元素的计算，与传统的 CPU 和 GPU 架构中单指令多数据（SIMD）相似，已广泛应用于高性能计算（HPC）和信号处理中。

（3）**二维向量计算单元**：一次运算可以完成一个矩阵与向量的内积，或向量的外积。利用数据重复使用这一特性，降低数据通信成本与存储空间，提高矩阵乘法性能。

（4）**三维向量计算单元**：一次完成一个矩阵的乘法，专为神经网络应用设计的计算单元，更充分利用数据重复特性，隐藏数据通信带宽与数据计算的差距。

GPU 计算单元主要由标量计算单元和三维向量计算单元组成。如图 6.3 所示，对于每个 SM，其中 64 个 32 位浮点运算单元、64 个 32 位整数运算单元、32 个 64 位浮点运算单元均为标量计算单元，而 8 个张量计算核心则是专为神经网络应用设计的三维向量计算单元。

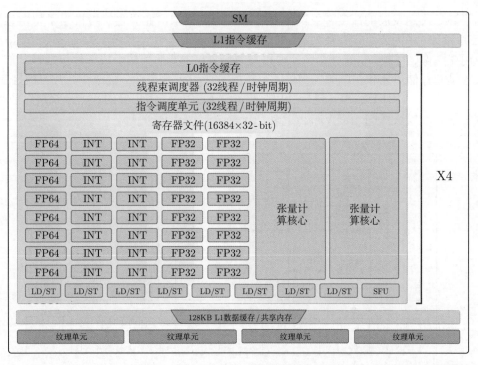

图 6.3　Volta GV100 流多处理器（SM）

张量计算核心每个时钟周期完成一次 $4 \times 4$ 的矩阵乘累加计算，如图 6.4 所示。

D = A * B + C

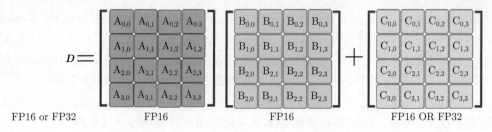

$$D = \begin{bmatrix} A_{0,0} & A_{0,1} & A_{0,2} & A_{0,3} \\ A_{1,0} & A_{1,1} & A_{1,2} & A_{1,3} \\ A_{2,0} & A_{2,1} & A_{2,2} & A_{2,3} \\ A_{3,0} & A_{3,1} & A_{3,2} & A_{3,3} \end{bmatrix} \begin{bmatrix} B_{0,0} & B_{0,1} & B_{0,2} & B_{0,3} \\ B_{1,0} & B_{1,1} & B_{1,2} & B_{1,3} \\ B_{2,0} & B_{2,1} & B_{2,2} & B_{2,3} \\ B_{3,0} & B_{3,1} & B_{3,2} & B_{3,3} \end{bmatrix} + \begin{bmatrix} C_{0,0} & C_{0,1} & C_{0,2} & C_{0,3} \\ C_{1,0} & C_{1,1} & C_{1,2} & C_{1,3} \\ C_{2,0} & C_{2,1} & C_{2,2} & C_{2,3} \\ C_{3,0} & C_{3,1} & C_{3,2} & C_{3,3} \end{bmatrix}$$

FP16 or FP32       FP16       FP16       FP16 OR FP32

图 6.4 张量计算核心 $4 \times 4$ 矩阵乘累加计算

其中 $A$、$B$、$C$ 和 $D$ 都是 $4 \times 4$ 的矩阵，矩阵乘累加的输入矩阵 $A$ 和 $B$ 是 FP16 的矩阵，累加矩阵 $C$ 和 $D$ 可以是 FP16 也可以是 FP32。V100 的张量计算核心是可编程的矩阵乘法和累加计算单元，可以提供多达 125 Tensor TFLOPS（Tera Floating-point Operations Per Second）的训练和推理应用。相比于普通的 FP32 计算单元可以提速 10 倍以上。

### 6.2.4 DSA 芯片架构

为了满足飞速发展的深度神经网络对芯片算力的需求，业界也纷纷推出了特定领域架构 DSA 芯片设计。华为公司昇腾系列 AI 处理器本质上是一个片上系统（System on Chip，SoC），主要应用在图像、视频、语音、文字处理相关的场景。主要的架构组成部件包括特制的计算单元、大容量的存储单元和相应的控制单元。该芯片由以下几个部分构成：芯片系统控制 CPU（Control CPU）、AI 计算引擎（包括 AI Core 和 AI CPU）、多层级的片上系统缓存或缓冲区、数字视觉预处理模块（Digital Vision Pre-Processing，DVPP）等。

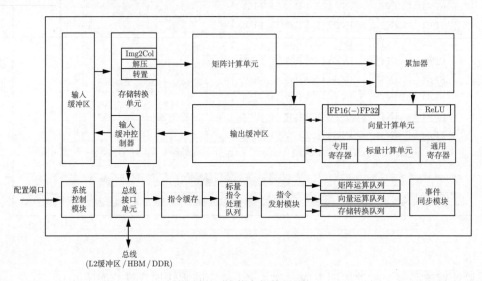

图 6.5 达芬奇架构设计

AI 芯片的计算核心主要由 AI Core 构成，负责执行标量、向量和张量相关的计算密集型算子。AI Core 采用了达芬奇架构[45]，基本结构如图 6.5所示，从控制上可以看成是一个相对简化的现代微处理器基本架构。它包括了三种基础计算单元：矩阵计算单元（Cube Unit）、向量计算单元（Vector Unit）和标量计算单元（Scalar Unit）。这三种计算单元分别对应了张量、向量和标量三种常见的计算模式，在实际的计算过程中各司其职，形成了三条独立的执行流水线，在系统软件的统一调度下互相配合达到优化计算效率的目的。同 GPU 类似，在矩阵乘加速设计上，AICore 中也提供了矩阵计算单元作为昇腾AI 芯片的核心计算模块，意图高效解决矩阵计算的瓶颈问题。矩阵计算单元提供强大的并行乘加计算能力，可以用一条指令完成两个 $16 \times 16$ 矩阵的相乘运算，等同于在极短时间内进行 $16 \times 16 \times 16 = 4096$ 个乘加运算，并且可以达到 FP16 的运算精度。

## 6.3　加速器基本编程原理

6.1 节和 6.2 节主要介绍了硬件加速器设计的意义、思路及基本组成原理。软硬件协同优化作为构建高效 AI 系统的一个重要指导思想，需要软件算法/软件栈和硬件架构在神经网络应用中互相影响、紧密耦合。为了最大限度地发挥加速器的优势，要求能够基于硬件系统架构设计出一套较为匹配的指令或编程方法。因此，本节将着重介绍加速器的可编程性，以及如何通过编程使能加速器，提升神经网络算子的计算效率。

### 6.3.1　硬件加速器的可编程性

6.1.2节中列出的硬件加速器均具有一定的可编程性，程序员可以通过软件编程，有效地使能上述加速器进行计算加速。现有硬件加速器常见的两类编程方式主要有编程接口调用及算子编译器优化。

#### 1. 编程接口使能加速器

出于计算效率和易用性等方面考虑，将编程使能方式分为不同等级，一般包括：算子库层级、编程原语层级及指令层级。为了更具象地解释上述层级的区别，仍以 Volta 架构的张量计算核心为例，由高层至底层对比介绍这三种不同编程方式。

（1）**算子库层级**：如 cuBLAS 基本矩阵与向量运算库，cuDNN 深度学习加速库，均通过 Host 端调用算子库提供的核函数使能张量计算核心。

（2）**编程原语层级**：如基于 CUDA 的 WMMA API 编程接口。同算子库相比，需要用户显式调用计算各流程，如矩阵存取至寄存器、张量计算核心执行矩阵乘累加运算、张量计算核心累加矩阵数据初始化操作等。

（3）**指令层级**：如 PTX ISA MMA 指令集，提供更细粒度的 mma 指令，便于用户组成更多种形状的接口，通过 CUDA Device 端内联编程使能张量计算核心。

#### 2. 算子编译器使能加速器

DSA 架构的多维度 AI 加速器通常提供了更多的指令选择（三维向量计算指令、二维向量计算指令、一维向量计算指令），以及更加复杂的数据流处理，通过提供接口调用的方式对程序开发人员带来较大的挑战。此外，由于调度、切分的复杂度增加，直接提供算子库的方式由于缺少根据目标形状（Shape）调优的能力，往往无法在所有形状下均得到最优的性能。因此，对于 DSA 加速器，业界通常采用算子编译器的解决方案。

随着深度学习模型的迭代更新及各类 AI 芯片的层出不穷，基于人工优化算子的方式给算子开发团队带来沉重的负担。因此，开发一种能够将 High-level 的算子表示编译成目标硬件可执行代码的算子编译器，逐渐成为学术界及工业界的共识。算子编译器前端通常提供了特定领域描述语言（DSL），用于定义算子的计算范式；类似于传统编译器，算子编译器也会将算子计算表示转换为中间表示，如 HalideIR、TVM 的 TIR、Schedule Tree 等，基于模板（手动）、搜索算法或优化求解算法（自动）等方式完成循环变换、循环切分等调度相关优化，以及硬件指令映射、内存分配、指令流水等后端 pass 优化，最后通过代码生成模块将 IR 转换为 DSA 加速器可执行的设备端核函数。

当前业界的算子编译器/编译框架主要有 TVM/Ansor、MLIR 及华为 Ascend 芯片上的 TBE/AKG 等。

（1）**TVM/Ansor** TVM 是陈天奇博士等人开发的开源深度学习编译框架，提供了端到端的编译优化（图优化/算子优化）能力，在工业界应用较广。在架构上，主要包括 Relay 和 TIR 两层。通过 Relay 导入推理模型，进行算子融合等图层优化，通过 TIR 生成融合算子。在算子编译方面，TVM 采用了计算和调度分离的技术，为不同的算子提供不同的模板，同时支持自定义模板，优化特定算子类型调度。为了更进一步优化算子性能，TVM 支持对算子进行自动调优，来生成较优的切分参数。此外，为了简化用户开发模板的工作，TVM 在 0.8 版本后提供了自动调度能力 Ansor，通过搜索的方式，为目标算子生成调度及切分参数，如图 6.6所示。

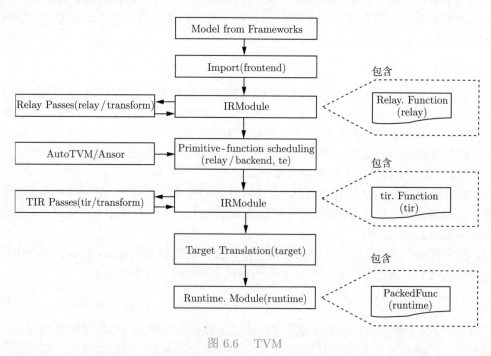

图 6.6　TVM

（2）**MLIR** 前面的章节介绍过，Google 公司开发的 MLIR 并不是一个单一的算子编译器，而是一套编译器基础设施，提供了工具链的组合与复用能力。基于 MLIR，DSA 加速器厂商可以快速搭建其定制化算子编译器。如 Google 论文[92] 中所述，当前的算子编译器大多提供了一整套自顶向下的编译优化 pass，包括调度优化、切分优化、窥孔优化、后端优化、指令生成等，彼此之间大多无法复用，导致新的场景中通常又得从头开发。而 MLIR 将功能相近的 IR 优化 pass 封装为方言（Dialect），并且提供了多个代码生成相关的基础方言，如 vector、memref、tensor、scf、affine、linalg 等。硬件厂商可以基于这些方言，快速构建一整套 lower 优化及 codegen 流程。如图 6.7所示，利用 scf、affine、linalg 等方言，对结构化的计算 IR 完成循环并行优化、切分、向量化等，最后基于 LLVM 完成指令映射。

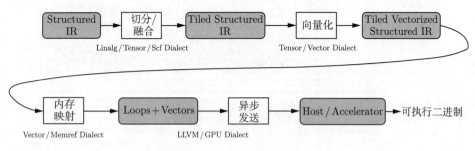

图 6.7　MLIR Lowing

（3）**华为 TBE/AKG** 张量加速引擎（Tensor Boost Engine，TBE）是华为的 Ascend 芯片及其 CANN 软件栈基于 TVM 开发的一套算子编译优化工具，用于对 Ascend 芯片进行调度优化、指令映射及后端 pass 优化等，如图 6.8所示。其不仅提供了一个优化过的神经网络标准算子库，同时还提供了算子开发能力及融合能力。通过 TBE 提供的 API 和自定义算子编程开发界面可以完成相应神经网络算子的开发，帮助用户较容易地去使能硬件加速器上的 AI Core 指令，以实现高性能的神经网络计算。为了简化算子开发流程，TBE 还实现了一个 Auto Schedule 工具，开放了自定义算子编程 DSL，用于自动完成复杂算子的调度生成。此外，TBE 还实现了端到端的动态形状算子编译能力。AKG 则是 MindSpore 社区的开源算子编译工具。与上述介绍的算子编译器不同，AKG 基于 Polyhedral 多面体编译技术[5]，支持在 CPU、GPU 和 Ascend 多种硬件上自动生成满足并行性与数据局部性的调度。Polyhedral 编译技术的核心思想是将程序中循环的迭代空间映射为高维空间多面体，通过分析语句读写依赖关系，将循环调度优化问题转换为整数规划求解问题。AKG 的编译流程如图 6.9所示，主要包含规范化、自动调度优化、指令映射、后端优化几个模块。AKG 同样基于 TVM 实现，支持 TVM compute/Hybrid DSL 编写的算子表示，以及 MindSpore 图算融合模块优化后的融合子图。通过 IR 规范化，将 DSL/子图 IR 转换为 Polyhedral 编译的调度树。在 Poly 模块中，利用其提供的调度算法，实现循环的自动融合、自动重排等变换，为融合算子自动生成满足并行性、数据局部性的初始调度。为了能够快速适配不同的硬件后端，在 Poly 模块内将优化 pass 识别为硬件无关的通用优化与硬件相关的特定优化，编译时按照硬件特征拼接组合，实现异构硬件后端的快速适配。在 Poly 模块中，实现了算子的自动调度生成、自动切分及自动数据搬移。

为了进一步提升算子的性能，针对不同硬件后端开发了相应的优化 pass，如 Ascend 后端中实现数据对齐、指令映射，GPU 后端中实现向量化存取、插入同步指令等，最终生成相应平台代码。

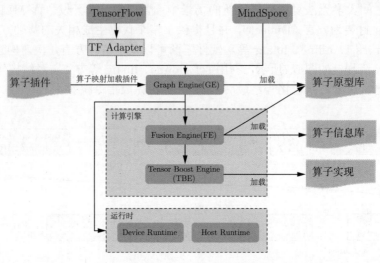

图 6.8　张量加速引擎

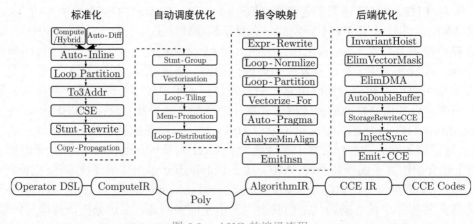

图 6.9　AKG 的编译流程

### 6.3.2　硬件加速器的多样化编程方法

矩阵乘法运算作为深度学习网络中占比最大的计算，对其进行优化是十分必要的。因此，本节将统一以广义矩阵乘法为实例，对比介绍如何通过不同编程方式使能加速器。广义矩阵乘法指 GEMM（General Matrix Multiplication），即 $C = \alpha A \times B + \beta C$，其中 $A \in \mathbb{R}^{M \times K}, B \in \mathbb{R}^{K \times N}, C \in \mathbb{R}^{M \times N}$。

**算法 1** 矩阵乘法 GEMM 运算

**输入：** A, B 矩阵
**输出：** C 矩阵
 1: **function** GEMM(A, B)
 2:　　**for** m = 1 → M **do**
 3:　　　**for** n = 1 → N **do**
 4:　　　　S ← 0
 5:　　　　**for** k = 1 → K **do**
 6:　　　　　$S = A_{m,k}B_{k,n} + S$
 7:　　　　**end for**
 8:　　　　$C_{m,n} = \alpha S + \beta C_{m,n}$
 9:　　　**end for**
10:　　**end for**
11:　　**return** C
12: **end function**

### 1. 编程接口使能加速器

#### 1）算子库层级

在上述不同层级的编程方式中，直接调用算子加速库使能加速器无疑是最快捷高效的方式。NVIDIA 提供了 cuBLAS/cuDNN 两类算子计算库，cuBLAS 提供了使能张量计算核心的接口，用以加速矩阵乘法（GEMM）运算，cuDNN 提供了对应接口加速卷积（CONV）运算等。

以6.3.2节的 GEMM 运算为例，与常规 CUDA 调用 cuBLAS 算子库相似，通过 cuBLAS 加速库使能张量计算核心步骤如下。

（1）创建 cuBLAS 对象句柄并设置对应数学计算模式，如代码 6.1所示。

代码 6.1　创建 cuBLAS 对象句柄并设置对应数学计算模式

```
1  cublasHandle_t handle;
2  cublasStatus_t cublasStat = cublasCreate(&handle);
3  cublasStat = cublasSetMathMode(handle, CUBLAS_TENSOR_OP_MATH);
```

（2）分配和初始化矩阵内存空间及内容元素，如代码 6.2所示。

代码 6.2　分配和初始化矩阵内存空间及内容元素

```
1  size_t matrixSizeA = (size_t)M * K;
2  T_ELEM_IN **devPtrA = 0;
3  cublasStat = cudaMalloc((void**)&devPtrA[0], matrixSizeA * sizeof(devPtrA[0][0]));
4  cublasStat = cublasSetMatrix(M, K, sizeof(A[0]), A, M, devPtrA[i], M);
```

（3）调用对应计算函数接口，如代码 6.3所示。

代码 6.3　调用对应计算函数接口

```
cublasStat = cublasGemmEx(handle, transa, transb, m, n, k, alpha,
                          A, CUDA_R_16F, lda,
                          B, CUDA_R_16F, ldb,
                          beta, C, CUDA_R_16F, ldc, CUDA_R_32F, algo);
```

（4）传回结果数据，如代码 6.4所示。

代码 6.4　传回结果数据

```
cublasStat = cublasGetMatrix(M, N, sizeof(D[0]), devPtrD[i], M, D, M);
```

（5）释放内存和对象句柄，如代码 6.5所示。

代码 6.5　释放内存和对象句柄

```
cudaFree(devPtrA);
cudaDestroy(handle);
```

　　当然，由于加速器一般会受到矩阵形状、数据类型、排布方式等限制，因此在调用句柄和函数接口时要多加注意。如本例中，cuBLAS 计算模式必须设置为 CUBLAS_TENSOR_OP_MATH，步长必须设置为 8 的倍数，输入数据类型必须为 CUDA_R_16F 等。按照如上方式即可通过 cuBLAS 算子库对6.3.1节实例使能张量计算核心，通过 NVIDIA 官方数据可知，该方式对于不同矩阵乘法计算规模，平均有 4~10 倍的提升，且矩阵规模越大，加速器提升效果越明显。

　　该方式由于能够隐藏体系结构细节，易用性较好，且一般官方提供的算子库吞吐量较高。但与此同时，这种算子颗粒度的库也存在一些问题，如不足以应对复杂多变的网络模型导致的算子长尾问题（虽然常规形式算子占据绝大多数样本，但仍有源源不断的新增算子，因其出现机会较少，算子库未对其进行有效优化），以及错失了较多神经网络框架优化（如算子融合）的机会。

### 2）编程原语层级

　　第二种加速器为编程原语使能加速器，如在 Device 端调用 CUDA WMMA（Warp Matrix Multiply Accumulate）API。以线程束（Warp，是调度的基本单位）为操纵对象，使能多个张量计算核心。该方式在 CUDA 9.0 中被公开，程序员可通过添加 API 头文件的引用和命名空间定义来使用上述 API 接口。基于软硬件协同设计的基本思想，该层级编程 API 的设计多与架构绑定，如在 Volta 架构中 WMMA 操纵的总是 $16 \times 16$ 大小的矩阵块，并且操作一次跨两张量计算核心进行处理，本质是与张量计算核心如何集成进 SM 中强相关的。在 Volta 架构下，针对 FP16 输入数据类型，NVIDIA 官方提供了三种不同矩阵规模的 WMMA 乘累加计算接口，分别为 $16 \times 16 \times 16$、$32 \times 8 \times 16$、$8 \times 32 \times 16$。

该 API 接口操纵的基本单位为 Fragment，是一种指明了矩阵含义（乘法器/累加器）、矩阵形状（WMMA_M, WMMA_N, WMMA_K）、数据类型（FP16、FP32 等）、排布方式（row_major/ col_major）等信息的模板类型，包括如代码 6.6所示的类型。

代码 6.6　Fragment 定义

```
1  wmma::fragment<wmma::matrix_a, WMMA_M, WMMA_N, WMMA_K, half, wmma::row_major> a_frag;
2  wmma::fragment<wmma::matrix_b, WMMA_M, WMMA_N, WMMA_K, half, wmma::col_major> b_frag;
3  wmma::fragment<wmma::accumulator, WMMA_M, WMMA_N, WMMA_K, float> acc_frag;
4  wmma::fragment<wmma::accumulator, WMMA_M, WMMA_N, WMMA_K, float> c_frag;
```

使用时，需要将待执行乘法操作矩阵块的数据加载到寄存器，作为 Fragment，在将累加 Fragment 初始化/清零操作后，通过张量计算核心执行乘累加运算，最后将运算结果的 Fragment 存回到内存。与上述操作相对应，NVIDIA 提供了 wmma.load_matrix_sync()、wmma.store_matrix_sync() 接口用于将参与计算的子矩阵块写入/载出 Fragment 片段，wmma.fill_fragment() 接口用于初始化对应 Fragment 的数据，wmma.mma_sync() 接口用于对 Fragment 进行乘累加运算。

**3）指令层级**

NVIDIA PTX ISA（Instruction Set Architecture）中提供了另一个编程接口，如 Volta 架构中的 mma.sync.aligned.m8n8k4 指令，它使用 $M = 8, N = 8, K = 4$ 的形状配置执行乘累加操作。该 API 接口操纵的基本单位为数据元素，除了需要指明矩阵尺寸（即修饰符.m8n8k4），还需要指明数据的排布类型（用修饰符.row 或.col）及输入累加器 D、矩阵 A、矩阵 B 及输出累加器 C 的数据格式（使用修饰符.f32 或.f16 等）。如要使用 PTX 指令集，还需要参考官方文档[①]按照相应的语法规则编写，如代码 6.7所示。

代码 6.7　PTX 指令代码

```
1  half_t *a, *b;
2  float *C, *D;
3  unsigned const* A = reinterpret_cast<unsigned const*>(a);
4  unsigned const* B = reinterpret_cast<unsigned const*>(b);
5
6  asm volatile(
7      "mma.sync.aligned.m8n8k4.row.row.f32.f16.f16.f32 "
8      "{%0,%1,%2,%3,%4,%5,%6,%7}, {%8,%9}, {%10,%11}, "
9      "{%12,%13,%14,%15,%16,%17,%18,%19};\n"
10     : "=f"(D[0]), "=f"(D[1]), "=f"(D[2]), "=f"(D[3]), "=f"(D[4]),
11       "=f"(D[5]), "=f"(D[6]), "=f"(D[7])
12     : "r"(A[0]), "r"(A[1]), "r"(B[0]), "r"(B[1]), "f"(C[0]),
13       "f"(C[1]), "f"(C[2]), "f"(C[3]), "f"(C[4]), "f"(C[5]),
```

① 可参考网站为：https://docs.nvidia.com/cuda/inline-ptx-assembly/index.html

```
14            "f"(C[6]), "f"(C[7]));
15    );
```

使用时，直接将数据元素作为输入传入（对于 FP16 的数据元素作为 unsigned 类型传入），与上述操作相对应，NVIDIA 提供了 ldmatrix 指令用于从共享内存中加载数据到 Fragment。

作为一个更细粒度的指令，mma 指令可以组成更加多样化形状的 Warp 范围的 WMMA API 接口，可以控制线程束内线程与数据的映射关系，并允许 AI 编译器自动/手动显式地管理内存层次结构之间的矩阵分解，因此相比于直接应用 NVCUDA，WMMA API 具有更好的灵活性。

**2. 算子编译器编程使能加速器**

基于算子编译器使能加速器实现矩阵乘的流程对用户更加友好，用户只需基于 Python 定义矩阵乘的 tensor 信息（数据类型及形状等），调用对应 TBE 接口即可，如代码 6.8所示。

代码 6.8    使用 TBE 接口

```
1    a_shape = (1024, 256)
2    b_shape = (256, 512)
3    bias_shape = (512, )
4    in_dtype = "float16"
5    dst_dtype = "float32"
6    tensor_a = tvm.placeholder(a_shape, name='tensor_a', dtype=in_dtype)
7    tensor_b = tvm.placeholder(b_shape, name='tensor_b', dtype=in_dtype)
8    tensor_bias = tvm.placeholder(bias_shape, name='tensor_bias', dtype=dst_dtype)
9    res = te.lang.cce.matmul(tensor_a, tensor_b, False, False, False, dst_dtype=dst_dtype,
         tensor_bias=tensor_bias)
```

## 6.4    加速器实践

本节会通过具体的 CUDA 代码介绍如何编写一个并行计算的广义矩阵乘法程序，通过提高计算强度、使用共享内存、优化内存读取流水线等方法最终取得接近硬件加速器性能峰值的效果。虽然以上章节介绍了张量计算核心相关的内容，但由于篇幅限制，本节不使用此硬件结构，而是通过使用更为基本的 CUDA 代码实现 FP32 的广义矩阵乘法，讲解若干实用优化策略。

### 6.4.1    环境

本节的实践有以下的软件环境依赖。

（1）**Eigen**：Eigen 是一个线性代数 C++模板库，用户可以只使用几条语句完成多线程线性代数运算。

（2）**OpenMP**（可选）：OpenMP 是用于共享内存并行系统的多处理器程序设计的一套指导性编译处理方案，可以使用 OpenMP 对 Eigen 的计算进行加速。

（3）**CUDA Toolkit**：CUDA Toolkit 是英伟达发布的 CUDA 工具包，其包含了 CUDA 编译器（NVCC）、CUDA 线性代数库（cuBLAS）等组件。

本节的实践都是在 CPU Intex Xeon E5-2650 v3，GPU Nvidia Geforce RTX 3080，系统 Ubuntu 18.04 版本，CUDA Toolkit 11.1 进行的。

安装相关依赖如下。

（1）**Eigen**：Eigen 可以使用包管理器安装（如使用指令 apt install libeigen3-dev），也可以从官网下载。

（2）**OpenMP**（可选）：通常会被大多数编译器默认支持，如果没有被支持可以使用包管理器安装（如使用指令 apt install libomp-dev）。

（3）**CUDA Toolkit**：建议按照官方的提示安装，也可以通过使用包管理器安装（如使用指令 apt install cuda）。

### 6.4.2　广义矩阵乘法的朴素实现

编写 CPU 代码如代码 6.9所示。

代码 6.9　CPU 代码

```
1  float A[M][K];
2  float B[K][N];
3  float C[M][N];
4  float alpha, beta;
5
6  for (unsigned m = 0; m < M; ++m) {
7      for (unsigned n = 0; n < N; ++n) {
8          float c = 0;
9          for (unsigned k = 0; k < K; ++k) {
10             c += A[m][k] * B[k][n];
11         }
12         C[m][n] = alpha * c + beta * C[m][n];
13     }
14 }
```

可以看到，矩阵 $C$ 中各个元素的计算是独立的。可以利用 GPU 的大量线程分别计算矩阵 $C$ 中相应的元素，以达到并行计算的目的，GPU 核函数如代码 6.10所示。

代码 6.10　GPU 核函数

```
1  __global__ void gemmKernel(const float * A,
2                             const float * B, float * C,
3                             float alpha, float beta, unsigned M, unsigned N,
```

```
4                           unsigned K) {
5     unsigned int m = threadIdx.x + blockDim.x * blockIdx.x;
6     unsigned int n = threadIdx.y + blockDim.y * blockIdx.y;
7     if (m >= M || n >= N)
8         return;
9     float c = 0;
10    for (unsigned k = 0; k < K; ++k) {
11      c += A[m * K + k] * B[k * N + n];
12    }
13    c = c * alpha;
14    float result = c;
15    if (beta != 0) {
16      result = result + C[m * N + n] * beta;
17    }
18    C[m * N + n] = result;
19 }
```

其可视化结构如图 6.10所示，矩阵 $C$ 中每个元素由一个线程计算，在 GPU Kernel 的第 5 和 6 行计算该线程对应矩阵 $C$ 中的元素行号 $m$ 及列号 $n$，然后在第 9~11 行该线程利用行号与列号读取矩阵 $A$ 和矩阵 $B$ 中相应的行列向量元素并计算向量内积，最后在第 17 行将结果写回 $C$ 矩阵。

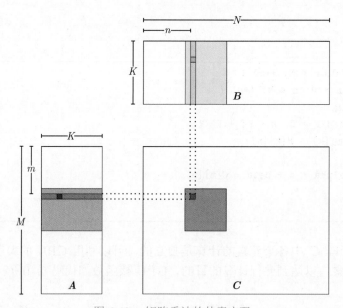

图 6.10　矩阵乘法的朴素实现

使用代码 6.11启动核函数。

代码 6.11 GPU 核函数启动方法

```
1  void gemmNaive(const float *A, const float *B, float *C,
2                 float alpha, float beta, unsigned M,
3                 unsigned N, unsigned K) {
4    dim3 block(16, 16);
5    dim3 grid((M - 1) / block.x + 1, (N - 1) / block.y + 1);
6
7    gemmKernel<<<grid, block>>>(A, B, C, alpha, beta, M, N, K);
8  }
```

在这里令每个线程块处理矩阵 $C$ 中 $16 \times 16$ 个元素，因此开启 $(M-1)/16 + 1 \times (N - 1)/16 + 1$ 个线程块用于计算整个矩阵 $C$。

使用 Eigen 生成数据并计算得到 CPU 端的广义矩阵乘法结果，同时实现 GPU 端计算结果的误差计算、时间测试的代码，详情见first_attempt.cu，编译及执行得到输出结果为

```
1  Average Time: 48.961 ms
2  Max Error: 0.000092
```

可以使用以下公式粗略计算 GPU 的峰值吞吐量：2× 频率 × 单精度计算单元数量，其中单精度计算单元数量等于 GPU 中流多处理器（SM）数量乘每个流多处理器中单精度计算单元数量，计算可以得到以下结果：

```
1  FP32 peak throughput 29767.680 GFLOPS
2  Average Throughput: 185.313 GFLOPS
```

可以发现，目前的代码距离设备峰值性能仍有较大的差距。在整个计算过程中计算密集最大的过程为矩阵乘法 $A \times B$，其时间复杂度为 $O(M*N*K)$，而整个计算过程时间复杂度为 $O(M*N*K + 2*M*N)$，因此对矩阵乘法的优化是提升性能的关键。

### 6.4.3 提高计算强度

计算强度（Compute Intensity）指计算指令数量与访存指令数量的比值，在现代 GPU 中往往有大量计算单元但只有有限的访存带宽，程序很容易出现计算单元等待数据读取的问题，因此提高计算强度是提升程序性能的一条切实有效的指导思路。对于之前实现的 GPU 核函数，可以粗略计算其计算强度：在 $K$ 次循环的内积计算中，对矩阵 $A$ 与矩阵 $B$ 的每次读取会计算一次浮点乘法与浮点加法，因此计算强度为 1——两次浮点运算除以两次数据读取。之前的版本是每个线程负责处理矩阵 $C$ 的一个元素——计算矩阵 $A$ 的一行与矩阵 $B$ 的一列的内积，可以通过使每个线程计算 $C$ 更多的元素——计算矩阵 $A$ 的多行与矩阵 $B$ 的多列的内积——从而提升计算强度。具体地，如果在 $K$ 次循环的内积计算中一次读取矩阵 $A$ 中的 $m$ 个元素和矩阵 $B$ 中的 $n$ 个元素，那么访存指令为 $m+n$ 条，而计算指令为 $2mn$ 条，所以计

算强度为 $\dfrac{2mn}{m+n}$，因此可以很容易发现，提高 $m$ 和 $n$ 会带来计算强度的提升。

6.4.2 节对全局内存的访问与存储都是借助 float 指针完成的，具体到硬件指令集上实际是使用指令 LDG.E 与 STG.E 完成的。可以使用 128 位宽指令 LDG.E.128 与 STG.E.128 一次读取多个 float 数。使用宽指令的好处是，一方面简化了指令序列，使用一个宽指令代替四个标准指令可以节省十几个指令的发射周期，这可以为计算指令的发射争取到额外的时间；另一方面 128 比特正好等于一个 cache line 的长度，使用宽指令也有助于提高 cache line 的命中率。但并不提倡在一切代码中过度追求宽指令的使用，开发者应当将更多的时间关注并行性设计和局部数据复用等更直接的优化手段。

具体的实现如下，由于每个 float 类型大小为 32 比特，可以将 4 个 float 堆叠在一起构成一个 128 比特的 float4 类，对 float4 的访存将会使用宽指令完成。其具体代码实现见util.cuh。

在实现 GPU 核函数过程中要注意，每个线程需要从原本各读取矩阵 $A$ 和矩阵 $B$ 中一个 float 数据变为各读取 4 个 float 数据，这就要求现在每个线程负责处理矩阵 $C$ 中 $4 \times 4$ 的矩阵块，称之为 thread tile。如图 6.11所示，每个线程从左到右、从上到下分别读取矩阵 $A$ 和矩阵 $B$ 的数据并运算，最后写入到矩阵 $C$ 中。

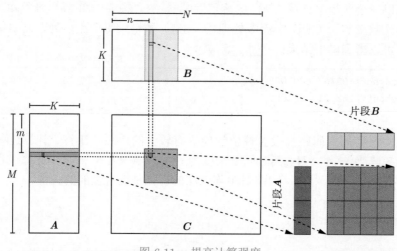

图 6.11　提高计算强度

完整代码见gemm_use_128.cu。可以进一步让每个线程处理更多的数据，从而进一步提升计算强度，如图 6.12所示。完整代码见gemm_use_tile.cu。

测试得到以下结果：

```
1   Max Error: 0.000092
2   Average Time: 6.232 ms, Average Throughput: 1378.317 GFLOPS
```

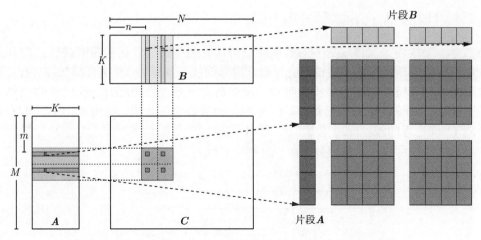

图 6.12　通过提高线程所处理矩阵块的数量来进一步提高计算强度

使用分析工具 Nsight Compute 分析取得性能提升的具体原因。Nsight Compute 是英伟达发布的主要针对 GPU 核函数的性能分析工具，它通过劫持驱动的方式对 GPU 底层数据采样和输出。可以使用以下指令进行性能分析。

```bash
ncu --set full -o <profile_output_file> <profile_process>
```

–set full 代表采样所有数据，-o 代表以文件的形式输出结果；<profile_output_file> 填输出文件名但注意不要加后缀名，<profile_process> 填待分析的可执行文件及其参数。比如，需要分析 first_attempt，将输出结果命名为 first_attepmt_prof_result 可以使用以下指令：

```
ncu --set full -o first_attepmt_prof_result ./first_attempt
```

如果提示权限不足可以在指令前加 sudo。在得到输出文件之后，可以使用 nv-nsight-cu 查看文件。对改动的 GPU 核函数与上一版本的 GPU 核函数进行对比分析，发现：首先 LDG 指令数量下降了 84%，且指标 Stall LG Throttle 下降 33%，说明使用宽指令增加计算密度确实可以通过减少全局内存访问的指令数目而减少发射等待时间。最后指标 Arithmetic Intensity 的提升也和之前的关于计算强度的分析相吻合。

对 gemm_use_tile.cu 测试得到以下结果：

```
Max Error: 0.000092
Average Time: 3.188 ms, Average Throughput: 2694.440 GFLOPS
```

使用 Nsight Compute 分析发现：类似地，此代码在 Stall LG Throttle 等指标上取得了进一步的提升。

### 6.4.4 使用共享内存缓存复用数据

虽然令一个线程一次读取更多的数据能取得计算强度的提升进而带来性能的提升，但是这种令单个线程处理数据增多的设计会导致开启总的线程数量减少，进而导致并行度下降，因此需要使其他硬件特性在尽可能不影响并行度的前提下取得性能提升。在之前的代码中，开启若干个线程块，每个线程块处理矩阵 $C$ 中的一个或多个矩阵块。在图 6.13 中，可以观察到，处理矩阵 $C$ 同一行的线程 $x, y$ 会读取矩阵 $A$ 中相同的数据，可以借助共享内存让同一个线程块中不同的线程读取不重复的数据而提升程序吞吐量。

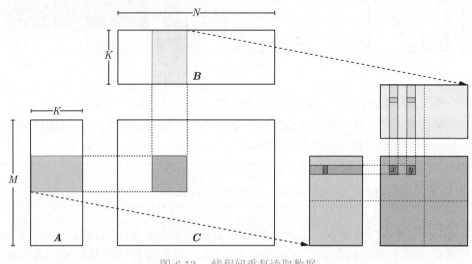

图 6.13　线程间重复读取数据

具体地，需要对代码进行如下改造。此前代码在计算内积过程进行 $K$ 次循环读取数据并累加计算，在此设定下每次循环中处理矩阵 $C$ 中相同行的线程会读取相同的矩阵 $A$ 的数据，处理矩阵 $C$ 中相同列的线程会读取相同的矩阵 $B$ 的数据。可以将此 $K$ 次循环拆解成两层循环，外层循环 $\dfrac{K}{\text{tile}K}$ 次，每次外层循环的迭代读取一整块数据，内层循环 $\text{tile}K$ 次进行累加数据。数据从全局内存向共享内存的搬运过程如图 6.14所示，每次内层循环开始前将矩阵 $A$ 和矩阵 $B$ 中一整个 tile 读取到共享内存中；数据从共享内存到寄存器的搬运如图 6.15所示，每次内层循环循环从共享内存读取数据并计算。这种设计带来的好处是，可以让每个线程不必独自从全局内存读取所有需要的数据，整个线程块将共同需要的数据从全局内存中读取并写入共享内存中，此后每个线程在计算过程中只需要从共享内存中读取所需要的数据即可。

完整代码见gemm_use_smem.cu。

测试得到以下结果：

```
1  Max Error: 0.000092
2  Average Time: 0.617 ms, Average Throughput: 13925.168 GFLOPS
```

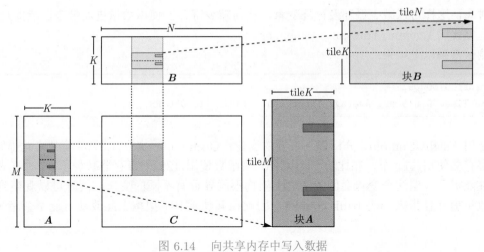

图 6.14　向共享内存中写入数据

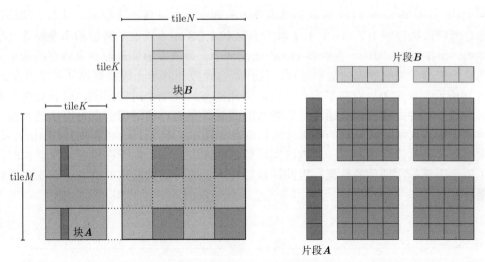

图 6.15　从共享内存中读取数据

使用 Nsight Compute 对核函数分析并与上一个核函数进行对比，可以观察到一些主要的变化：首先 LDG 指令数量下降了 97%，与此前设计相吻合。同时观察到 SM Utilization 提升了 218%，也可以侧面证实使用共享内存减少了内存访问延迟从而提升了利用率，此外还可以观察到各项指标如 Pipe Fma Cycles Active 等都有显著提升，这都能充分解释使用共享内存的改进是合理且有效的。

### 6.4.5　减少寄存器使用

可以注意到，在向共享内存中存储矩阵 **A** 的数据块是按照行优先的数据排布进行的，而对此共享内存的读取是按列逐行读取的。可以将矩阵 **A** 的数据块在共享内存中按照列优先的形式排布，这样可以减少循环及循环变量，从而减少寄存器使用数量进而带来性能提升。

完整代码见gemm_transpose_smem.cu。

测试得到以下结果：

```
1  Max Error: 0.000092
2  Average Time: 0.610 ms, Average Throughput: 14083.116 GFLOPS
```

使用 Nsight Compute 分析以下主要的变化：Occupancy 提升 1.3%，而带来此提升的原因是寄存器使用 111 个，相比上一个 GPU 核函数使用 128 个寄存器减少了 17 个，从而带来了性能提升。但这个变化会因为 GPU 架构不同导致有不同的变化，同时可以观察到 STS 指令数量提升且带来一些 bank conflict，因此在其他 GPU 架构上此改动可能不会带来正面影响。

### 6.4.6　隐藏共享内存读取延迟

在 GPU 中使用指令 LDS 读取共享内存中的数据，在这条指令发出后并不会等待数据读取到寄存器后再执行下一条语句，只有执行到依赖 LDS 指令读取的数据的指令时才会等待读取的完成。而在 6.4.5 节中，在内层 tile$K$ 次循环中，每次发射完读取共享内存的指令之后就会立即执行依赖于读取数据的数学运算，这样就会导致计算单元等待数据从共享内存的读取，如图 6.16所示。事实上，对共享内存的访问周期能多达几十个时钟周期，而计算指令的执行往往只有几个时钟周期，因此通过一定方式隐藏对共享内存的访问会取得不小的收益。可以通过重新优化流水线隐藏一定的数据读取延迟。如图 6.17所示，可以在内层的 tile$K$ 次循环中每次循环开始时读取发射下一次内层循环数据的读取指令。由于在执行本次运算时计算指令并不依赖于下一次循环的数据，因此计算过程不会等待之前发出的读取下一次内层循环数据的指令。

图 6.16　上一个 GPU 核函数的流水线

完整代码见gemm_hide_smem_latency.cu。

测试得到以下结果：

```
1  Max Error: 0.000092
2  Average Time: 0.585 ms, Average Throughput: 14686.179 GFLOPS
```

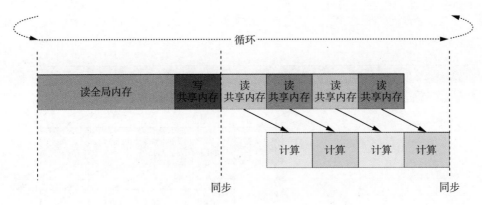

图 6.17　隐藏共享内存读取延迟的流水线

使用 Nsight Compute 观察发现：相比上一个 GPU 核函数，指标 Stall Short Scoreboard 减少了 67%。而此前提过，GPU 内存读写指令发出后并不会等待数据读取到寄存器后再执行下一条语句，但是会在 Scoreboard 设置符号并在完成读取后置回符号，等到之后有数据依赖的指令执行前会等待 Scoreboard 中符号的置回。所以这里 Stall Short Scoreboard 的减少充分说明了内存延迟是有效的。

### 6.4.7　隐藏全局内存读取延迟

6.4.6 节中介绍了对共享内存读取流水线优化的方法，事实上，GPU 在读取全局内存中使用的指令 LDG 也有与共享内存读取指令 LDS 类似的行为特性。因此，类似的在 $\dfrac{K}{\text{tile}K}$ 次外层循环中，每次循环开始时发出下一次外层循环需要的矩阵 A 中的数据块的读取指令，而本次循环的整个内层循环过程中不依赖下一次外循环的数据，因此本次外循环的内循环过程中不会等待对下一次外层循环需要的矩阵 A 中的数据块的读取指令完成，从而实现隐藏全局内存读取延迟的目的。此外，可以让内层循环先执行 $\text{tile}K - 1$ 次，在最后一次执行前将缓存中的数据写入 tile ，其后再执行内层循环的最后一次迭代，这样能更进一步隐藏向 tile 写入的内存延迟。具体流水线可视化见图 6.18。

完整代码见gemm_final.cu。

测试得到以下结果：

```
1  Max Error: 0.000092
2  Average Time: 0.542 ms, Average Throughput: 15838.302 GFLOPS
```

使用 Nsight Compute 分析可以观察到指标 Stall Long Scoreboard 减少了 67%，与 6.4.6 节的 Stall Short Scoreboard 概念相对应，Stall Long Scoreboard 主要是针对全局内存的指标。该指标的显著减少充分说明，预取数据可以在一定程度上隐藏全局内存的读取。

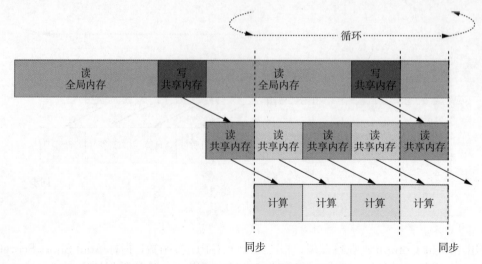

图 6.18　隐藏全局内存读取延迟的流水线

### 6.4.8　与 cuBLAS 对比

按照 6.3.2 节介绍的 cuBLAS 的接口使用方法，可以很容易地使用 cuBLAS 写出代码完成矩阵乘法，如代码 6.12 所示。

代码 6.12　cuBLAS 代码

```
1  void cublasGemm(const float *A, const float *B, float *C, float alf, float bet, int M,
       int N, int K) {
2    int lda = N, ldb = K, ldc = N;
3    const float *alpha = &alf;
4    const float *beta = &bet;
5    cublasHandle_t handle;
6    cublasCreate(&handle);
7    cublasSgemm(handle, CUBLAS_OP_N, CUBLAS_OP_N, N, M, K, alpha, B, lda, A, ldb, beta, C,
       ldc);
8    cublasDestroy(handle);
9  }
```

需要注意的是，cuBLAS 默认矩阵在 GPU 中是按列优先存储的，而我们的矩阵是按行优先存储的，而两者可以通过转置相互转换，所以 $A \times B = (B^T \times A^T)^T$，因此在输入时需要调整矩阵的顺序，即可保证输出结果仍是行优先矩阵。

测试得到以下结果：

```
1  Max Error: 0.000092
2  Average Time: 0.613 ms, Throughput: 14002.600 GFLOPS
```

使用 Nsight Compute 分析发现，LDG 和 STS 等指令使用较多，导致指令发射压力较大，具体体现在 Stall Wait 与 Stall Dispatch Stall 指标相比较差。但其他指标诸如 Stall Long Scoreboard 等 cuBLAS 更优，但总体上我们略胜一筹。尽管我们的代码相比 cuBLAS 已经取得了一定的性能提升，但是需要强调的是，cuBLAS 内部为各种不同的矩阵尺寸及不同的设备实现了若干不同的 GPU 核函数，我们实现的核函数在其他尺寸或其他设备设备上性能可能无法取得此加速比。

### 6.4.9　小结

要实现一个高性能算子需要依照硬件特性适应性进行若干优化。本节优化策略可总结为以下几点。

（1）并行资源映射——提高并行性：将多层级的并行资源（block、warp、thread）与对应需要计算和搬移的数据建立映射关系，提高程序并行性。将可并行的计算和数据搬移操作映射到并行资源上，对于广义矩阵乘法实例，在 6.4.2节实现的例子中，令每个 block 与矩阵 C 中的一个矩阵块建立映射关系，每个 thread 与矩阵块中的一个元素建立映射关系。

（2）优化内存结构——减小访存延迟：观察计算过程中同一个 block 中数据复用的情况，将复用的数据被如共享内存、寄存器等高性能体系结构存储下来，以此提高吞吐量。如 6.4.2节中将矩阵 A 与矩阵 B 中会被同一个 block 内不同 thread 共同访问的数据缓存到共享内存中。

（3）优化指令执行——减小指令发射开销：使用 #pragma unroll 功能进行循环展开来提升指令级并行，减少逻辑判断；使用向量化加载指令以提高带宽等，对于 Ampere 架构，最大向量化加载指令为 LDG.E.128，可以采用 float4 类型的数据进行读取。

（4）优化访存流水线——隐藏访存延迟：在进行内存结构变化（矩阵数据搬移）时，可以优化访存流水线，在数据搬移的间隔执行计算操作以隐藏数据搬移的延迟。

## 6.5　总结

（1）面向深度学习计算任务，加速器通常都由多种片上缓存及多种运算单元组成来提升性能。

（2）未来性能增长需要依赖架构上的改变，即需要依靠可编程的硬件加速器来实现性能突破。

（3）出于提高计算效率和易用性等原因，加速器一般具有多个等级的编程方式，包括算子库层级、编程原语层级和指令层级。

（4）越底层的编程方式越能够灵活地成为加速器，但同时对程序员的能力要求也越高。

## 6.6 拓展阅读

（1）CUDA 编程指导[①]。

（2）Ascend昇腾社区[②]。

（3）MLIR 应用进展[③]。

---

[①] 可参考网址为：https://docs.nvidia.com/cuda/cuda-c-programming-guide/index.html。

[②] 可参考网址为：https://gitee.com/ascend。

[③] 可参考网址为：https://mlir.llvm.org/talks。

# 第7章

# 数据处理

在前两个章节中，我们介绍了编译器前后端的相关内容，详细地阐述了从源程序到目标程序的转换优化过程。除了让模型在芯片上高性能地运行，我们还需要将数据高效地发送给芯片，以实现全流程的性能最优。机器学习模型训练和推理需要从存储设备（如本地磁盘和内存、远端的存储系统等）中加载数据集，对数据集进行一系列处理变换，将处理结果发送到 GPU 或者华为昇腾Ascend 等加速器中完成模型计算，该流程的任何一个步骤出现性能问题都会对训练和推理的吞吐率造成负面影响。本章我们将重点介绍如何设计并实现一个面向机器学习场景的数据系统，以帮助用户轻松构建各种复杂的数据处理流水线（Data Pipeline），同时我们的数据系统要有足够高的执行性能，以确保数据预处理步骤不会成为模型训练和推理的性能瓶颈。

本章主要从易用性、高效性和保序性三个维度展开介绍机器学习系统中的数据模块。在前两个小节中，我们首先讨论如何构建一个易用的数据模块。包括如何设计编程抽象，使用户通过短短几行代码便可以描述一个复杂的预处理过程；以及如何做到既可以内置丰富算子提升易用性，又可以灵活支持用户使用自定义算子覆盖长尾需求。用户构建好数据处理流程后，数据模块需要负责高效地调度执行数据流水线，以达到最优的数据处理吞吐率。高效地执行数据流水线是一个具有挑战性的任务，我们既要面临数据读取部分的 I/O 性能问题，又要解决数据处理部分的计算性能问题。针对上述挑战，我们将分别介绍面向高吞吐率读取性能的数据文件格式设计，以及能够充分发挥多核 CPU 算力的并行架构设计。不仅如此，和常规数据并行计算任务不同的是，大部分机器学习场景对于数据的输入输出顺序有着特殊的保序性的要求，我们将会用一节的内容来介绍什么是保序性，以及如何在数据模块的并行架构中设计相应组件来满足该特性的需求。学习了上述的内容后，读者将会对如何构建一个面向机器学习场景高效易用的数据模块有深刻的理解。最后，作为拓展内容，我们将以目前学术界和业界的一些实践经验来介绍当单机处理性能达不到要求时，该如何去扩展我们的数据处理模块以满足训练性能需求。本章学习目标包括：

（1）了解机器学习数据模块架构中的关键组件及其功能。

（2）了解不同数据模块用户编程接口的设计。

（3）掌握面向高性能数据读取的数据文件格式设计。

（4）掌握机器学习系统数据模块并行架构。

（5）掌握机器学习系统数据模块数据保序性含义及其解决方案。

（6）了解两种单机数据处理性能扩展方案。

# 7.1 概述

机器学习场景中的数据处理是一个典型的提取-加载-变换（Extract-Load-Transform，ELT）过程，其中加载阶段从存储设备中读取数据集，变换阶段完成对数据集的变换处理。虽然不同的机器学习系统在构建数据模块时采用了不同的技术方案，但其核心都会包含数据加载、数据混洗、数据变换、数据组装以及数据发送等关键组件（如图7.1所示）。其中每个组件的功能介绍如下：

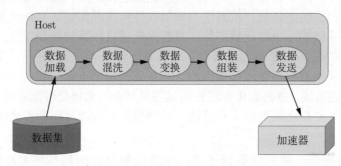

图 7.1 数据模块的核心组件

（1）**数据加载组件 (Load)** 负责从存储设备中加载读取数据集，需要同时考虑存储设备的多样性（如本地磁盘/内存、远端磁盘和内存等）和数据集格式的多样性（如 CSV 格式、TXT 格式等）。根据机器学习任务的特点，AI 框架也提出了统一的数据存储格式（如谷歌 TFRecord、华为 MindRecord 等）以提供更高性能的数据读取。

（2）**数据混洗组件 (Shuffle)** 负责将输入数据的顺序按照用户指定方式随机打乱，以提升训练得到的模型的鲁棒性。

（3）**数据变换组件 (Map)** 负责完成数据的变换处理，内置面向各种数据类型的常见预处理算子。如图像处理中的尺寸缩放和翻转算子，音频中的随机加噪和变调算子、文本处理中的停词去除和随机遮盖（Mask）算子等。

（4）**数据组装组件 (Batch)** 负责组装构造一个微批（Mini-Batch）数据用于模型计算。

（5）**数据发送组件 (Send)** 负责将处理后的数据发送到 GPU/华为昇腾Ascend 等加速器中以进行后续的模型计算。高性能的数据模块往往选择将数据向设备的传输与加速器中的计算异步执行，以提升端到端训练性能。

实现上述的组件只是数据模块的基础，我们还要对如下方面进行重点设计。

## 7.1.1 易用性

AI 模型训练/推理过程中涉及的数据处理非常灵活。一方面，不同的应用场景中数据集类型千差万别，特点各异。在加载数据集时，数据模块不仅要支持图像、文本、音频、视频等多种类型存储格式，还要支持内存、本地磁盘、分布式文件系统以及对象存储系统等多种存储类型。为减少用户学习成本，数据模块需要对上述复杂情况下数据加载进行抽象统一。另一方面，不同类型的数据往往也有着不同的数据处理方式。常见机器学习任务中，图像任务常常需要进行图像缩放、图像翻转、图像模糊化等处理，文本任务需要对文本进行切分、向量化等操作，而语音任务又需要对语音进行快速傅里叶变换、混响增强、变频等预处理。为帮助用户解决绝大部分场景下的数据处理需求，数据模块需要支持足够丰富且高效的面向各种类型的数据预处理算子。随着新的算法和数据处理需求在不断快速涌现，还需要支持用户在数据模块中方便地使用自定义处理算子，以应对数据模块未覆盖到的场景，达到灵活性和高效性的最佳平衡。

### 7.1.2　高效性

由于 GPU、华为昇腾Ascend 等常见 AI 加速器主要面向 Tensor（张量）数据类型计算，现有主流机器学习系统数据模块通常选择使用 CPU 进行数据预处理计算。理想情况下，在每个训练迭代步开始之前，数据模块都需要将数据准备好，以减少加速器因为等待数据而阻塞的时间消耗。然而数据流水线中的数据加载和数据预处理常常面临着具有挑战性的 I/O 性能和 CPU 计算性能问题，数据模块需要设计具备支持随机读取且具备高读取吞吐率的文件格式来解决数据读取瓶颈问题，同时还需要设计合理的并行架构来高效地执行数据流水线，以解决计算性能问题。为达到高性能的数据吞吐率，主流机器学习系统均采用数据处理与模型计算进行异步执行，以掩盖数据预处理的延迟。

### 7.1.3　保序性

和常规的数据并行计算任务所不同的是，机器学习模型训练对数据输入顺序敏感。使用随机梯度下降算法训练模型时，通常在每一轮需要按照一种伪随机顺序向模型输入数据，并且在多轮训练（Epoch）中每一轮按照不同的随机顺序向模型输入数据。由于模型最终的参数对输入数据的顺序敏感，为了帮助用户更好地调试和确保不同次实验的可复现性，数据模块需要在系统中设计相应机制使得数据最终送入模型的顺序由数据混洗组件的数据输出顺序唯一确定，不会由于并行数据变换处理导致最终数据模块的数据输出顺序不确定。后文中会对保序性的要求和具体实现细节展开探讨。

## 7.2　易用性设计

本节将主要介绍如何设计一个易用的机器学习系统数据模块。正如前文所言，易用性既要求数据模块提供好的编程抽象和接口使得用户可以方便地构建一个数据处理流程，同时还要支持用户灵活地在数据流水中插入使用自定义算子以满足丰富多变的处理需求，接下来将从编程接口抽象和自定义算子注册机制两方面展开探讨数据模块的易用性设计。

### 7.2.1　编程抽象与接口

图7.2展示的是一个图像分类模型训练中的经典数据预处理过程。数据模块从存储设备中加载数据集后，对数据集中的图片数据进行解码、缩放、旋转、正规化、通道变换等一系列操

作，对数据集的标签也进行特定的预处理操作，最终将处理好的数据发送到芯片上进行模型的计算。我们希望数据模块提供的编程抽象具备足够高的层次，使用户可以通过短短几行代码就能描述清楚数据处理的逻辑，不需要陷入过度的、重复的数据处理细节实现当中。同时又要确保这一套编程抽象具备通用性，以满足多样的数据预处理需求。

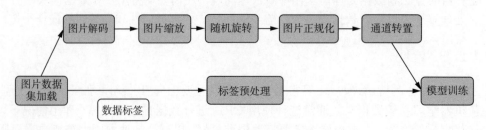

图 7.2　　数据预处理示例

事实上，针对上述需求的数据处理编程抽象早已在通用数据并行计算系统领域中被广泛地研究并取得了相对统一的共识——那就是提供类 LINQ 式[52] 的编程抽象。其最大的特点是让用户专注于描述基于数据集的生成与变换，而将这些操作的高效实现与调度执行交由数据系统运行时负责。一些优秀的系统，如 Naiad[60]、Spark[103]、DryadLINQ[23] 等都采用了这种编程模型。接下来我们以 Spark 为例子进行简要介绍。

Spark 向用户提供了基于弹性分布式数据集（Resilient Distributed Dataset，RDD）概念的编程模型。一个 RDD 是一个只读的分布式数据集合，用户通过 Spark 的编程接口来描述 RDD 的创建及变换过程。以代码7.1中所展示的基于 Spark 完成统计日志文件中包含 ERROR 字段的行数的任务为例。首先通过文件读取创建一个分布式的数据集 file，对这个 file 数据集进行 filter（过滤）运算得到新的只保留包含 ERROR 字段的日志行的数据集 errs；接着对 errs 中的每一个数据进行 map（映射）操作得到数据集 ones；最后对 ones 数据集进行 reduce 操作得到了我们最终想要的统计结果，即 file 数据集中包含 ERROR 字段的日志行数。

代码 7.1　　基于 Spark 的文件处理示例

```
1  val file = spark.textFile("hdfs://...")
2  val errs = file.filter(_.contains("ERROR"))
3  val ones = errs.map(_ => 1)
4  val count = ones.reduce(_+_)
```

我们发现用户只需要 4 行代码就完成了在这样一个分布式的数据集中统计特定字段行数的复杂任务，这得益于 Spark 核心的 RDD 编程抽象。从图7.3所示的计算流程可视化中我们也可以清晰地看到用户在创建数据集后，只需要描述在数据集上的作用算子即可，至于算子的执行和实现则由系统运行时负责。

主流机器学习系统中的数据模块同样也采用了类似的编程抽象，如 TensorFlow 的数据模块 tf.data[61]，以及 MindSpore 的数据模块 MindData 等。接下来我们以 MindData 的接口设计为例子来介绍如何面向机器学习这个场景设计好的编程抽象来帮助用户方便地构建模型训练中多种多样的数据处理流水线。

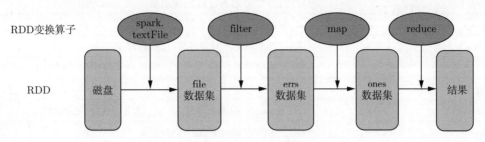

图 7.3　Spark 编程核心——RDD 变换

MindData 是机器学习系统 MindSpore 的数据模块，主要负责完成机器学习模型训练中的数据预处理任务，MindData 向用户提供的核心编程抽象为基于 Dataset（数据集）的变换处理。一个 Dataset 为如图7.4所示的一个多行多列的关系数据表。

Dataset

| data_id | image | text | label |
|---------|--------|--------|-------|
| 0 | Tensor | String | + |
| 1 | Tensor | String | − |
| 2 | Tensor | String | − |
| 3 | Tensor | String | + |
| 4 | Tensor | String | − |

图 7.4　MindSpore Dataset 示例

基于这样一个编程模型，结合在 7.1 节中介绍的机器学习数据流程中的关键处理流程，MindData 为用户提供了对数据集进行 shuffle、map、batch 等变换操作的数据集操作算子，这些算子接收一个 Dataset 作为输入，并以一个新处理生成的 Dataset 作为结果输出。典型的数据集变换接口如表7.1所示。

上述描述了数据集的接口抽象，而对数据集的具体操作实际上是由具体的函数定义。为了方便用户使用，MindData 对机器学习领域常见的数据类型及其常见数据处理需求都内置实现了丰富的数据算子库。针对视觉领域，MindData 提供了常见的如 Decode（解码）、Resize（缩放）、RandomRotation（随机旋转）、Normalize（正规化）以及 HWC2CHW（通道转置）等算子；针对文本领域，MindData 提供了 Ngram、NormalizeUTF8、BertTokenizer 等算子；针对语音领域，MindData 提供了 TimeMasking（时域掩盖）、LowpassBiquad（双二阶滤波器）、ComplexNorm（归一化）等算子；这些常用算子能覆盖用户的绝大部分需求。

表 7.1　MindData 支持的常用数据集变换操作

| 数据集操作 | 含 义 解 释 |
| --- | --- |
| batch | 将数据集中的多行数据项组成一个 mini-batch |
| map | 对数据集中的每行数据进行变换操作 |
| shuffle | 随机打乱数据集中的数据行的顺序 |
| filter | 对数据集的数据行进行过滤操作，只保留通过过滤条件的数据行 |
| prefetch | 从存储介质中预取数据集 |
| project | 从 Dataset 数据表中选择一些列用于接下来的处理 |
| zip | 将多个数据集合并为一个数据集 |
| repeat | 多轮次训练中，重复整个数据流水多次 |
| create_dict_iterator | 对数据集创建一个返回字典类型数据的迭代器 |
| create_dict_iterator | 对数据集创建一个返回元组类型数据的迭代器 |
| ... | ... |

除了支持灵活的 Dataset 变换，针对数据集种类繁多、格式与组织各异的难题，MindData 还提供了灵活的 Dataset 创建，主要分为如图7.5所示的 3 种方式。

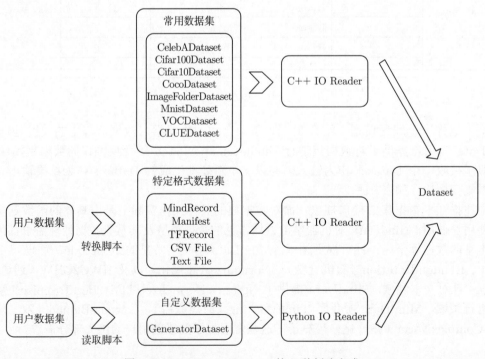

图 7.5　MindSpore Dataset 的 3 种创建方式

（1）通过内置数据集直接创建：MindData 内置丰富的经典数据集，如 CelebADataset、Cifar10Dataset、CocoDataset、ImageFolderDataset、MnistDataset、VOCDataset 等。如果用户需要使用这些常用数据集，可通过一行代码即可实现数据集的开箱使用。同时 MindData 对这些数据集的加载进行了高效的实现，以确保用户能够享受到最好的读取性能。

（2）从 MindRecord 中加载创建：MindRecord 是 MindData 项目中设计的一种高性能通用数据存储文件格式，用户可将数据集转换为 MindRecord 后借助 MindSpore 的相关 API 进行高效的读取。

（3）从 Python 类创建：如果用户已经有自己数据集的 Python 读取类，那么可以通过 MindData 的 GeneratorDataset 接口调用该 Python 类实现 Dataset 的创建，这给用户提供了极大的自由度。

最后我们以一个基于 MindData 实现本章开篇所描述的数据处理流水线为例子来展示上述数据抽象带来的用户友好性，示例代码见代码 7.2。我们只需要短短 10 余行代码即可完成所期望的复杂数据处理，同时在整个过程中，我们只需专注于逻辑的描述，而将算子的实现和算子执行流程交由数据模块负责，这极大地减轻了用户的编程负担。

代码 7.2　MindData 示例代码

```
1  import mindspore.dataset as ds
2  import mindspore.dataset.transforms.c_transforms as c_transforms
3  import mindspore.dataset.transforms.vision.c_transforms as vision
4  dataset_dir = "path/to/imagefolder_directory"
5  # create a dataset that reads all files in dataset_dir with 8 threads
6  dataset = ds.ImageFolderDatasetV2(dataset_dir, num_parallel_workers=8)
7  # create a list of transformations to be applied to the image data
8  transforms_list = [vision.Decode(),
9                     vision.Resize((256, 256)),
10                    vision.RandomRotation((0, 15)),
11                    vision.Normalize((100, 115.0, 121.0), (71.0, 68.0, 70.0)),
12                    vision.HWC2CHW()]
13 onehot_op = c_transforms.OneHot(num_classes)
14 # apply the transform to the dataset through dataset.map()
15 dataset = dataset.map(input_columns="image", operations=transforms_list)
16 dataset = dataset.map(input_columns="label", operations=onehot_op)
```

### 7.2.2　自定义算子支持

有了基于数据集变换的编程抽象以及针对机器学习各种数据类型的丰富变换算子支持，我们可以覆盖用户绝大部分的数据处理需求。然而由于机器学习领域本身进展快速，新的数据处理需求不断涌现，可能会有用户想要使用的数据变换算子没有被数据模块覆盖支持的情况发生。为此我们需要设计良好的用户自定义算子注册机制，使得用户可以方便在构建数据处理流水线时使用自定义的算子。

　　机器学习场景中，用户的开发编程语言以 Python 为主，所以我们可以认为用户的自定义算子更多情况下是一个 Python 函数或者 Python 类。数据模块支持自定义算子的难度主要与数据模块对计算的调度实现方式有关，比如 Pytorch 的 DataLoader 的计算调度主要在 Python 层面实现，得益于 Python 语言的灵活性，在 DataLoader 的数据流水中插入自定义的算子相对来说比较容易；而像 TensorFlow 的 tf.data 以及 MindSpore 的 MindData 的计算调度主要在 C++层面实现，这使得数据模块想要灵活的在数据流中插入用户定义的 Python 算子变得较为有挑战性。接下来我们以 MindData 中的自定义算子注册使用实现为例子展开讨论这部分内容。

　　MindData 中的数据预处理算子可以分为 C 层算子以及 Python 层算子，C 层算子能提供较高的执行性能而 Python 层算子可以很方便借助丰富的第三方 Python 包进行开发。为了灵活地覆盖更多场景，MindData 支持用户使用 Python 开发自定义算子，如果用户追求更高的性能，MindData 也支持用户将开发的 C 层算子编译后以插件的形式注册到 MindSpore 的数据处理中进行调用，如图7.6所示。

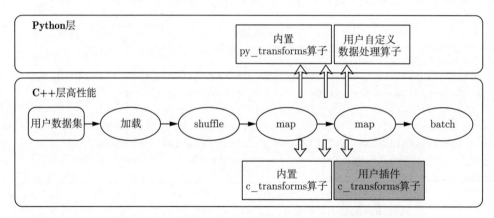

图 7.6　MindData 的 C 层算子和 Python 层算子

　　对于用户传入 map、filter 等数据集变换算子中的自定义数据处理算子，MindData 的 Pipeline 启动后会通过创建的 Python 运行时来执行。需要指出的是自定义的 Python 算子需要保证输入、输出均是 numpy.ndarray 类型。具体执行过程中，当 MindData 的 Pipeline 的数据集变换中执行用户自定义的 PyFunc 算子时，会将输入数据以 numpy.ndarray 的类型传递给用户的 PyFunc，自定义算子执行完毕后再以 numpy.ndarray 返回给 MindData，在此期间，正在执行的数据集变换算子（如 map、filter 等）负责该 PyFunc 的运行时生命周期及异常判断。如果用户追求更高的性能，MindData 也支持用户自定义 C 算子。Dataset-Plugin 仓（插件仓）为 MindData 的算子插件仓[55]，囊括了为特定领域（遥感，医疗，气象等）量身制作的算子，该仓承载 MindData 的插件能力扩展，为用户编写 MindData 的新算子提供了便捷易用的入口，用户通过编写算子、编译、安装插件步骤，然后就可以在 MindData Pipeline 的 map 操作中使用新开发的算子，如图7.7所示。

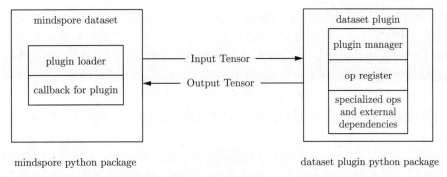

图 7.7 MindSpore 自定义算子注册

## 7.3 高效性设计

在 7.2 节中我们重点介绍了数据模块的编程抽象以及编程接口设计，确保用户可以方便地基于我们提供的 API 描述数据处理流程而不需要过多关注实现和执行细节。那么本节我们将进一步探究数据加载以及流水线调度执行等数据模块关键部分设计细节以确保用户能够拥有最优的数据处理性能。同时在本节内容中，我们也会贯穿现有主要机器学习系统的实践经验以帮助读者加深对这些关键设计方案的理解。

如图7.8所示，深度学习模型训练需要从存储设备中加载数据集，在内存中进行一系列的预处理变换，最终将处理好的数据集发送到加速器芯片上执行模型的计算。目前有大量的工作都着重于研究如何通过设计新的硬件或者应用算子编译等技术加速芯片上的模型计算，而在数据梳理流水的性能问题上鲜有涉及。但事实上很多情况下，数据预处理的执行时间往往在整个训练任务中占据着相当大的比例，导致 GPU、华为昇腾Ascend 等加速器无法被充分利用。研究数据表明，企业内数据中心的计算任务大约有 30% 的计算时间花费在数据预处理步骤[61]，也有研究发现在一些公开数据集上的模型训练任务有 65% 的时间都花费在了数据预处理上[58]，由此可以看出数据模块的性能对于整体训练吞吐率有着决定性的影响。

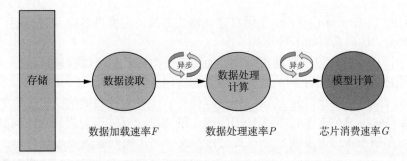

图 7.8 数据加载、预处理、模型计算异步并行执行

为了追求最高的训练吞吐率，现有系统一般选择将数据读取、数据预处理计算，以及芯片上的模型计算三个步骤异步并行执行。这三步构成了典型的数据生产者和数据消费者的上下

游关系，我们将数据从存储设备中的读取速率用 $F$ 表示，数据预处理速率用 $P$ 表示，芯片上的数据消费速率用 $G$ 表示。理想情况下我们希望 $G<\min(F,P)$，此时加速芯片不会因为等待数据而阻塞。然而现实情况下，我们常常要么因为数据加载速率 $F$ 过低 (称为 I/O Bound)，要么因为数据预处理速率 $P$ 过低 (称为 CPU Bound) 导致 $G>\min(F,P)$ 而使得芯片无法被充分利用。针对上述关键性能问题，我们将在本节重点探究两个内容：

（1）如何针对机器学习场景的特定 I/O 需求来设计相应文件格式及加载方式，以优化数据读取速率 $F$。

（2）如何设计并行架构来充分发挥现代多核 CPU 的计算能力，以提升数据处理速率 $P$。

在本节的最后我们还会研究一个具有挑战性的问题，即如何利用我们在前几章学到的计算图的编译技术来优化用户的数据处理计算流图，以进一步达到最优的数据处理吞吐率性能。那么接下来，请读者和我们一起开启本节的头脑风暴旅程。

### 7.3.1 数据读取的高效性

首先我们来研究如何解决数据读取的性能挑战。我们面临的第一个问题是数据类型繁多，存储格式不统一带来的 I/O 差异，如文本数据可能存储成 TXT 数据格式，图像数据可能存储成原始格式或者如 JPEG 等压缩格式。考虑到现实因素，我们显然无法为世界上的每一种存储情况都去设计其最优的数据读取方案。但是我们可以通过提出一种统一的存储格式（我们称为 UniRecord 格式）以屏蔽不同数据类型的 I/O 差异，并基于这种数据格式进行数据加载方案的设计与优化。实际使用用户只需要将其原始数据集转换存储为我们的统一数据格式便可以享受到高效的读取效率，如图7.9所示。

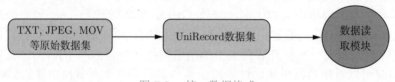

图 7.9　统一数据格式

那么我们的 UniRecord 除了统一用户存储格式之外还需要具备哪些特性呢？机器学习模型训练中对数据的访问具有如下特点：

（1）每一个 Epoch 内以一种随机顺序遍历所有的数据且每个数据只被遍历一次。

（2）不同 Epoch 需要以不同的随机顺序遍历访问所有数据。

上述的访问特性要求我们的 UniRecord 存储格式能够支持高效的随机读取。当我们的数据集能够全部存储在 RAM 中时，对 UniRecord 的随机读取并不会成为大的问题。但是当数据集大到必须存储在本地磁盘或者分布式文件系统中时，我们就需要设计特定的方案。一个直观的想法是将一个 UniRecord 文件分为索引块和数据块，索引块中记录每个数据在文件中的大小、偏移以及一些校验值等元信息，数据块存储每个数据的主体数据。当我们需要对一个 UniRecord 格式的文件进行随机读取时，我们首先在内存中加载该文件的索引块（通常远远小于整个文件大小）并在内存中建立文件内数据的索引表，接着当我们需要随机读取数据时，我们首先在索引表中查询该数据在文件中的偏移、大小等信息并基于该信息从磁盘上进行读取，如图 7.10 所示。这样的读取方式可以满足我们在磁盘上的随机读取需求。接下来我们以 MindSpore 提出的 MindRecord 的实践经验为例子介绍统一文件格式的设计，以帮助大家加深对这部分内容的理解。

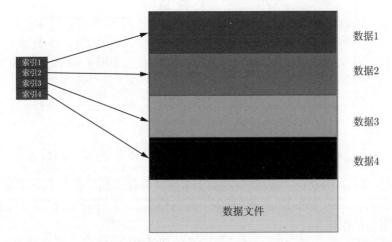

图 7.10　支持随机读取的文件格式设计

MindRecord 是 MindSpore 推出的统一数据格式，目标是归一化用户的数据集，优化训练数据的读取过程。该文件格式具备如下特征：

（1）实现多变的用户数据统一存储、访问，训练数据读取更加简便。

（2）数据聚合存储，高效读取，且方便管理、移动。

（3）高效的数据编解码操作，对用户透明、无感知。

（4）可以灵活控制分区的大小，实现分布式训练。

和我们前文设计的 UniRecord 思路相似，一个 MindRecord 文件也由数据文件和索引文件组成。数据文件包含文件头、标量数据页、块数据页，用于存储用户归一化后的训练数据；索引文件包含基于标量数据（如图像 Label、图像文件名等）生成的索引信息，用于方便地检索、统计数据集信息。为确保对一个 MindRecord 文件的随机读取性能，MindSpore 建议单个 MindRecord 文件大小小于 20G，若数据集大小超过 20G，用户可在 MindRecord 数据集生成时指定相应参数将原始数据集分片存储为多个 MindRecord 文件。

一个 MindRecord 文件中的数据文件部分具体的关键部分的详细信息如图7.11所示。

（1）**文件头**主要用来存储文件头大小、标量数据页大小、块数据页大小、Schema 信息、索引字段、统计信息、文件分区信息、标量数据与块数据对应关系等，是 MindRecord 文件的元信息。

（2）**标量数据页**主要用来存储整型、字符串、浮点型数据，如图像的 Label、图像的文件名、图像的长宽等信息，即适合用标量存储的信息会保存在这里。

（3）**块数据页**主要用来存储二进制串、Numpy 数组等数据，如二进制图像文件本身、文本转换成的字典等。

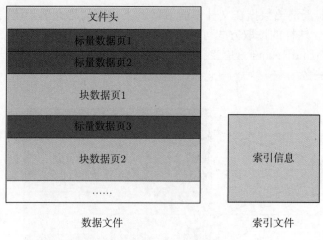

图 7.11　MindRecord 文件格式组成

　　用户训练时，MindRecord 的读取器能基于索引文件快速的定位找到数据所在的位置，并将其读取解码出来。另外 MindRecord 具备一定的检索能力，用户可以通过指定查询条件筛选获取符合期望的数据样本。

　　对于分布式训练场景，MindRecord 会基于数据文件中的 Header 及索引文件进行元数据的加载，得到所有样本的 ID 及样本在数据文件中的偏移信息，然后根据用户输入的 num_shards（训练节点数）和 shard_id（当前节点号）检索数据的对应的切片（Partition），得到当前节点的 num_shards 分之一的数据，即：分布式训练时，多个节点只读取数据集的 num_shards 分之一，借由计算侧的 AllReduce 实现整个数据集训练的效果。进一步，如果用户开启数据混洗（Shuffle）操作，那么每迭代轮次（Epoch）保证所有节点的混洗随机数种子（Shuffle Seed）保持一致，那么对所有样本的 ID shuffle 结果是一致的，那么数据 partition 的结果就是正确的，如图7.12所示。

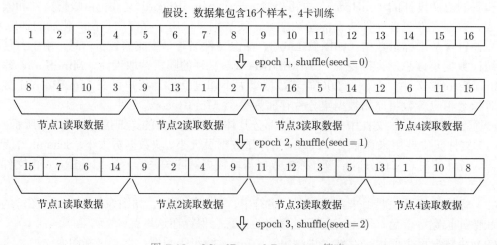

图 7.12　MindRecord Partition 策略

### 7.3.2　数据计算的高效性

解决了数据读取性能问题后，我们继续研究数据计算的性能提升（即最大化上文中的数据处理速率 $P$）。我们以上文提及的数据预处理流水为例子（如图7.13所示）研究如何设计数据模块对用户计算图的调度执行以达到最优的性能。

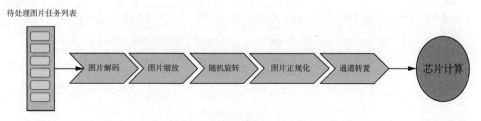

图 7.13　数据预处理流程串行顺序执行示意图

由于深度学习芯片（如 GPU、华为昇腾Ascend 等）并不具备通用数据处理的能力，我们目前还是主要依赖 CPU 来完成预处理计算。主流的 AI 服务器大多具备多个多核 CPU，数据模块需要设计合理的并行架构充分发挥多核算力，以提升数据预处理性能从而尽可能减少加速器由于等待数据而阻塞。本节中我们将介绍流水线粒度并行以及算子粒度并行两种常见的并行架构。流水线并行的方式结构清晰，易于理解和实现，主要被 PyTorch 这样基于 Python 实现数据模块的机器学习系统所采用。受到经典数据并行系统调度执行架构设计的影响，其他如 Google 的 TensorFlow 以及华为的 MindSpore 等系统主要采用算子粒度并行做精细 CPU 算力分配以达到充分利用多核算力的目的。然而精细的分配意味着我们需要对所有数据处理流程中涉及的算子设置合理的并行参数，这对用户而言是一个较大的挑战。于是 MindSpore 等框架又提供数据流图中关键参数自动调优的功能，通过运行时的动态分析自动搜索得到最优的算子并行度等参数，极大地减少了用户的编程负担。接下来我们一一展开讨论。

#### 1. 流水线并行

第一种常见的并行方案为流水线粒度的并行，即我们把用户构建的计算流水在一个线程/进程内顺序串行执行，同时启动多个线程/进程并行执行多个流水线。假设用户总共需要处理 $N$ 个数据样本，那么当流水线并行度为 $M$ 时，每个进程/线程只需要执行处理 $N/M$ 个样本。流水线并行架构结构简单，易于实现。整个并行架构中各个执行进程/线程只需要在数据执行的开始和结束进行跨进程/线程的通信即可，数据模块将待处理的数据任务分配给各个流水线进程/线程，并在最终进行结果汇总发送到芯片上进行模型计算，如图7.14所示。从用户的角度而言使用也相对方便，只需要指定关键的并行度参数即可。接下来我们以 Pytorch 为例子进行详细展开讨论。

在 PyTorch 中，用户只需要实现一个 Dataset 的 Python 类编写数据处理过程，Dataloader 通过用户指定的并行度参数 num_workers 来启动相应数目的 Python 进程调用用户自定义的 Dataset 类进行数据预处理。DataLoader 中的进程有两类角色：工作进程（worker）以及主进程，以及两类进程间通信队列：index_queue 以及 worker_result_queue。训练过程中，主进程负责将待处理数据任务列表通过 index_queue 发送给各个 worker 进程，每个 worker 进程执行用户编写的 Dataset 类的数据预处理逻辑并将处理后的结果通过 worker_result_queue 返回给主进程，如图7.15所示。

图 7.14    流水线级别并行执行示意图

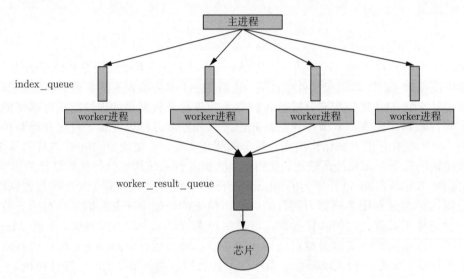

图 7.15    Pytorch Dataloader 并行执行架构

接下来我们展示一段用户使用 PyTorch 的 DataLoader 进行并行数据预处理的代码片段（代码 7.3），可以发现我们只需要实现 Dataset 类描述数据预处理逻辑，并指定 num_workers 即可实现流水线粒度的并行数据预处理。

代码 7.3    数据预处理

```
# 描述数据预处理流程
class TensorDataset:
    def __init__(self, inps):
        sef.inps = inps

    def __getitem__(self, idx):
        data = self.inps[idx]
        data = data + 1
```

```
9          return data
10
11    def __len__(self):
12          return self.inps.shape[0]
13
14  inps = torch.arange(10 * 5, dtype=torch.float32).view(10, 5)
15  dataset = TensorDataset(inps)
16
17  # 指定并行度为3
18  loader = DataLoader(dataset, batch_size=2, num_workers=3)
19
20  for batch_idx, sample in enumerate(loader):
21      print(sample)
```

最后需要指出的是，PyTorch DataLoader 的执行过程中涉及大量进程间通信，虽然为了加速这一步骤，PyTorch 对 Tensor 类数据实现了基于共享内存的进程间通信机制。然而当通信数据量较大时，跨进程通信仍然会较大地影响端到端的数据预处理吞吐率性能。当然，这不是流水线并行自身的架构问题，而是由于 CPython 的全局解释器锁（Global Interpreter Lock，GIL）导致在 Python 层面实现流水线并行时只能采用进程并行。为了解决这个问题，目前 PyTorch 团队也在尝试通过移除 CPython 中的 GIL 来达到基于多线程实现流水线并行以提升通信效率的目的[72]，感兴趣的读者可以选择继续深入了解。

### 2. 算子并行

流水线并行中算力（CPU 核心）的分配以流水线为粒度，相对而言，以算子为计算资源分配粒度的算子并行是一种追求更精细算力分配的并行方案。我们期望对计算耗时高的算子分配更高的并行度，计算耗时低的算子分配更低的并行度，以达到更加高效合理的 CPU 算力使用。算子并行想法和经典的数据并行计算系统的并行方式一脉相承，以经典的 MapReduce 计算执行为例子，我们发现这也可以认为是一种算子并行（Map 算子和 Reduce 算子），其中 Map 算子的并行度和 Reduce 算子的并行度根据各个算子阶段的计算耗时而决定，如图7.16 所示。

图7.17是本节开头数据预处理流程的算子并行架构示意图，我们根据各个算子的计算耗时设置图片解码算子并行度为 3，图片缩放并行度为 2，图片随机旋转算子并行度为 4，图片归一化算子并行度为 3，以及图像通道转置算子并行度为 1。我们期望通过给不同耗时的算子精准地分配算力，以达到算力高效充分的利用。具体实现中算子并行一般采用线程级并行，所有的算子使用线程间队列等方法进行共享内存通信。

现有机器学习系统的数据模块中，tf.data 以及 MindData 均采用了算子并行的方案。由于对算力的利用更加充分以及基于 C++的高效数据流调度实现，算子并行的方案往往展示出更好的性能，tf.data 的性能评测表明其相比较 PyTorch 的 Dataloader 有近两倍的性能优势。接下来我们以一段基于 MindSpore 实现本节开篇的数据预处理流程的代码片段（代码 7.4）来展示如何在一个算子并行的数据流水线中设置各个算子的并行度。

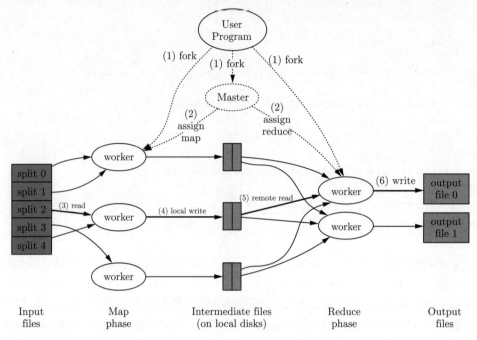

图 7.16　MapReduce 经典并行执行架构

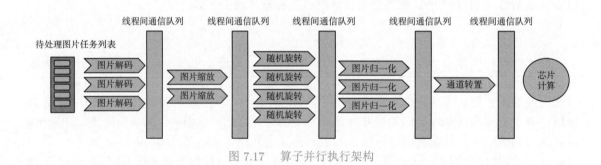

图 7.17　算子并行执行架构

代码 7.4　数据预处理算子并行

```
import mindspore.dataset as ds
import mindspore.dataset.transforms.c_transforms as c_transforms
import mindspore.dataset.transforms.vision.c_transforms as vision

# 读取数据
dataset_dir = "path/to/imagefolder_directory"
dataset = ds.ImageFolderDatasetV2(dataset_dir, num_parallel_workers=8)
transforms_list = [vision.Decode(),
                   vision.Resize((256, 256)),
                   vision.RandomRotation((0, 15)),
```

```
11              vision.Normalize((100, 115.0, 121.0), (71.0, 68.0, 70.0)),
12              vision.HWC2CHW()]
13  onehot_op = c_transforms.OneHot(num_classes)
14  # 解码算子并行度为3
15  dataset = dataset.map(input_columns="image", operations=vision.Decode(),
        num_parallel_workers=3)
16  # 缩放算子并行度为2
17  dataset = dataset.map(input_columns="image", operations=vision.Resize((256, 256)),
        num_parallel_workers=2)
18  # 随机旋转算子并行度为4
19  dataset = dataset.map(input_columns="image", operations=vision.RandomRotation((0, 15)),
        num_parallel_workers=4)
20  # 正规化算子并行度为3
21  dataset = dataset.map(input_columns="image", operations=vision.Normalize((100, 115.0,
        121.0), (71.0, 68.0, 70.0)), num_parallel_workers=3)
22  # 通道转置算子并行度为1
23  dataset = dataset.map(input_columns="image", operations=vision.HWC2CHW(),
        num_parallel_workers=1)
24  dataset = dataset.map(input_columns="label", operations=onehot_op)
```

我们发现，虽然算子并行具备更高的性能潜力，但却需要我们对每一个算子设置合理的并行参数。这不仅对用户提出了较高的要求，同时也增加了由于不合理的并行参数设置导致性能下降的风险。为了让用户更加轻松地使用算子并行，tf.data 和 MindData 都增加了流水线关键参数动态调优功能，基于对流水线执行时的性能监控计算得到合理的参数以尽可能达到最优的数据预处理吞吐率。

### 3. 数据处理计算图优化

在前文中，我们专注于通过并行架构来高效执行用户构建的数据预处理计算图。但我们可以思考如下问题：用户给定的计算图是否是一个高效的计算图？如果不高效，我们是否能够在保证等价变换的前提下将用户的数据计算图进行优化并重写得到执行性能预期更好的计算图？没错，这和我们在前几章中学习的模型计算图编译优化有着相同的思想，即通过分析变换计算图 IR 得到更优的 IR 表示来达到更好的执行性能。常用的数据图优化策略有算子融合以及 map 操作向量化两种。算子融合将 Map+Map、Map+Batch、Map+Filter、Filter+Filter 等算子组合融合成一个等价复合算子，将原先需要在两个线程组中执行的计算融合为在一个线程组中执行的复合计算，减少线程间的同步通信开销，从而达到了更优的性能。而 Map 操作向量化则将常见的 dataset.map(f).batch(b) 操作组合变换调整为 dataset.batch(b).map(parallel_for(f))，借助现代 CPU 对并行操作更友好的 SIMD 指令集来加速数据预处理。

# 7.4　保序性设计

　　与常规数据并行计算任务不同的是，机器学习场景下的数据并行处理为了确保实验的可复现性需要维护保序的性质。在具体实现中，我们需要保证并行数据预处理后的数据输出顺序与输入顺序保持相同，如图7.18所示，SeqB 和 SeqA 相同。这确保了每次数据模块的结果输出顺序由数据混洗模块输出顺序唯一确定，有助于用户在不同的实验之间进行比较和调试。不同的机器学习系统采用了不同的方案来确保保序性，我们以 MindSpore 的实现为例子进行介绍以加深读者对这部分内容的理解。

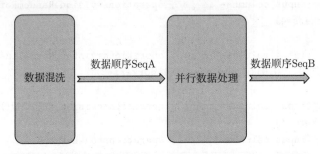

图 7.18　数据的保序性——确保 SeqB 与 SeqA 相同

　　MindSpore 通过约束算子线程组间的通信行为来确保对当前算子的下游算子的输入顺序与自己的输入顺序相同，基于这种递归的约束，确保了整个并行数据处理最后一个算子的输出顺序与第一个算子的输入顺序相同。具体实现中，MindSpore 以 Connector 为算子线程组间的通信组件，对 Connector 的核心操作为上游算子的 Push 操作以及下游算子的 Pop 操作，我们重点关注 MindSpore 对这两个行为的约束。Connector 的使用有如下两个要求：

　　（1）Connector 两端的数据生产线程组和数据消费线程组中的线程分别从 0 开始编号。

　　（2）确保数据生产者的输入数据顺序在各个生产者线程间按顺序轮询分布（Round-Robin Distribution），即当生产者线程组大小为 $M$ 时，生产者线程 0 拥有第 $(0 + M * k)$ 个数据，生产者线程 1 拥有第 $(1 + M * k)$，生产者线程 2 拥有第 $(2 + M * k)$ 个数据等（其中 $k = 0$，1，2，3，$\cdots$）。

　　Connector 中维护与生产者线程数目相同的队列并确保向 Connector 中放入数据时，每个生产者线程生产的数据只放到对应编号的队列中，这样可以确保 Connector 中的数据在不同的队列间的分布与在不同生产者线程组之间的分布相同（代码片段中的 Push 函数）。接着当 Connector 的消费者线程组从 Connector 中获取数据时，我们需要确保最终数据在不同的消费者线程间依然为按顺序轮询分布，即当消费者线程组大小为 $N$ 时，消费者线程 0 拥有第 $(0 + N * k)$ 个数据，消费者线程 1 拥有第 $(1 + N * k)$，消费者线程 2 拥有第 $(2 + N * k)$ 个数据等（其中 $k = 0, 1, 2, 3, \cdots$）。为此当有消费者线程从 Connector 中请求数据时，Connector 在确保当前请求消费者线程编号 $i$ 与待消费数据标号 $j$ 符合 $i = j\%N$ 的关系下（其中 $N$ 为消费者线程数目）按照轮循的方式从各个队列中获取数据，如果二者标号不符合上述关系，则该请求阻塞等待。通过这种通信的约束方式，MindSpore 实现了保序功能，如图7.19所示。

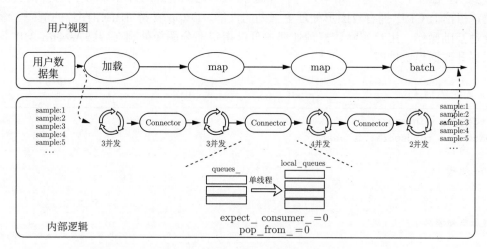

图 7.19　MindSpore 的算子线程组通信抽象——Connector

## 7.5　单机数据处理性能的扩展

上文我们介绍了通过并行架构发挥多核 CPU 算力来加速数据预处理，以满足芯片上模型计算对于数据消费的吞吐率需求，这在大部分情况下都能解决用户的问题。然而数据消费性能随着 AI 芯片的发展在逐年快速提升（即模型计算速率在变快），而主要借助 CPU 算力的数据模块却由于摩尔定律的逐渐终结无法享受到芯片性能提升带来的硬件红利，使得数据生产的性能很难像模型计算性能一样逐年突破。不仅如此，近几年 AI 服务器上 AI 芯片数量的增长速度远超 CPU 数量的增长速度，进一步加剧了芯片的数据消费需求与数据模块的数据生产性能之间的矛盾。我们以英伟达（NVIDIA）公司生产的 NVIDIA DGX 系列服务器为例子，DGX-1 服务器中配置有 40 个 CPU 核和 8 个 GPU 芯片，而到了下一代的 NVIDIA DGX-2 服务器时，GPU 芯片的数目增长了到了 16 个，而 CPU 核的数目仅从 40 个增加到了 48 个。由于所有的 GPU 芯片在训练时共享 CPU 的算力，故平均而言每个 GPU 芯片（数据消费者）能够使用的算力从 NVIDIA DGX-1 时的 5CPU 核/GPU 下降到了 NVIDIA DGX-2 的 3CPU 核/GPU，CPU 的算力瓶颈会导致用户使用多卡训练时无法达到预期的扩展性能。针对单机上的 CPU 算力不足的问题，我们给出两种目前常见的两种解决方案，即基于 CPU+AI 芯片的异构数据处理的加速方案和基于分布式数据预处理的扩展方案。

### 7.5.1　基于异构计算的数据预处理

由于 AI 芯片相比于 CPU 拥有更丰富的算力资源，故在 CPU 算力成为数据预处理瓶颈时通过借助 AI 加速芯片来做数据预处理是一个行之有效的方案。虽然 AI 芯片大都不具备通用的数据预处理能力，但是由于大部分高耗时的数据预处理都是 Tensor 相关的计算，如语音中的快速傅里叶变换（Fast Fourier Transform，FFT）、图像中的去噪等，使得部分操作可以被卸载到 AI 芯片上来加速。如华为昇腾Ascend 310 芯片上的 Dvpp 模块为芯片内置的硬件解码器，相较于 CPU 拥有对图形处理更强劲的性能，Dvpp 支持 JPEG 图片的解码、缩放等图像处理基础操作，用户实际数据预处理中可以指定部分图像处理在昇腾Ascend 310 芯片上完成以提升数据模块性能。

代码 7.5　数据预处理

```
1   namespace ms = mindspore;
2   namespace ds = mindspore::dataset;
3
4   // 初始化操作
5   //...
6
7   // 构建数据处理算子
8
9   // 1. 解码
10  std::shared_ptr<ds::TensorTransform> decode(new ds::vision::Decode());
11  // 2. 缩放
12  std::shared_ptr<ds::TensorTransform> resize(new ds::vision::Resize({256}));
13  // 3. 归一化
14  std::shared_ptr<ds::TensorTransform> normalize(new ds::vision::Normalize(
15     {0.485 * 255, 0.456 * 255, 0.406 * 255}, {0.229 * 255, 0.224 * 255, 0.225 * 255}));
16  // 4. 剪裁
17  std::shared_ptr<ds::TensorTransform> center_crop(new ds::vision::CenterCrop({224, 224}));
18
19  // 构建流水并指定使用Ascend进行计算
20  ds::Execute preprocessor({decode, resize, center_crop, normalize},
        MapTargetDevice::kAscend310, 0);
21
22  // 执行数据处理流水
23  ret = preprocessor(image, &image);
```

　　相比于 Dvpp 只支持图像的部分预处理操作，英伟达公司研发的 DALI[64] 是一个更加通用的基于 GPU 的数据预处理加速框架。DALI 中包含如下三个核心概念：

　　（1）DataNode：表示一组 Tensor 的集合。

　　（2）Operator：对 DataNode 进行变换处理的算子，一个 Operator 的输入和输出均为 DataNode。比较特殊的是，DALI 中的算子可以被设置为包括 cpu、gpu 和 mixed 三种不同执行模式，其中 cpu 模式下算子的输入输出均为 cpu 上的 DataNode，gpu 模式下算子的输入输出均为 gpu 上的 DataNode，而 mixed 模式下的算子的输入为 cpu 的 DataNode 而输出为 gpu 的 DataNode。

　　（3）Pipeline：用户通过 Operator 描述 DataNode 的处理变换过程而构建的数据处理

流水。

　　实际使用中用户通过设置算子的运行模式（Mode）来配置算子的计算是用 CPU 还是 GPU 完成计算。同时 DALI 中有如下限制：当一个算子为混合模式或者 GPI 模式时，其所有的下游算子强制要求必须为 GPU 模式执行，以防止数据多次在 CPU 和 GPU 之间传输，如图7.20所示。

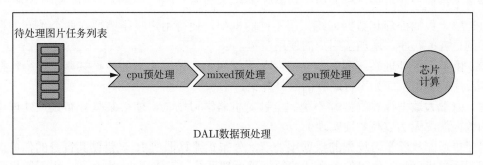

图 7.20　NVIDIA DALI 概览

　　下面展示一段使用 DALI 构建数据处理流水线的示例代码 (代码 7.6)，我们从文件中读取图片数据经过混合模式的解码再经过运算在 GPU 上的旋转和缩放算子处理后返回给用户处理结果。由于其展示出的优异性能，DALI 被广泛用于高性能推理服务和多卡训练性能的优化上。

代码 7.6　DALI 数据处理流水线

```
1  import nvidia.dali as dali
2  pipe = dali.pipeline.Pipeline(batch_size = 3, num_threads = 2, device_id = 0)
3  with pipe:
4      files, labels = dali.fn.readers.file(file_root = "./my_file_root")
5      images = dali.fn.decoders.image(files, device = "mixed")
6      images = dali.fn.rotate(images, angle = dali.fn.random.uniform(range=(-45,45)))
7      images = dali.fn.resize(images, resize_x = 300, resize_y = 300)
8      pipe.set_outputs(images, labels)
9  pipe.build()
10 outputs = pipe.run()
```

### 7.5.2　基于分布式的数据预处理

　　分布式数据预处理是另一种解决 CPU 算力性能不足的可选方案。一种常见的做法是借助 Spark、Dask 等现有大数据计算框架进行数据预处理并将结果写入分布式文件系统，而训练的机器只需要读取预处理的结果数据并进行训练即可，如图7.21所示。

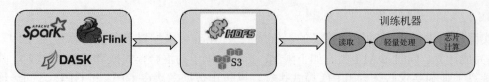

图 7.21　基于第三方分布式计算框架的分布式数据预处理

该方案虽然在业内被广泛使用，却面临着 3 个问题。

（1）由于数据处理和数据训练采用不同的框架，使得用户常常需要在两个不同的框架中编写不同语言的程序，增加了用户的使用负担。

（2）由于数据处理系统和机器学习两个系统间无法做零拷贝的数据共享，使得数据的序列化和反序列化常常成为不可忽视的额外开销。

（3）由于大数据计算框架并不是完全针对机器学习场景，使得某些分布式预处理操作如全局的数据混洗无法被高效地实现。

为了更适配机器学习场景的数据预处理，分布式计算框架 Ray 借助其自身的任务调度能力实现了面向机器学习场景的分布式的数据预处理系统——Ray Dataset[76]，由于数据预处理和训练处在同一个框架内，在降低了用户的编程负担的同时也通过数据的零拷贝共享消除了序列化和反序列化带来的额外开销。Ray Dataset 支持如 map、batch map、filter 等简单并行数据集变换算子以及如 mean 等一些基础的聚合操作算子。同时 Ray Dataset 也支持排序、随机打乱、GroupBy 等全局混洗操作，该方案目前处在研究开发中，还未被广泛地采用，感兴趣的读者可以翻阅相关资料进一步了解。

```
1  ray.data.read_parquet("foo.parquet") \
2      .filter(lambda x: x < 0) \
3      .map(lambda x: x**2) \
4      .random_shuffle() \
5      .write_parquet("bar.parquet")
```

## 7.6　总结

本章我们围绕着易用性、高效性和保序性三个维度展开研究如何设计并实现机器学习系统中的数据预处理模块。在易用性维度我们重点探讨了数据模块的编程模型，通过借鉴历史上优秀的并行数据处理系统的设计经验，我们认为基于描述数据集变换的编程抽象较为适合作为数据模块的编程模型，在具体的系统实现中，我们不仅要在上述的编程模型的基础上提供足够多内置算子方便的用户的数据预处理编程，同时还要考虑如何支持用户方便地使用自定义算子。在高效性方面，我们从数据读取和计算两个方面介绍了特殊文件格式设计和计算并行架构设计。我们也使用在前几章中学习到的模型计算图编译优化技术来优化用户的数据预处理计算图，以进一步达到更高的数据处理吞吐率。机器学习场景中模型对数据输入顺序敏感，于是衍生出保序性这一特殊性质，我们在本章对此进行了分析并通过 MindSpore 中的 Connector 的特殊约束实现来展示真实系统实现中如何确保保序性。最后，我们也针对部分情况下单机 CPU 数据预处理性能的问题，介绍了当前基于异构处理加速的纵向扩展方案和基于分布式数据预处理的横向扩展方案。我们相信读者学习了本章后能够对机器学习系统中的数据模块有深刻的认知，也对数据模块未来面临的挑战有所了解。

第8章

# 模型部署

前面的章节讲述了机器学习模型训练系统的基本组成，这一章节将重点讲述模型部署的相关知识。模型部署是将训练好的模型部署到运行环境中进行推理的过程，模型部署的过程中需要解决从训练模型到推理模型的转换，硬件资源对模型的限制，模型推理的时延、功耗、内存占用等指标对整个系统的影响以及模型的安全等一系列的问题。

本章将主要介绍机器学习模型部署的主要流程，包括从训练模型到推理模型的转换、适应硬件限制的模型压缩技术、模型推理及性能优化以及模型的安全保护，最后会给出一个模型部署端到端的实践用例。

本章的学习目标包括：

（1）了解训练模型到推理模型转换及优化。

（2）掌握模型压缩的常用方法：量化、稀疏和知识蒸馏。

（3）掌握模型推理的流程及常用的性能优化的技术。

（4）了解模型安全保护的常用方法。

## 8.1　概述

模型完成训练后，需要将模型及参数持久化成文件，不同的训练框架导出的模型文件中存储的数据结构不同，这给模型的推理系统带来了不便。推理系统为了支持不同的训练框架的模型，需要将模型文件中的数据转换成统一的数据结构。此外，在训练模型转换成推理模型的过程中，需要进行一些如算子融合、常量折叠等模型的优化以提升推理的性能。

推理模型部署到不同的场景，需要满足不同的硬件设备的限制。例如，在具有强大算力的计算中心或数据中心的服务器上可以部署大规模的模型；而在边缘侧服务器、个人电脑以及智能手机上算力和内存则相对有限，部署的模型的规模就相应地要降低；在超低功耗的微控制器上，则只能部署非常简单的机器学习模型。此外，不同硬件对于不同数据类型（如 float32、float16、bfloat16、int8 等）的支持程度也不相同。为了满足这些硬件的限制，在有些场景下需要对训练好的模型进行压缩，降低模型的复杂度或者数据的精度，减少模型的参数，以适应硬件的限制。

模型部署到运行环境中执行推理，推理的时延、内存占用、功耗等是影响用户使用的关键因素。优化模型推理的方式有两种：一是设计专有的机器学习的芯片，相对于通用的计算芯片，这些专有芯片一般在能效比上具有很大的优势；二是通过软硬协同最大限度地发挥硬件的能力。对于第二种方式，以 CPU 为例，如何切分数据块以满足 cache 大小，如何对数据进行重排以方便计算时可以连续访问，如何减少计算时的数据依赖以提升硬件流水线的并行，如何使用扩展指令集以提升计算性能，这些都需要针对不同的 CPU 架构进行设计和优化。

对于一个企业来讲，模型属于重要的资产，因此在模型部署到运行环境以后，保护模型的安全至关重要。本章会介绍如下一些常见的机器学习模型的安全保护手段。

（1）**模型压缩**：通过量化、剪枝等手段减小模型体积以及计算复杂度的技术，可以分为需要重训的压缩技术和不需要重训的压缩技术两类。

（2）**算子融合**：通过表达式简化、属性融合等方式将多个算子合并为一个算子的技术，融合可以降低模型的计算复杂度及模型的体积。

（3）**常量折叠**：将符合条件的算子在离线阶段提前完成前向计算，从而降低模型的计算复杂度和模型的体积。常量折叠的条件是算子的所有输入在离线阶段均为常量。

（4）**数据排布**：根据后端算子库支持程度和硬件限制，搜索网络中每层的最优数据排布格式，并进行数据重排或者插入数据重排算子，从而降低部署时的推理时延。

（5）**模型混淆**：对训练好的模型进行混淆操作，主要包括新增网络节点和分支、替换算子名的操作，攻击者即使窃取到混淆后的模型也不能理解原模型的结构。此外，混淆后的模型可以直接在部署环境中以混淆态执行，保证了模型在运行过程中的安全性。

## 8.2　训练模型到推理模型的转换及优化

### 8.2.1　模型转换

前面章节提到过，不同的训练框架（如 TensorFlow、PyTorch、MindSpore、MXNet、CNTK 等）都定义了自己的模型的数据结构，推理系统需要将它们转换到统一的一种数据结构上。开放神经网络交换（Open Neural Network Exchange，ONNX）协议正是为此目的而设计的。ONNX 支持广泛的机器学习运算符集合，并提供了不同训练框架的转换器，例如 TensorFlow 模型到 ONNX 模型的转换器、PyTorch 模型到 ONNX 模型的转换器等。模型转换本质上是将模型这种结构化的数据，从一种数据结构转换为另一种数据结构的过程。进行模型转换首先要分析两种数据结构的异同点，然后针对结构相同的数据做搬运；对于结构相似的数据做一一映射；对于结构差异较大的数据则需要根据其语义做合理的数据转换；更进一步如果两种数据结构上存在不兼容，则模型转换无法进行。ONNX 的一个优势就在于其强大的表达能力，因而大多数业界框架的模型都能够转换到 ONNX 模型上来而不存在不兼容的情况。模型可以抽象为一种图，从而模型的数据结构可以解构为以下两个要点：

（1）**模型拓扑连接**：从图的角度来说，就是图的边；从 AI 模型的角度来说，就是模型中的数据流和控制流等，模型数据流和控制流的定义又可以引申出子图的表达形式、模型输入输出的表达形式、控制流结构的表达形式等。比如 TensorFlow 1.x 中的控制流表达为一种有环图，通过 Enter、Exit、Switch、LoopCond、NextIteration 等算子来解决成环，而 ONNX 通过 Loop、If 等算子来表达控制流，从而避免引入有环，所以在将 TensorFlow 1.x 的控制流模型转化为 ONNX 模型时，需要将 TensorFlow 模型中的控制流图结构融合成 ONNX 的 While 或者 If 算子。

（2）**算子原型定义**：从图的角度来说，就是图的顶点；从 AI 模型角度来说，就是模型中的数据处理节点或者控制节点。算子原型包括但不限于算子类型、算子输入输出的定义、算子属性的定义等。比如 Caffe 的 Slice 算子和 ONNX 的 Slice 算子的语义其实是不一致的，Caffe 的 Slice 算子应该映射到 ONNX 的 Split 算子，所以在将 Caffe 模型转换成 ONNX 模型时，需要将 Caffe 的 Slice 算子映射到 ONNX 的 Split 算子。比如 TensorFlow 中的 FusedBatchNorm 算子在 Caffe 中找不到相同语义的算子，需要将 Caffe 的 BatchNorm 算子和 Scale 算子组合起来才能表达相同的语义。通常模型转换的过程也就是转换模型中的拓扑关系和映射模型中的算子原型。

在完成模型转换之后，通常地，框架会将一些不依赖于输入的工作提前去完成。这些工作包括了常量折叠、算子融合、算子替换、算子重排等一些优化手段。这些优化手段的概念在前面的章节其实已经提及，比如：在编译器前端阶段，通常也会做常量折叠；在编译器后端阶段，通常会根据后端的硬件支持程度，对算子进行融合和拆分。但是有些优化工作只有在部署阶段才能进行或者彻底进行。

## 8.2.2　算子融合

算子融合，就是将深度神经网络模型中的多个算子，按照一定的规则，合并成一个新的算子。通过算子融合，可以减少模型在线推理时的计算量、访存开销，从而降低推理时的时延和功耗。

算子融合带来的性能上的收益主要来自两个方面。一是通过融合，充分利用寄存器和缓存，避免多个算子运算时，数据在 CPU 和内存之间存储和读取的耗时。如图8.1所示，可以看到计算机的储存系统，从最靠近 CPU 的寄存器 L1（Level1）、L2（Level2）等多级缓存，到内存、硬盘，其存储的容量越来越大，但读取数据的耗时也越来越大。融合后，前一次计算的结果可以先暂存在 CPU 的寄存器或者缓存中，下一次计算直接从寄存器或者缓存中读取，减少了内存读写的 IO 次数。二是通过融合，可以将一些计算量提前完成，避免了前向推理时的冗余计算或者循环冗余计算。

图 8.1　计算机分层存储架构

如图8.2所示，以 Convolution 算子和 Batchnorm 算子的融合为例，阐述算子融合的基本原理，图中蓝色框表示算子，黄色框表示融合后新增或者改变的算子，白色框表示算子中的权重或者常数张量。其融合的过程是一个计算表达式简化的过程，Convolution 算子的计算过程可以等效为一个矩阵乘，其公式可以表达为

$$Y_{\text{conv}} = W_{\text{conv}} \times X_{\text{conv}} + B_{\text{conv}} \tag{8.1}$$

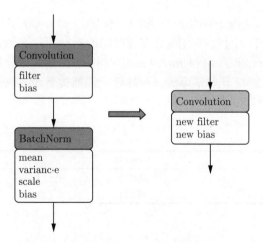

图 8.2　Convolution + Batchnorm 算子融合

这里不需要理解式 (8.1) 中每个变量的含义，只需要注意到一点，该公式是 $\boldsymbol{Y}_{\text{conv}}$ 关于 $\boldsymbol{X}_{\text{conv}}$ 的，其他符号均表示常量。

Batchnorm 算子的计算过程可表示为

$$\boldsymbol{Y}_{\text{bn}} = \gamma \frac{\boldsymbol{X}_{\text{bn}} - \mu_{\mathcal{B}}}{\sqrt{\sigma_{\mathcal{B}}^2 + \epsilon}} + \beta \tag{8.2}$$

同样，这里不需要理解 Batchnorm 中的所有参数的含义，只需要了解式 (8.2) 是 $\boldsymbol{Y}_{\text{bn}}$ 关于 $\boldsymbol{X}_{\text{bn}}$ 的，其他符号均表示常量。

如图8.2所示，当 Convlution 算子的输出作为 Batchnorm 输入时，最终 Batchnorm 算子的计算公式也就是要求 $\boldsymbol{Y}_{\text{bn}}$ 关于 $\boldsymbol{X}_{\text{conv}}$ 的计算公式，将 $\boldsymbol{Y}_{\text{conv}}$ 代入到 $\boldsymbol{X}_{\text{bn}}$，然后将常数项合并提取后，可以得到

$$\boldsymbol{Y}_{\text{bn}} = \boldsymbol{A} \times \boldsymbol{X}_{\text{conv}} + \boldsymbol{B} \tag{8.3}$$

其中，$\boldsymbol{A}$ 和 $\boldsymbol{B}$ 为矩阵。可以看到，式 (8.3) 其实就是一个 Convolution 的计算公式。这个结果表明，在模型部署时，可以将 Convolution 和 Batchnorm 两个算子的计算等价为一个 Convolution 算子。将上述以计算公式的合并和简化为基础的算子融合称为计算公式融合。

在 Convolution 算子和 Batchnorm 算子融合的前后，网络结构相当于减少了一个 Batchnorm 算子，相应的网络中的参数量和网络所需的计算量都减少了；同时由于算子数量的减少，访存次数也相应地减少了。综合来看，该融合 Pattern 优化了模型部署时的功耗、性能，同时对于模型的体积大小也有少许收益。

在融合过程中，Convolution 计算公式和 Batchnorm 计算公式中被认为是常量的符号在训练时均为参数，并不是常量。训练阶段如果进行融合会导致模型参数的缺失。从该融合 Pattern 的结果来看，融合后网络中减少了一个 Batchnorm 算子，减少了一个 Batchnorm 算子的参数量，其实就是改变了深度神经网络的算法，会影响到网络的准确率，这是不可接受的。所以 Convolution 算子与 Batchnorm 算子的融合一般是在部署阶段特有的一种优化手段，其优化效果以 MinsSpore Lite 为例，构造了包含一个 Convolution 和一个 Batchnorm 的 sample 网

络，分别以样例网络和 mobilenet-v2 网络为例，在华为 Mate30 手机上，以两线程运行模型推理，取 3000 轮推理的平均时耗作为模型推理性能的指标，对比融合前后该指标的变化。从表8.1可以看到，对于 sample 网络和 mobilenet-v2 网络，融合后分别获得了 8.5% 和 11.7% 的推理性能提升，这个性能提升非常可观。并且这个性能提升没有带来任何的副作用，也没有对于硬件或算子库提出额外要求。

表 8.1　　Convolution + Batchnorm 融合前后推理性能（单位：ms）

| 融　合 | sample | mobilenet-v2 |
| --- | --- | --- |
| 融合前 | 0.035 | 15.415 |
| 融合后 | 0.031 | 13.606 |

### 8.2.3　算子替换

算子替换，即将模型中某些算子替换成计算逻辑一致但对于在线部署更友好的算子。算子替换的原理是通过合并同类项、提取公因式等数学方法，将算子的计算公式加以简化，并将简化后的计算公式映射到某类算子上。算子替换可以达到降低计算量、降低模型大小的效果。

如图8.3所示，以 Batchnorm 算子替换成 Scale 算子为例，阐述算子替换的原理。直接将 Batchnorm 的计算式 (8.2) 进行分解，并将常量合并简化，Batchnorm 的计算公式可以写成式 (8.4)。

$$Y_{\mathrm{bn}} = \mathrm{scale} \cdot X_{\mathrm{bn}} + \mathrm{offset} \tag{8.4}$$

其中，scale 和 offset 为标量。可以看到，计算公式简化后，可以将其映射到一个 Scale 算子。

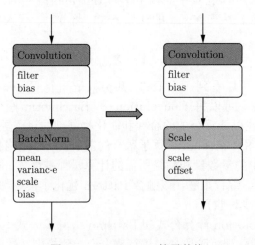

图 8.3　Batchnorm 算子替换

在 Batchnorm 算子被替换为 Scale 算子的前后，网络中的参数量、计算量都减少了，该算子替换策略可以优化模型部署时的功耗和性能。同理，该算子替换优化策略只能在部署阶段才能进行，因为：一方面，在部署阶段 Batchnorm 计算公式中被认为是常量的符号，在训练时是参数并非常量；另一方面，该优化策略会降低模型的参数量，改变模型的结构，降低模型的表达能力，影响训练收敛时模型的准确率。

### 8.2.4 算子重排

算子重排是指将模型中算子的拓扑序按照某些规则进行重新排布，在不降低模型的推理精度的前提下，降低模型推理的计算量。常用的算子重排技术有针对 Slice 算子、StrideSlice 算子、Crop 算子等裁切类算子的前移，Reshape 算子、Transpose 算子、BinaryOp 算子的重排等。

如图8.4所示，Crop 算子是从输入的特征图中裁取一部分作为输出，经过 Crop 算子后，特征图的大小就降低了。如果将这个裁切的过程前移，提前对特征图进行裁切，那么后续算子的计算量也会相应地减少，从而提高模型部署时的推理性能。Crop 算子前移带来的性能提升跟 Crop 算子的参数有关。但是 Crop 算子一般只能沿着 element wise 类算子前移。

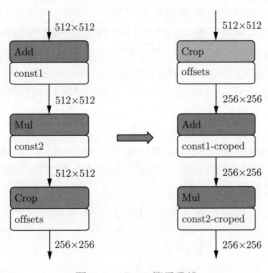

图 8.4　Crop 算子重排

从前面的实验数据可以看到，通过推理前的模型优化，可以为推理的时延、功耗、内存占用带来极大的收益。

## 8.3　模型压缩

8.2 节简要介绍了模型转换的目的，并重点讲述了模型部署时的一些常用的模型优化手段。考虑到不同场景的硬件对模型的要求不同，比如部署在手机上，对于模型的大小比较敏感，一般在兆级别。因此，对于一些较大的模型，往往需要通过一些模型压缩的技术，使其能满足不同计算硬件的要求。

### 8.3.1 量化

模型量化是指以较低的推理精度损失将连续取值（通常为 float32 或者大量可能的离散值）的浮点型权重近似为有限多个离散值（通常为 int8）的过程，如图8.5所示，$T$ 是量化前的数据范围。通过以更少的位数表示浮点数据，模型量化可以减少模型尺寸，进而减少在推理时的内存消耗，并且在一些低精度运算较快的处理器上可以增加推理速度。

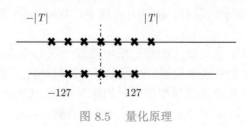

图 8.5　量化原理

计算机中不同数据类型的占用比特数及其表示的数据范围各不相同。可以根据实际业务需求将原模型量化成不同比特数的模型，一般深度神经网络的模型用单精度浮点数表示，如果能用有符号整数来近似原模型的参数，那么被量化的权重参数存储大小就可以降到原先的 1/4，用来量化的比特数越少，量化后的模型压缩率越高。工业界目前最常用的量化位数是 8 比特，低于 8 比特的量化被称为低比特量化。1 比特是模型压缩的极限，可以将模型压缩为 1/32，在推理时也可以使用高效的 XNOR 和 BitCount 位运算来提升推理速度。

另外，根据量化数据表示的原始数据范围是否均匀，还可以将量化方法分为线性量化和非线性量化。实际的深度神经网络的权重和激活值通常是不均匀的，因此理论上使用非线性量化导致的精度损失更小，但在实际推理中非线性量化的计算复杂度较高，通常使用线性量化。下面着重介绍线性量化的原理。

假设 $r$ 表示量化前的浮点数，量化后的整数 $q$ 可以表示为

$$q = \text{clip}\left(\text{round}\left(\frac{r}{s} + z\right), q_{\min}, q_{\max}\right) \tag{8.5}$$

其中，$\text{round}(\cdot)$ 和 $\text{clip}(\cdot)$ 分别表示取整和截断操作，$q_{\min}$ 和 $q_{\max}$ 分别是量化后的最小值和最大值，$s$ 是数据量化的间隔，$z$ 是表示数据偏移的偏置。$z$ 为 0 的量化被称为对称（Symmetric）量化，不为 0 的量化称为非对称（Asymmetric）量化。对称量化可以避免量化算子在推理中计算 $z$ 相关的部分，降低推理时的计算复杂度；非对称量化可以根据实际数据的分布确定最小值和最小值，可以更加充分的利用量化数据信息，使得量化导致的损失更低。

根据量化参数 $s$ 和 $z$ 的共享范围，量化方法可以分为逐层量化和逐通道量化。逐层量化以一层网络为量化单位，每层网络的一组量化参数；逐通道量化以一层网络的每个量化通道为单位，每个通道单独使用一组量化参数。逐通道量化由于量化粒度更细，能获得更高的量化精度，但计算也更复杂。

根据量化过程中是否需要训练，可以将模型量化分为量化感知训练（Quantization Aware Training，QAT）和训练后量化（Post Training Quantization，PTQ）两种。其中，感知量化

训练是指在模型训练过程中加入伪量化算子，通过训练时统计输入输出的数据范围可以提升量化后模型的精度，适用于对模型精度要求较高的场景；训练后量化指对训练后的模型直接量化，只需要少量校准数据，适用于追求高易用性和缺乏训练资源的场景。

### 1. 量化感知训练

量化感知训练是在训练过程中模拟量化，利用伪量化节点将量化带来的精度损失计入训练误差，使得优化器能在训练过程中尽量减少量化误差，得到更高的模型精度。量化感知训练的具体流程如下：

（1）初始化：设置权重和激活值的范围 $q_{min}$ 和 $q_{max}$ 的初始值。

（2）构建模拟量化网络：在需要量化的权重和激活值后插入伪量化节点。

（3）量化训练：重复执行以下步骤直到网络收敛，计算量化网络层的权重和激活值的范围 $q_{min}$ 和 $q_{max}$，并根据该范围将量化损失带入到前向推理和后向参数更新的过程中。

（4）导出量化网络：获取 $q_{min}$ 和 $q_{max}$，并计算量化参数 $s$ 和 $z$；根据公式计算权重的量化整数值，并替换对应网络层的参数和数据类型；删除伪量化节点，在量化网络层前后分别插入量化和反量化算子。

### 2. 训练后量化

训练后量化也可以分成两种：权重量化和全量化。权重量化仅量化模型的权重以压缩模型的大小，在推理时将权重反量化为原始的 float32 数据，后续推理流程与普通的 float32 模型一致。权重量化的好处是不需要校准数据集，不需要实现量化算子，且模型的精度误差较小，由于实际推理使用的仍然是 float32 算子，所以推理性能不会提高。全量化不仅会量化模型的权重，还会量化模型的激活值，在模型推理时执行量化算子来加快模型的推理速度。为了量化激活值，需要用户提供一定数量的校准数据集用于统计每一层激活值的分布，并对量化后的算子做校准。校准数据集可以来自训练数据集或者真实场景的输入数据，需要数量通常非常小。在做训练后量化时会以校准数据集为输入，执行推理流程然后统计每层激活值的数据分布并得到相应的量化参数，具体的操作流程如下：

（1）使用直方图统计的方式得到原始 float32 数据的统计分布 $P_f$。

（2）在给定的搜索空间中选取若干个 $q_{min}$ 和 $q_{max}$ 分别对激活值量化，得到量化后的数据 $Q_q$。

（3）使用直方图统计得到 $Q_q$ 的统计分布。

（4）计算每个 $Q_q$ 与 $P_f$ 的统计分布差异，并找到差异性最低的一个对应的 $q_{min}$ 和 $q_{max}$ 来计算相应的量化参数，常见的用于度量分布差异的指标包括 KL 散度（Kullback-Leibler Divergence）、对称 KL 散度（Symmetric Kullback-Leibler Divergence）和 JS 散度（Jenson-Shannon Divergence）。

除此之外，由于量化存在固有误差，还需要校正量化误差。以矩阵乘为例，$a = \sum_{i=1}^{N} w_i x_i + b$，$w$ 表示权重，$x$ 表示激活值，$b$ 表示偏置。首先需要对量化的均值做校正，对 float32 算子和量化算子输出的每个通道求平均，假设某个通道 $i$ 的 float32 算子输出均值为 $a_i$，量化算子反量化输出均值为 $a_{qi}$，将这个通道两个均值的差 $a_i - a_q$ 加到对应的通道上即可使得最终的输出均

175

值和 float32 一致。另外还需要保证量化后的分布和量化前是一致的，设某个通道权重数据的均值、方差分别为 $E(w_c)$、$||w_c - E(w_c)||$，量化后的均值和方差分别为 $E(\hat{w_c})$、$||\hat{w_c} - E(\hat{w_c})||$，对权重校正，如下：

$$\hat{w_c} \leftarrow \zeta_c(\hat{w_c} + u_c)$$

$$u_c = E(w_c) - E(\hat{w_c}) \tag{8.6}$$

$$\zeta_c = \frac{||w_c - E(w_c)||}{||\hat{w_c} - E(\hat{w_c})||}$$

量化方法作为一种通用的模型压缩方法，可以大幅提升神经网络存储和压缩的效率，已经取得了广泛的应用。

### 8.3.2 模型稀疏

模型稀疏是通过去除神经网络中部分组件（如权重、特征图、卷积核）降低网络的存储和计算代价，它和模型权重量化、权重共享、池化等方法一样，属于一种为达到降低模型计算复杂度的目标而引入的一种强归纳偏置。

#### 1. 模型稀疏的动机

因为卷积神经网络中的卷积计算可以被看作输入数据和卷积核权重的加权线性组合，所以绝对值小的权重对输出数据通常具有相对较小的影响。对模型进行稀疏操作的合理性主要来源于两方面的假设：

（1）针对权重参数来说，当前许多神经网络模型存在过参数化（Over-parameterized）的现象，动辄具有几千万甚至数亿规模的参数量。

（2）针对模型推理过程中生成的激活值特征图，对于许多检测、分类、分割等视觉任务来说激活值特征图中能利用的有效信息相对于整张图仅占较小的比例。

根据以上描述按照模型稀疏性来源的不同，主要分为权重稀疏和激活值稀疏，它们的目的都是减少模型当中的冗余成分来达到降低计算量和模型存储的需求。具体来说，对模型进行稀疏就是根据模型的连接强弱程度（一般根据权重或激活的绝对值大小），对一些强度较弱的连接进行剪枝（将权重参数或激活值置为 0）来达到模型稀疏并提高模型推理性能的目的。特别地，将模型权重或激活值张量中 0 值所占的比例称为模型稀疏度。一般而言，模型稀疏度越高带来的模型准确率下降越大，因此模型稀疏的目标是尽可能在提高模型稀疏度的同时保证模型准确率下降较小。

实际上，如同神经网络本身的发明受到了神经生物学启发一样，神经网络模型稀疏方法同样受到了神经生物学的启发。在一些神经生物学的发现中，人类以及大多数哺乳动物的大脑都会出现一种叫作突触修剪的活动。突触修剪即神经元的轴突和树突发生衰退和完全死亡，这一活动发生在哺乳动物的婴幼儿时期，然后一直持续到成年以后。这种突触修剪机制不断简化和重构哺乳动物大脑的神经元连接，使得哺乳动物的大脑能以更低的能量获得更高效的工作方式。

### 2. 结构与非结构化稀疏

首先考虑权重稀疏，对于权重稀疏来说，按照稀疏模式的不同，主要分为结构化和非结构化稀疏。简单来讲，结构化稀疏就是在通道或者卷积核层面对模型进行剪枝。这种稀疏方式能够得到规则且规模更小的权重矩阵，因此比较适合 CPU 和 GPU 进行加速计算。但与此同时，结构化稀疏是一种粗粒度的稀疏方式，将会导致模型的推理准确率较大的下降。

而非结构化稀疏，可以对权重张量中任意位置的权重进行裁剪，因此这种稀疏方式属于细粒度的稀疏。这种稀疏方式相对于结构化稀疏，造成的模型准确率下降较小。但是也正是因为这种不规则的稀疏方式，导致稀疏后的模型难以利用硬件获得较高的加速比。其背后原因主要有以下几点：

（1）不规则排布的模型权重矩阵会带来大量的控制流指令，比如由于大量 0 值的存在，会不可避免地引入大量 if-else 分支判断指令，因此会降低指令层面的并行度。

（2）权重矩阵的不规则内存排布会造成线程发散和负载不均衡，而不同卷积核往往是利用多线程进行计算的，因此这也影响了线程层面的并行度。

（3）权重矩阵的不规则内存排布造成了较低的访存效率，因为它降低了数据的局部性以及缓存命中率。

为了解决以上非结构化稀疏带来的种种问题，近期出现的研究当中通过引入特定稀疏模式将结构化稀疏和非结构化稀疏结合起来，从而一定程度上兼具结构化和非结构化稀疏的优点并克服了两者的缺点。

### 3. 稀疏策略

明确了模型稀疏的对象之后，下一步需要确定模型稀疏的具体策略，具体来说，就是需要决定何时对模型进行稀疏以及如何对模型进行稀疏。目前最常见模型稀疏的一般流程为：预训练、剪枝、微调。具体而言，首先需要训练得到一个收敛的稠密模型，然后在此基础上进行稀疏和微调。选择在预训练之后进行稀疏的原因基于这样一个共识，即预训练模型的参数蕴含了学习到的知识，继承这些知识然后进行稀疏要比直接从初始化模型进行稀疏效果更好。除了基于预训练模型进行进一步修剪之外，训练和剪枝交替进行也是一种常用的策略。相比于一步修剪的方法，这种逐步的修剪方式，使得训练和剪枝紧密结合，可以更有效地发现冗余的卷积核，被广泛采用于现代神经网络剪枝方法中。

以下通过一个具体实例 Deep Compression 算法[29] 来说明如何进行网络修剪。如图8.6所示，在去掉大部分的权值之后，深度卷积神经网络的精度将会低于其原始的精度。对剪枝后稀疏的神经网络进行微调，可以进一步提升压缩后网络的精度。剪枝后的模型可以进一步进行量化，使用更低比特的数据来表示权值；此外，结合霍夫曼（Huffman）编码可以进一步地降低深度神经网络的存储。

除了直接去除冗余的神经元之外，基于字典学习的方法也可以用来去掉深度卷积神经网络中无用的权值。通过学习一系列卷积核的基，可以把原始卷积核变换到系数域上并且它们稀疏。比如，Bagherinezhad 等 [4] 将原始卷积核分解成卷积核的基和稀疏系数的加权线性组合。

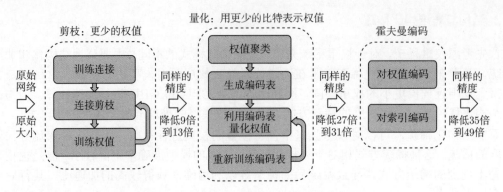

图 8.6　Deep Compression 算法的流程图

### 8.3.3　知识蒸馏

知识蒸馏，也被称为教师-学生神经网络学习算法，已经受到业界越来越多的关注。大型深度神经网络在实践中往往会获得良好的性能，因为当考虑新数据时，过度参数化会提高泛化性能。在知识蒸馏中，小网络（学生网络）通常是由一个大网络（教师网络）监督，算法的关键问题是如何将教师网络的知识传授给学生网络。通常把一个全新的更深的更窄结构的深度神经网络当作学生神经网络，然后把一个预先训练好的神经网络模型当作教师神经网络。

Hinton 等[31] 首先提出了教师神经网络-学生神经网络学习框架，通过最小化两个神经网络之间的差异来学习一个更窄更深的神经网络。记教师神经网络为 $\mathcal{N}_T$，它的参数为 $\theta_T$，同时记学生神经网络为 $\mathcal{N}_S$，相应的参数为 $\theta_S$。一般而言，学生神经网络相较于教师神经网络具有更少的参数。

文献 [31] 提出的知识蒸馏（Knowledge Distillation，KD）方法，同时令学生神经网络的分类结果接近真实标签并且令学生神经网络的分类结果接近于教师神经网络的分类结果，即

$$\mathcal{L}_{KD}(\theta_S) = \mathcal{H}(o_S, \boldsymbol{y}) + \lambda \mathcal{H}(\tau(o_S), \tau(o_T)) \tag{8.7}$$

其中，$\mathcal{H}(\cdot, \cdot)$ 是交叉熵函数，$o_S$ 和 $o_T$ 分别是学生网络和教师网络的输出，$\boldsymbol{y}$ 是标签。式 (8.7) 中的第一项使得学生神经网络的分类结果接近预期的真实标签，而第二项的目的是提取教师神经网络中的有用信息并传递给学生神经网络。$\lambda$ 是一个权值参数用来平衡两个目标函数。$\tau(\cdot)$ 是一个软化（Soften）函数，将网络输出变得更加平滑。

式 (8.7) 仅仅从教师神经网络分类器输出的数据中提取有价值的信息，并没有从其他中间层去将教师神经网络的信息进行挖掘。因此，Romero 等[80] 进一步地开发了一种学习轻型学生神经网络的方法，该算法可以从教师神经网络中任意的一层来传递有用的信息给学生神经网络。此外，事实上，并不是所有的输入数据对卷积神经网络的计算和完成后续的任务都是有用的。例如，在一张包含一个动物的图像中，对分类和识别结果比较重要的是动物所在的区域，而不是那些无用的背景信息。所以，有选择性地从教师神经网络的特征图中提取信息是一个更高效的方式。于是，Zagoruyko 和 Komodakis[102] 提出了一种基于感知（Attention）损

失函数的学习方法来提升学生神经网络的性能，该方法在学习学生神经网络的过程中，引入了感知模块（Attention），选择性地将教师神经网络中的信息传递给学生神经网络，并帮助其进行训练。感知图可以识别输入图像不同位置对最终分类结果的重要性，并从教师网络传递到学生网络，如图 8.7所示。

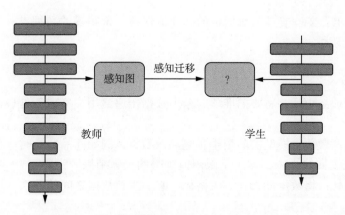

图 8.7　教师神经网络-学生神经网络学习算法

知识蒸馏是一种有效的帮助小网络优化的方法，能够进一步和剪枝、量化等其他压缩方法结合，训练得到精度高、计算量小的高效模型。

## 8.4　模型推理

训练模型经过前面的转换、压缩等流程后，需要部署在计算硬件上进行推理。执行推理主要包含以下步骤：

（1）前处理：将原始数据处理成适合网络输入的数据。

（2）执行推理：将离线转换得到的模型部署到设备上执行推理流程，根据输入数据计算得到输出数据。

（3）后处理：模型的输出结果做进一步的加工处理，如筛选阈值。

### 8.4.1　前处理与后处理

#### 1. 前处理

前处理主要完成数据预处理，在现实问题中，原始数据往往非常混乱，机器学习模型无法识别并从中提取信息。数据预处理的目的是将原始数据例如图片、语音、文本等，处理成适合网络输入的 Tensor 数据，并消除其中无关的信息，恢复有用的真实信息，增强有关信息的可检测性，最大限度地简化数据，从而改进模型的特征抽取、图像分割、匹配和识别等可靠性。

常见的数据预处理手段有：

（1）特征编码：将描述特征的原始数据编码成数字，输入给机器学习模型，因为它们只能处理数字数据。常见的编码方法有离散化、序号编码、One-hot 编码、二进制编码等。

（2）数据归一化：修改数据的值使其达到共同的标度但不改变它们之间的相关性，消除数据指标之间的量纲影响。常用的技术有 Min-Max 归一化（将数据缩放到给定范围）和 Z-score 归一化（使数据符合正态分布）。

（3）处理离群值：离群值是与数据中的其他值保持一定距离的数据点，适当地排除离群值可以提升模型的准确性。

**2. 后处理**

通常，模型推理结束后，需要把推理的输出数据传递给用户完成后处理，常见的数据后处理手段有：

（1）连续数据离散化：模型实际用于预测离散数据，例如商品数量时，用回归模型预测得到的是连续值，需要四舍五入、取上下限阈值等得到实际结果。

（2）数据可视化：将数据图形化、表格化，便于找到数据之间的关系，从而决定下一步的分析策略。

（3）手动拉宽预测范围：回归模型往往预测不出很大或很小的值，结果都集中在中部区域。例如医院的化验数据，通常是要根据异常值诊断疾病。手动拉宽预测范围，将偏离正常范围的值乘一个系数，可以放大两侧的数据，得到更准确的预测结果。

### 8.4.2 并行计算

为提升推理的性能，需要重复利用多核的能力，所以一般推理框架会引入多线程机制。主要的思路是将算子的输入数据进行切分，通过多线程去执行不同数据切片，实现算子并行计算，从而成倍提升算子计算性能。

如图8.8所示，对于矩阵乘可以按图中的 $A$ 矩阵行进行切分，可以利用三个线程分别计算 $A_1*B$, $A_2*B$, $A_3*B$，实现矩阵乘多线程并行计算。

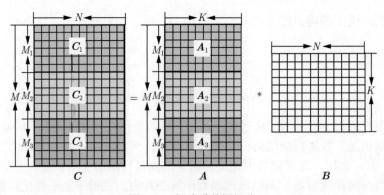

图 8.8　矩阵乘数据切分

为方便算子并行计算，同时避免频繁创建销毁线程的开销，推理框架一般会使用线程池机制。业界有两种较为通用的做法：

（1）使用 OpenMP 编程接口：OpenMP（Open Multi-Processing，一套支持跨平台共享内存方式的多线程并发的编程 API）提供如算子并行最常用的接口"parallel for"，实现 for 循环体的代码被多线程并行执行。

（2）推理框架实现针对算子并行计算的线程池，相对 OpenMP 提供的接口会更有针对性，性能会更高，且更轻量。

## 8.4.3 算子优化

在部署 AI 模型时，用户通常期望模型执行训练或推理的时间尽可能地短，以获得更优越的性能。对于深度学习网络，框架调度的时间占比往往很小，性能的瓶颈就在算子的执行。下面从硬件指令和算法角度介绍一些算子优化的方法。

### 1. 硬件指令优化

绝大多数的设备上都有 CPU，因此算子在 CPU 上的时间尤为重要，下面介绍 ARM CPU 硬件指令优化的方法。

### 1）汇编语言

开发者使用的 C++、Java 等高级编程语言会通过编译器输出为机器指令码序列，而高级编程语言能做的事通常受编译器所限，汇编语言是靠近机器的语言，可以一对一实现任何指令码序列，编写的程序存储空间占用少、执行速度快、效率优于高级编程语言。

在实际应用中，最好是程序的大部分用高级语言编写，运行性能要求很高的部分用汇编语言来编写，通过混合编程实现优势互补。深度学习的卷积、矩阵乘等算子涉及大量的计算，使用汇编语言能够给模型训练和推理性能带来数十到数百倍量级的提升。

下面以 ARMv8 系列处理器为例，介绍和硬件指令相关的优化。

### 2）寄存器与 NEON 指令

ARMv8 系列的 CPU 上有 32 个 NEON 寄存器 v0~v31，如图8.9所示，NEON 寄存器 v0 可存放 128bit 的数据，即 4 个 float32，8 个 float16，16 个 int8 等。

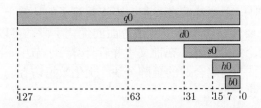

图 8.9　ARMv8 处理器 NEON 寄存器 v0 的结构

针对该处理器，可以采用 SIMD（Single Instruction，Multiple Data，单指令、多数据）提升数据存取计算的速度。相比于单数据操作指令，NEON 指令可以一次性操作 NEON 寄存器的多个数据。例如：对于浮点数的 fmla 指令，用法为 fmla v0.4s, v1.4s, v2.4s（如图8.10所示），用于将 v1 和 v2 两个寄存器中相对应的 float 值相乘累加到 v0 的值上。

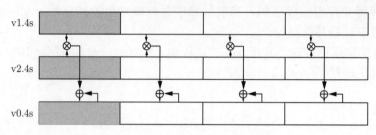

图 8.10　fmla 指令计算功能

### 3）汇编语言优化

对于已知功能的汇编语言程序来说，计算类指令通常是固定的，性能的瓶颈就在非计算指令上。如图8.1所示，计算机各存储设备类似于一个金字塔结构，最顶层空间最小，但是速度最快；最底层速度最慢，但是空间最大。L1~L3 统称为 cache（高速缓冲存储器），CPU 访问数据时，会首先访问位于 CPU 内部的 cache，没找到再访问 CPU 之外的主存，此时引入了缓存命中率的概念来描述在 cache 中完成数据存取的占比。要想提升程序的性能，缓存命中率要尽可能地高。

下面简单列举一些提升缓存命中率、优化汇编性能的手段：

（1）循环展开：尽可能使用更多的寄存器，以代码体积换性能。

（2）指令重排：打乱不同执行单元的指令以提高流水线的利用率，提前有延迟的指令以减轻延迟，减少指令前后的数据依赖等。

（3）寄存器分块：合理分块 NEON 寄存器，减少寄存器空闲，增加寄存器复用。

（4）计算数据重排：尽量保证读写指令内存连续，提高缓存命中率。

（5）使用预取指令：将要使用到的数据从主存提前载入缓存，减少访问延迟。

### 2. 算法优化

多数 AI 模型的推理时间主要耗费在卷积、矩阵乘算子的计算上，占到了整网百分之九十甚至更多的时间。本节主要介绍卷积算子算法方面的优化手段，可以应用到各种硬件设备上。卷积的计算可以转换为两个矩阵相乘，在前文"并行计算"小节中，已经详细介绍了矩阵乘运算的优化。对于不同的硬件，确定合适的矩阵分块，优化数据访存与指令并行，可以最大限度地发挥硬件的算力，提升推理性能。

### 1）Img2col

将卷积的计算转换为矩阵乘，一般采用 Img2col 的方法实现。在常见的神经网络中，卷积的输入通常都是 4 维的，默认采用的数据排布方式为 NHWC，如图8.11所示，是一个卷积示意图。输入维度为（1,IH,IW,IC），卷积核维度为（OC,KH,KW,IC），输出维度为（1,OH,OW,OC）。

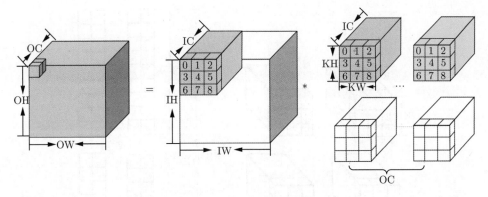

图 8.11 通用卷积示意图

对卷积的 Img2col 规则如下。如图8.12所示，对该输入做重排，得到的矩阵见右侧，行数对应输出的 OH*OW 的个数；每个行向量里，先排列计算一个输出点所需要输入上第一个通道的 KH*KW 个数据，再按次序排列之后的通道，直到通道 IC。

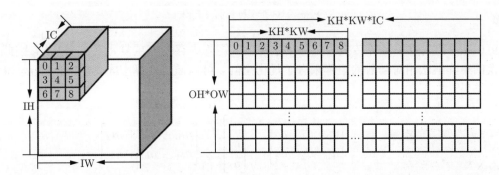

图 8.12 对卷积输入进行 Img2col

如图8.13所示，对权重数据做重排。将 1 个卷积核展开为权重矩阵的一列，因此共有 OC 列，每个列向量上先排列第一个输入通道上 KH*KW 的数据，再依次排列后面的通道直到 IC。通过重排，卷积的计算就可以转换为两个矩阵相乘的求解。在实际实现时，Img2col 和 GEMM 的数据重排会同时进行，以节省运行时间。

**2）Winograd 算法**

卷积计算归根到底是矩阵乘法，两个二维矩阵相乘的时间复杂度是 $O(n^3)$。Winograd 算法可以降低矩阵乘法的复杂度。

以一维卷积运算为例，记为 $\boldsymbol{F}(m, r)$，其中，$m$ 代表输出的个数，$r$ 为卷积核的个数。输入为 $\boldsymbol{d} = [d_0\ d_1\ d_2\ d_3]$，卷积核为 $\boldsymbol{g} = [g_0\ g_1\ g_2]^{\mathrm{T}}$，该卷积计算可以写成矩阵形式（见式 (8.8)），需要 6 次乘法和 4 次加法。

$$\boldsymbol{F}(2,3) = \begin{bmatrix} d_0 & d_1 & d_2 \\ d_1 & d_2 & d_3 \end{bmatrix} \times \begin{bmatrix} g_0 \\ g_1 \\ g_2 \end{bmatrix} = \begin{bmatrix} y_0 \\ y_1 \end{bmatrix} \tag{8.8}$$

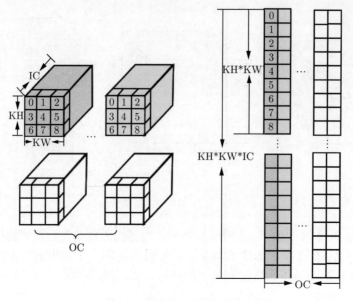

图 8.13　对卷积核进行 Img2col

可以观察到，卷积运算转换为矩阵乘法时输入矩阵中存在着重复元素 $d_1$ 和 $d_2$，因此，卷积转换的矩阵乘法相对一般的矩阵乘有了优化空间。可以通过计算中间变量 $m_0 \sim m_3$ 得到矩阵乘的结果，如下：

$$\boldsymbol{F}(2,3) = \begin{bmatrix} d_0 & d_1 & d_2 \\ d_1 & d_2 & d_3 \end{bmatrix} \times \begin{bmatrix} g_0 \\ g_1 \\ g_2 \end{bmatrix} = \begin{bmatrix} m_0 + m_1 + m_2 \\ m_1 - m_2 + m_3 \end{bmatrix} \tag{8.9}$$

其中，$m_0 \sim m_3$ 的分别如下：

$$m_0 = (d_0 - d_2) \times g_0$$

$$m_1 = (d_1 + d_2) \times \left( \frac{g_0 + g_1 + g_2}{2} \right)$$

$$m_2 = (d_0 - d_2) \times \left( \frac{g_0 - g_1 + g_2}{2} \right) \tag{8.10}$$

$$m_3 = (d_1 - d_3) \times g_2$$

通过 $m_0 \sim m_3$ 间接计算 $r_1$，$r_2$，需要的运算次数包括：输入 $d$ 的 4 次加法；输出 $m$ 的 4 次乘法和 4 次加法。在推理阶段，权重的数值是常量，因此卷积核上的运算可以在图编译阶段计算，不计入在线的 run 时间。所以总的运算次数为 4 次乘法和 8 次加法，与直接运算的 6 次乘法和 4 次加法相比，乘法次数减少，加法次数增加。在计算机中，乘法一般比加法慢，通过减少乘法次数，增加少量加法，可以实现加速。

计算过程写成矩阵形式如式 (8.11) 所示，其中，· 为对应位置相乘，$\boldsymbol{A}$、$\boldsymbol{B}$、$\boldsymbol{G}$ 都是常量矩阵。这里写成矩阵计算是为了表达清晰，实际使用时，按照式 (8.10) 手写展开的计算速度更快。

$$Y = \boldsymbol{A}^{\mathrm{T}}(\boldsymbol{G}g) \cdot (\boldsymbol{B}^{\mathrm{T}}d) \tag{8.11}$$

$$\boldsymbol{B}^{\mathrm{T}} = \begin{bmatrix} 1 & 0 & -1 & 0 \\ 0 & 1 & 1 & 0 \\ 0 & -1 & 1 & 0 \\ 0 & 1 & 0 & -1 \end{bmatrix} \tag{8.12}$$

$$\boldsymbol{G} = \begin{bmatrix} 1 & 0 & 0 \\ 0.5 & 0.5 & 0.5 \\ 0.5 & -0.5 & 0.5 \\ 0 & 0 & 1 \end{bmatrix} \tag{8.13}$$

$$\boldsymbol{A}^{\mathrm{T}} = \begin{bmatrix} 1 & 1 & -1 & 0 \\ 0 & 1 & -1 & -1 \end{bmatrix} \tag{8.14}$$

通常深度学习领域通常使用的都是 2D 卷积，将 $\boldsymbol{F}(2, 3)$ 扩展到 $\boldsymbol{F}(2{\times}2, 3{\times}3)$，可以写成矩阵形式，如式 (8.15) 所示。此时，Winograd 算法的乘法次数为 16，而直接卷积的乘法次数为 36，降低了 2.25 倍的乘法计算复杂度。

$$Y = \boldsymbol{A}^{\mathrm{T}}(\boldsymbol{G}g\boldsymbol{G}^{\mathrm{T}}) \cdot (\boldsymbol{B}^{\mathrm{T}}d\boldsymbol{B})\boldsymbol{A} \tag{8.15}$$

Winograd 算法的整个计算过程在逻辑上可以分为 4 步，如图8.14所示。

图 8.14　Winograd 步骤示意图

针对任意的输出大小，要使用 $\boldsymbol{F}(2{\times}2, 3{\times}3)$ 的 Winograd 算法，需要将输出切分成 $2{\times}2$ 的块，找到对应的输入，按照上述的四个步骤，就可以求出对应的输出值。当然，Winograd 算法并不局限于求解 $\boldsymbol{F}(2{\times}2, 3{\times}3)$，针对任意的 $\boldsymbol{F}(m \times m, r \times r)$，都可以找到适当的常量矩阵 $\boldsymbol{A}$、$\boldsymbol{B}$、$\boldsymbol{G}$，通过间接计算的方式减少乘法次数。但是随着 $m$、$r$ 的增大，输入、输出涉及的加法以及常量权重的乘法次数都在增加，那么乘法次数带来的计算量下降会被加法和常量乘法所抵消。因此，在实际使用场景中，还需要根据 Winograd 的实际收益来选择。

本节主要介绍了模型推理时的数据处理和性能优化手段。选择合适的数据处理方法，可以更好地提取输入特征，处理输出结果。并行计算以及算子级别的硬件指令与算法优化可以最大限度地发挥硬件的算力。除此之后，内存的占用及访问速率也是影响推理性能的重要因素，因此推理时需要设计合理的内存复用策略，内存复用的策略已经在编译器后端章节做了阐述。

## 8.5　模型的安全保护

AI 服务提供商在本地完成模型训练和调优后，将模型部署到第三方外包平台上（如终端设备、边缘设备和云服务器）来提供推理服务。由于 AI 模型的设计和训练需要投入大量时间、数据和算力，如何保护模型的知识产权（包括模型结构和参数等信息），防止模型在部署过程中的传输、存储以及运行环节被窃取，已经成为服务/模型提供商最为关心的问题之一。

### 8.5.1　概述

模型的安全保护可以分为静态保护和动态保护两个方面。静态保护指的是模型在传输和存储时的保护，目前业界普遍采用的是基于文件加密的模型保护方案，AI 模型文件以密文形态传输和存储，执行推理前在内存中解密。在整个推理过程中，模型在内存中始终是明文的，存在被敌手从内存中转储的风险。动态保护指的是模型在运行时的保护，目前业界已有的模型运行时保护方案主要有以下三个技术路线。一是基于 TEE（Trusted Execution Environment）的模型保护方案，TEE 通常指的是通过可信硬件隔离出来的一个"安全区"，AI 模型文件在非安全区加密存储和传输，在安全区中解密运行。该方案在 CPU 上的推理时延较小，但依赖特定可信硬件，有一定的部署难度。此外，受硬件资源约束，难以保护大规模深度模型，且目前仍无法有效支持异构硬件加速。二是基于密态计算的保护方案，该方案基于密码学方法（如同态加密、多方安全计算等），保证模型在传输、存储和运行过程中始终保持密文状态。该方案不依赖特定硬件，但面临非常大的计算或通信开销问题，且无法保护模型结构信息。三是基于混淆的模型保护方案，该方案主要通过对模型的计算逻辑进行加扰，使得敌手即使能获取到模型也无法理解。与前两种技术路线相比，该方案仅带来较小的性能开销，且精度损失很低，同时，不依赖特定硬件，可支持大模型的保护。下面将重点介绍基于混淆的模型保护技术。

### 8.5.2　模型混淆

模型混淆技术可以自动混淆明文 AI 模型的计算逻辑，使得攻击者即使在传输和存储时获取到模型也无法理解；并且支持模型混淆态执行，保证模型运行时的机密性。同时不影响模型原本的推理结果，仅带来较小的推理性能开销。如图8.15所示模型混淆技术主要包含以下几个步骤：

（1）**解析模型并获取计算图**：对于一个训练好的模型，首先根据模型结构解析模型文件并获取模型计算逻辑的图表达（计算图）用于后续操作。获取的计算图包括节点标识、节点算子类型、节点参数以及网络结构等信息。

（2）**对计算图的网络结构加扰**[①]：通过图压缩和图增广等技术，对计算图中节点与节点之

---

[①] 加扰是指在计算图中添加扰动，来达到模型混淆的目的，常用的加扰手段有添加冗余的节点和边、融合部分子图等等。

间的依赖关系进行加扰，达到隐藏模型真实计算逻辑的效果。其中，图压缩通过整图检查来匹配原网络中的关键子图结构，这些子图会压缩并替换为单个新的计算节点。对于压缩后的计算图，图增广通过在网络结构中加入新的输入/输出边，进一步隐藏节点间的真实依赖关系。新增的输入/输出边可以来自/指向图中现有的节点，也可以来自/指向本步骤新增的混淆节点。

（3）**对计算图的节点匿名化**：遍历步骤 (2) 处理后的计算图，筛选出需要保护的节点。对于图中的每个需要保护的节点，将节点标识、节点算子类型以及其他能够描述节点计算逻辑的属性替换为无语义信息的符号。对于节点标识匿名化，本步骤保证匿名化后的节点标识仍然是唯一的，以区分不同的节点。对于算子类型匿名化，为了避免大规模计算图匿名化导致的算子类型爆炸问题，可以将计算图中算子类型相同的节点划分为若干不相交的集合，同一个集合中节点的算子类型替换为相同的匿名符号。步骤 (5) 将保证节点匿名化后，模型仍然是可被识别和执行的。

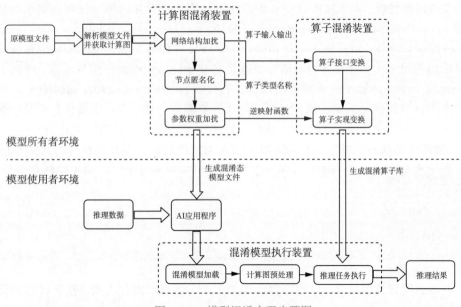

图 8.15　模型混淆实现步骤图

（4）**对计算图的参数权重加扰**：对于每个需要保护的权重，通过一个随机噪声和映射函数对权重进行加扰。每个权重加扰时可以使用不同的随机噪声和映射函数，步骤 (6) 将保证权重加扰不会影响模型执行结果的正确性。将经过步骤 (2)～步骤 (4) 处理后的计算图保存为模型文件供后续使用。

（5）**算子接口变换**：步骤 (5) 和步骤 (6) 将对每个需要保护的算子类型进行算子形态变换，生成若干候选混淆算子。原算子与混淆算子之间是一对多的对应关系，候选混淆算子的数量等于步骤 (3) 划分的节点集合的数量。本步骤根据步骤 (2)～步骤 (4) 得到的匿名化算子类型、算子输入/输出关系等信息，对相应算子的接口进行变换。算子接口的变换方式包括但不局限于输入输出变换、接口名称变换。其中，输入输出变换通过修改原算子的输入输出数据，使得生成的混淆算子与原算子的接口形态不同。新增的输入输出数据包括步骤 (2) 图增广新增的节点间数据依赖和步骤 (4) 权重混淆引入的随机噪声。接口名称变换将原算子名称替换为步骤 (3) 生成的匿名化算子名称，保证节点匿名化后的模型仍然是可被识别和执行的，且算子的名称不会泄露其计算逻辑。

（6）**算子实现变换：** 对算子的代码实现进行变换。代码实现的变换方式包括但不局限于字符串加密、冗余代码等软件代码混淆技术，保证混淆算子与原算子实现语义相同的计算逻辑，但是难以阅读和理解。不同的算子可以采用不同代码混淆技术的组合进行代码变换。除代码等价变形之外，混淆算子还实现了一些额外的计算逻辑，如对于步骤 (4) 中参数被加扰的算子，混淆算子也实现了权重加扰的逆映射函数，用于在算子执行过程中动态消除噪声扰动，保证混淆后模型的计算结果与原模型一致。将生成的混淆算子保存为库文件供后续使用。

（7）**部署模型和算子库：** 将混淆态模型文件以及相应的混淆算子库文件部署到目标设备上。

（8）**混淆模型加载：** 根据模型结构解析混淆态模型文件并获取模型计算逻辑的图表达，即经过步骤 (2)～ 步骤 (4) 处理后得到的混淆计算图。

（9）**计算图初始化：** 对计算图进行初始化，生成执行任务序列。根据安全配置选项，若需要保护模型运行时安全，则直接对混淆计算图进行初始化，生成执行任务序列，序列中的每个计算单元对应一个混淆算子或原算子的执行。若仅需保护模型传输和存储时安全，则可先将内存中的混淆计算图恢复为原计算图，然后对原计算图进行初始化，生成执行任务序列，序列中的每个单元对应一个原算子的执行，这样可以进一步降低推理时的性能开销。

（10）**推理任务执行：** 根据 AI 应用程序输入的推理数据，遍历执行任务序列中的每个计算单元，得到推理结果。若当前计算单元对应的算子是混淆算子时，调用混淆算子库；否则，调用原算子库。

## 8.6 总结

（1）不同的模型部署场景下，通常对于模型大小、运行时内存占用、推理时延和推理功耗等指标有限制。

（2）针对模型大小指标，通常在离线阶段通过模型压缩技术来优化，比如量化技术、剪枝技术、知识蒸馏技术等，除此之外，一部分模型优化技术，比如融合技术等，也有助于模型轻量化，不过其效果比较微弱。

（3）针对运行时内存指标，主要有三方面的优化：优化模型大小、优化部署框架包大小以及优化运行时临时内存。模型大小的优化手段在上一点中已经说明；部署框架包大小主要通过精简框架代码、框架代码模块化等方式来优化。运行时临时内存主要通过内存池实现内存之间的复用来优化。

（4）针对模型的推理时延指标，主要有两方面的优化：一方面是离线时通过模型优化技术和模型压缩技术尽可能降低模型推理所需的计算量；另一方面是通过加大推理的并行力度和优化算子实现来充分挖掘硬件的计算潜力。值得注意的是，除了考虑计算量和算力，推理时的访存开销也是一个重要的影响因素。

（5）针对模型的推理功耗，主要的优化思路是降低模型的计算量，这与针对模型推理时延的优化手段有重合之处，可以参考离线的模型优化技术和模型压缩技术。

（6）本章除了介绍优化模型部署的各方面指标的优化技术以外，还介绍了安全部署相关的技术，如模型混淆、模型加密等。部署安全一方面可以保护企业的重要资产，另一方面可以防止黑客通过篡改模型从而入侵攻击部署环境。

## 8.7　拓展阅读

（1）针对多核处理器的自动图并行调度框架[1]。
（2）诺亚高精度剪枝算法[2]。
（3）诺亚量子启发的低比特量化算法[3]。
（4）诺亚 GhostNet 极简骨干网络[4]。
（5）诺亚加法神经网络[5]。

---

[1] 可参考网址为：https://proceedings.mlsys.org/paper/2021/file/a5e00132373a7031000fd987a3c9f87b-Paper.pdf。

[2] 可参考网址为：https://arxiv.org/abs/2010.10732。

[3] 可参考网址为：https://arxiv.org/abs/2009.08695。

[4] 可参考网址为：https://arxiv.org/abs/1911.11907。

[5] 可参考网址为：https://arxiv.org/abs/1912.13200。

# 第 9 章

# 分布式训练

随着机器学习的进一步发展，科学家们设计出更大型、更多功能的机器学习模型（如 GPT-3）。这种模型含有大量参数和复杂的结构。他们因此需要海量的计算和内存资源。单个机器上有限的资源无法满足训练大型机器学习模型的需求。因此，需要设计分布式训练系统，从而将一个机器学习模型任务拆分成多个子任务，并将子任务分发给多个计算节点，解决资源瓶颈。

本章引入分布式机器学习系统的相关概念、设计挑战、系统实现和实例研究。首先讨论分布式训练系统的定义、设计动机和好处。然后进一步讨论常见的分布式训练方法：数据并行、模型并行和流水线并行。在实际中，这些分布式训练方法会被集合通信（Collective Communication）或者参数服务器（Parameter Servers）实现。不同的系统实现具有各自的优势和劣势。

本章的学习目标包括：

（1）掌握分布式训练相关系统组件的设计。

（2）掌握常见的分布式训练方法：数据并行、模型并行和流水线并行。

（3）掌握常见的分布式训练框架实现：集合通信和参数服务器。

## 9.1 设计概述

### 9.1.1 设计动机

分布式训练系统主要为了解决单节点的算力和内存不足的问题。

（1）**算力不足**：单处理器的算力不足是促使人们设计分布式训练系统的一个主要原因。一个处理器的算力可以用**每秒钟浮点数操作**（Floating Point Operations Per Second，FLOPS）衡量。图9.1分析了机器学习模型对于算力的需求以及同期处理器所提供算力在过去数年中变化。其中，用千万亿运算次数/秒-天（Petaflop/s-day）这一指标来衡量算力。这个指标等价于每秒 $10^{15}$ 次神经网络操作执行一天，也就是总共大约 $10^{20}$ 次计算操作。如图9.1所示，根据摩尔定律（Moore's Law），中央处理器的算力每 18 个月增长 2 倍。虽然计算加速卡（如 GPU 和 TPU）针对机器学习计算提供了大量的算力，但这些加速卡的发展最终也受限于摩尔定律，增长速度停留在每 18 个月 2 倍。而与此同时，机器学习模型正在快速发展，短短数年，机器学习模型从仅能识别有限物体的 AlexNet，一路发展到在复杂任务中打败人类的 AlphaStar。这期间，模型对于算力需求每 18 个月增长了 56 倍。解决处理器性能和算力需求之间鸿沟的关键就在于利用分布式计算。通过大型数据中心和云计算设施，可以快速获取大量的处理器。

通过分布式训练系统有效管理这些处理器，可以实现算力的快速增长，从而持续满足模型的需求。

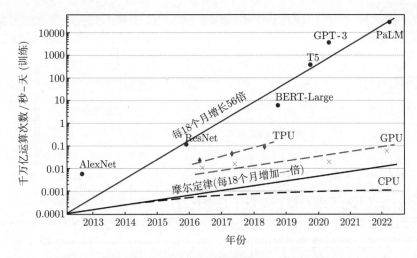

图 9.1　对比机器学习模型参数量增长和计算硬件的算力增长

（2）**内存不足**：训练机器学习模型需要大量内存。假设一个大型神经网络模型具有 1000 亿的参数，每个参数都由一个 32 位浮点数（4B）表达，存储模型参数就需要 400GB 的内存。在实际中，我们需要更多内存来存储激活值和梯度。假设激活值和梯度也用 32 位浮点数表达，那么其各自至少需要 400GB 内存，总的内存需求就会超过 1200GB（即 1.2TB）。而如今的硬件加速卡（如 NVIDIA A100）仅能提供最高 80GB 的内存。单卡内存空间的增长受到硬件规格、散热和成本等诸多因素的影响，难以进一步快速增长。因此，我们需要分布式训练系统来同时使用数百个训练加速卡，从而为千亿级别的模型提供所需的 TB 级别的内存。

### 9.1.2　系统架构

为了方便获得大量用于分布式训练的服务器，人们往往依靠云计算数据中心。一个数据中心管理着数百个集群，每个集群可能有几百到数千个服务器。通过申请其中的数十台服务器，这些服务器进一步通过分布式训练系统进行管理，并行完成机器学习模型的训练任务。

为了确保分布式训练系统的高效运行，需要首先估计系统计算任务的计算和内存用量。假如某个任务成为了瓶颈，系统会切分输入数据，从而将一个任务拆分成多个子任务。子任务进一步分发给多个计算节点并行完成。图9.2描述了这一过程。一个模型训练任务（Model Training Job）往往会有一组数据（如训练样本）或者任务（如算子）作为输入，利用一个计算节点（如 GPU）生成一组输出（如梯度）。分布式执行一般具有三个步骤：第一步将输入进行**切分**；第二步将每个输入部分会分发给不同的计算节点，实现**并行**计算；第三步将每个计算节点的输出进行**合并**，最终得到和单节点等价的计算结果。这种首先切分，然后并行，最后合并的模式，本质上实现了分而治之（Divide-and-Conquer）的方法：由于每个计算节点只需要负责更小的子任务，因此其可以更快速地完成计算，最终实现对整个计算过程的加速。

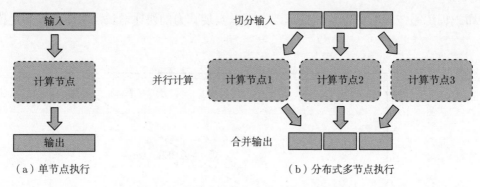

图 9.2　单节点计算和多节点分布式计算

### 9.1.3　用户益处

通过使用分布式训练系统可以获得以下几个优点：

（1）**提升系统性能**：使用分布式训练，往往可以带来训练性能的巨大提升。一个分布式训练系统一般用"到达目标精度所需的时间"（Time-to-Accuracy）这个指标来衡量系统性能。这个指标由两个参数决定：① 完成一个数据周期的时间；② 完成一个数据周期后模型所提升的精度。通过持续增加并行处理节点，可以将数据周期的完成时间不断变短，最终显著减少到达目标精度所需的时间。

（2）**减少成本，体现经济性**：使用分布式训练也可以进一步减少模型训练的成本。受限于单节点散热的上限，单节点的算力越高，其所需的散热硬件成本也更高。因此，在提供同等算力的条件下，组合多个计算节点是一个更加经济高效的方式。这促使云服务商（如亚马逊和微软等）更加注重给用户提供成本高效的分布式机器学习系统。

（3）**防范硬件故障**：分布式训练系统同时能有效提升防范硬件故障的能力。机器学习训练集群往往由商用硬件（Commodity Hardware）组成，这类硬件（例如磁盘和网卡）运行一定时间就会产生故障。而仅使用单个机器进行训练，一个机器的故障就会造成模型训练任务的失败。通过将该模型训练任务交由多个机器共同完成，即使一个机器出故障，也可以通过将该机器上相应的计算子任务转移给其余机器，继续完成训练，从而避免训练任务的失败。

## 9.2　实现方法

下面讨论分布式训练系统实现的常用并行方法。首先给出并行方法的设计目标以及分类。然后详细描述各个并行方法。

### 9.2.1　方法分类

分布式训练系统的设计目标是：将单节点训练系统转换成**等价的**并行训练系统，从而在不影响模型精度的条件下完成训练过程的加速。一个单节点训练系统往往如图9.3所示。一个训练过程会由多个数据小批次（mini-batch）完成。在图中，一个数据小批次被标示为**数据**。训练系统会利用数据小批次生成梯度，提升模型精度。这个过程由一个训练**程序**实现。在实际中，这个程序往往实现了一个多层神经网络的执行过程。该神经网络的执行由一个计算图（Computational Graph）表示。这个图有多个相互连接的算子（Operator），每个算子会拥有计算参数。每个算子往往会实现一个神经网络层（Neural Network Layer），而参数则代表了这个层在训练中所更新的权重（Weights）。

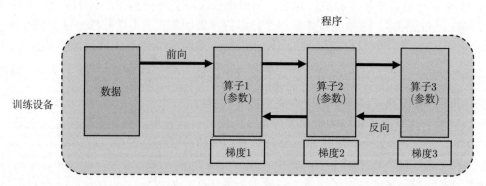

图 9.3　单节点训练系统

为了更新参数，计算图的执行分为**前向计算**和**反向计算**两个阶段。前向计算的第一步会将数据读入第一个算子，该算子会根据当前的参数，计算出计算给下一个算子的数据。算子依次重复这个前向计算的过程（执行顺序：算子 1，算子 2，算子 3），直到最后一个算子结束。最后的算子随之马上开始反向计算。反向计算中，每个算子依次计算出梯度（执行顺序：梯度 3，梯度 2，梯度 1），并利用梯度更新本地的参数。反向计算最终在第一个算子结束。反向计算的结束也标志本次数据小批次的结束，系统随之读取下一个数据小批次，继续更新模型。

给定一个模型训练任务，人们会对**数据**和**程序**分区（Partition），从而完成并行加速。表9.1总结了不同的切分（Partition）方法。单节点训练系统可以被归类于单程序单数据模式。而假如用户希望使用更多的设备实现并行计算，首先可以选择对数据进行分区，并将同一个程序复制到多个设备上并行执行。这种方式是单程序多数据模式，常被称为**数据并行**（Data Parallelism）。另一种并行方式是对程序进行分区（模型中的算子会被分发给多个设备分别完成）。这种模式是多程序单数据模式，常被称为**模型并行**（Model Parallelism）。当训练超大型智能模型时，开发人员往往要同时对数据和程序进行切分，从而实现最高程度的并行。这种模式是多程序多数据模式，常被称为**混合并行**（Hybrid Parallelism）。

表 9.1　分布式训练方法分类

| 分　类 | 单　数　据 | 多　数　据 |
| --- | --- | --- |
| 单程序 | 单点执行 | 数据并行 |
| 多程序 | 模型并行 | 混合并行 |

接下来详细讲解各种并行方法的执行过程。

### 9.2.2 数据并行

数据并行往往可以解决单节点算力不足的问题。这种并行方式在人工智能框架中最为常见，具体实现包括：TensorFlow DistributedStrategy、PyTorch Distributed、Horovod DistributedOptimizer 等。在一个数据并行系统中，假设用户给定一个训练批大小为 $N$，并且希望使用 $M$ 个并行设备来加速训练。那么，该训练批大小会被分为 $M$ 个分区，每个设备会分配到 $N/M$ 个训练样本。这些设备共享一个训练程序的副本，在不同数据分区上独立执行、计算梯度。不同的设备（假设设备编号为 $i$）会根据本地的训练样本计算出梯度 $G_i$。为了确保训练程序参数的一致性，本地梯度 $G_i$ 需要聚合，计算出平均梯度 $\left(\sum_{i=1}^{N} G_i\right)\Big/ N$。最终，训练程序利用平均梯度修正模型参数，完成小批次的训练。

图9.4展示了两个设备构成的数据并行系统的例子。假设用户给定的数据批大小是 64，那么每个设备会分配到 32 个训练样本，并且具有相同的神经网络参数（程序副本）。本地的训练样本会依次通过这个程序副本中的算子，完成前向计算和反向计算。在反向计算的过程中，程序副本会生成局部梯度。不同设备上对应的局部梯度（如设备 1 和设备 2 上各自的梯度 1）会进行聚合，从而计算平均梯度。这个聚合的过程往往由集合通信的 AllReduce 操作完成。

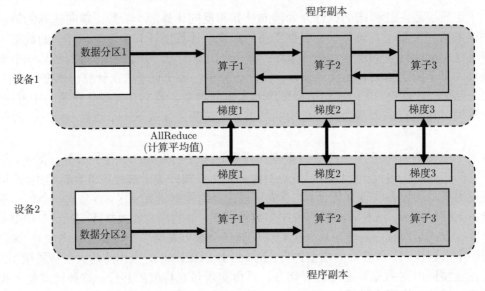

图 9.4　数据并行系统（Data Parallel System）

### 9.2.3 模型并行

模型并行往往用于解决单节点内存不足的问题。一个常见的内存不足场景是模型中含有大型算子，例如深度神经网络中需要计算大量分类的全连接层。如果完成这种大型算子计算所需的内存超过单设备的内存容量，那么需要对这个大型算子进行切分。假设这个算子具有 $P$ 个参数，而系统拥有 $N$ 个设备，那么可以将 $P$ 个参数平均分配给 $N$ 个设备（每个设备分配 $P/N$ 个参数），从而让每个设备负责更少的计算量，能够在内存容量的限制下完成前向计算和反向计算。这种切分方式是模型并行的应用，被称为**算子内并行**（Intra-operator Parallelism）。

图9.5给出了一个由两个设备实现的算子内并行的例子。在这个例子中，假设一个神经网络具有两个算子，算子 1 的计算（包含正向和反向计算）需要预留 16GB 的内存，算子 2 的计算需要预留 1GB 的内存。而本例中的设备最多可以提供 10GB 的内存。为了完成这个神经网络的训练，需要对算子 1 实现并行。具体做法是，将算子 1 的参数平均分区，设备 1 和设备 2 各负责其中部分算子 1 的参数。由于设备 1 和设备 2 的参数不同，因此它们各自负责程序分区 1 和程序分区 2。在训练这个神经网络的过程中，训练数据（按照一个小批次的数量）会首先传给算子 1。由于算子 1 的参数分别由两个设备负责，因此数据会被广播（Broadcast）给这两个设备。不同设备根据本地的参数分区完成前向计算，生成的本地计算结果需要进一步合并，发送给下游的算子 2。在反向计算中，算子 2 的数据会被广播给设备 1 和设备 2，这些设备根据本地的算子 1 分区各自完成局部的反向计算。计算结果进一步合并计算回数据，最终完成反向计算。

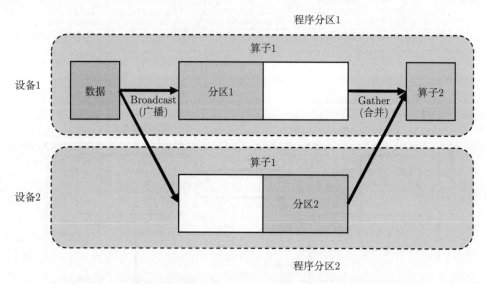

图 9.5　模型并行系统（Model Parallel System）：算子内并行

另一种内存不足的场景是：模型的总内存需求超过了单设备的内存容量。在这种场景下，假设总共有 $N$ 个算子和 $M$ 个设备，可以将算子平摊给这 $M$ 个设备，让每个设备仅需负责 $N/M$ 个算子的前向和反向计算，降低设备的内存开销。这种并行方式是模型并行的另一种应用，被称为**算子间并行**（Inter-operator Parallelism）。

图9.6给出了一个由两个设备实现的算子间并行的例子。在这个例子中，假设一个神经网络具有两个算子，算子 1 和算子 2 各自需要 10GB 的内存完成计算，则模型总共需要 20GB 的内存。而每个设备仅能提供 10GB 内存。在这个例子中，用户可以把算子 1 放置在设备 1

上，算子 2 放置在设备 2 上。在前向计算中，算子 1 的输出会被发送（Send）给下游的设备 2。设备 2 接收（Receive）来自上游的数据，完成算子 2 的前向计算。在反向计算中，设备 2 将算子 2 的反向计算结果发送给设备 1。设备 1 完成算子 1 的反向计算，完成本次小批次（Mini-Batch）的训练。

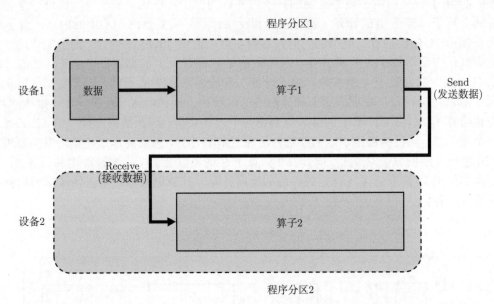

图 9.6　模型并行系统：算子间并行

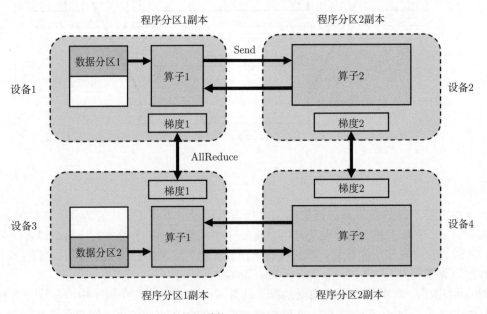

图 9.7　混合并行系统（Hybrid Parallel System）

### 9.2.4　混合并行

在训练大型人工智能模型中，往往会同时面对算力不足和内存不足的问题。因此，需要混合使用数据并行和模型并行，这种方法被称为混合并行。图9.7提供了一个由 4 个设备实现的混合并行的例子。在这个例子中，首先实现算子间并行解决训练程序内存开销过大的问题：该训练程序的算子 1 和算子 2 被分摊到了设备 1 和设备 2 上。进一步，通过数据并行添加设备 3 和设备 4，提升系统算力。为了达到这一点，对训练数据进行分区（数据分区 1 和数据分区 2），并将模型（算子 1 和算子 2）分别复制到设备 3 和设备 4。在前向计算的过程中，设备 1 和设备 3 上的算子 1 副本同时开始，计算结果分别发送（Send）给设备 2 和设备 4 完成算子 2 副本的计算。在反向计算中，设备 2 和设备 4 同时开始计算梯度，本地梯度通过 AllReduce 操作进行平均。反向计算传递到设备 1 和设备 3 上的算子 1 副本结束。

## 9.3　流水线并行

除了数据并行和模型并行以外，流水线并行是另一种常用的实现分布式训练的方法。流水线并行往往被应用在大型模型并行系统中。这种系统通过算子内并行和算子间并行解决单设备内存不足的问题。然而，在这类系统的运行过程中，计算图中的下游设备（Downstream Device）需要长期持续处于空闲状态，等待上游设备（Upstream Device）的计算完成，才可以开始计算，这极大降低了设备的平均使用率。这种现象称为模型并行气泡（Model Parallelism Bubble）。

为了减少模型并行气泡，通常可以在训练系统中构建流水线。这种做法是将训练数据中的每一个小批次划分为多个微批次（Micro-Batch）。假设一个小批次有 $D$ 个训练样本，将其划分为 $M$ 个微批次，那么一个微批次就有 $D/M$ 个数据样本。每个微批次依次进入训练系统，完成前向计算和反向计算，计算出梯度。每个微批次对应的梯度将会缓存，等到全部微批次完成，缓存的梯度会被加和，算出平均梯度（等同于整个小批次的梯度），完成模型参数的更新。

图9.8 给出了一个流水线训练系统的执行例子。在本例中，模型参数需要切分给 4 个设备存储。为了充分利用这 4 个设备，将小批次切分为两个微批次。假设 $F_{i,j}$ 表示第 $j$ 个微批次的第 $i$ 个前向计算任务，$B_{i,j}$ 表示第 $j$ 个微批次的第 $i$ 个反向计算任务。当设备 1 完成第一个微批次的前向计算后（表示为 $F_{0,0}$），会将中间结果发送给设备 2，触发相应的前向计算任务（表示为 $F_{1,0}$）。与此同时，设备 1 也可以开始第二个微批次的前向计算任务（表示为 $F_{0,1}$）。前向计算会在流水线的最后一个设备，即设备 3 完成。

系统于是开始反向计算。设备 4 开始第 1 个微批次的反向计算任务（表示为 $B_{3,0}$）。该任务完成后的中间结果会被发送给设备 3，触发相应的反向计算任务（表示为 $B_{2,0}$）。与此同时，设备 4 会缓存对应第 1 个微批次的梯度，接下来开始第 2 个微批次计算（表示为 $B_{3,1}$）。当设备 4 完成了全部的反向计算后，会将本地缓存的梯度进行相加，并且除以微批次数量，计算出平均梯度，该梯度用于更新模型参数。

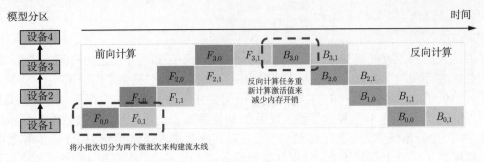

图 9.8　流水线并行系统（Pipeline Parallel System）

需要注意的是，计算梯度往往需要前向计算中产生的激活值。经典模型并行系统中会将激活值缓存在内存中，反向计算时就可以直接使用，避免重复计算。而在流水线训练系统中，由于内存资源紧张，前向计算中的激活值往往不会缓存，而是在反向计算中重新计算（Recomputation）。

在使用流水线训练系统中，时常需要调试微批次的大小，从而达到最优的系统性能。当设备完成前向计算后，必须等到全部反向计算开始，在此期间设备会处于空闲状态。在图9.8 中，可以看到设备 1 在完成两个前向计算任务后，要等很长时间才能开始两个反向计算任务。这其中的等待时间即被称为流水线气泡（Pipeline Bubble）。为了减少设备的等待时间，一种常见的做法是尽可能地增加微批次的数量，从而让反向计算尽可能早开始。然而，使用非常小的微批次，可能会造成微批次中的训练样本不足，从而无法充分地利用硬件加速器中的海量计算核心。因此最优的微批次数量由多种因素（如流水线深度、微批次大小和加速器计算核心数量等）共同决定。

## 9.4　机器学习集群架构

机器学习模型的分布式训练通常会在计算集群（Compute Cluster）中实现。接下来，我们将介绍计算集群的构成，特别是其集群网络的设计。

图9.9 描述了一个机器学习集群的典型架构。这种集群中会部署大量带有硬件加速器的服务器。每个服务器中往往有多个加速器。为了方便管理服务器，多个服务器会被放置在一个**机柜**（Rack）中，同时这个机柜会接入一个**架顶交换机**（Top of Rack Switch）。在架顶交换机满载的情况下，可以通过在架顶交换机间增加**骨干交换机**（Spine Switch）进一步接入新的机柜。这种连接服务器的拓扑结构往往是一个多层树（Multi-Level Tree）。需要注意的是，在集群中跨机柜通信（Cross-Rack Communication）往往会有网络瓶颈。这是因为集群网络为了便于硬件采购和设备管理，会采用统一规格的网络链路。因此，在架顶交换机到骨干交换机的网络链路常常会形成**网络带宽超额认购**（Network Bandwidth Oversubscription），即峰值带宽需求会超过实际网络带宽。如图9.9所示的集群内，当服务器 1 和服务器 2 利用各自的网络链路（假设 10Gb/s）向服务器 3 发送数据时，架顶交换机 1 会汇聚 2 倍数据（即 20Gb/s）需要发往骨干交换机 1。然而骨干交换机 1 和架顶交换机 1 之间只有一条网络链路（10Gb/s）。

这里，峰值的带宽需求是实际带宽的两倍，因此产生网络超额订购。在实际的机器学习集群中，实际带宽和峰值带宽的比值一般在 1:4 到 1:16 之间。因此，如果将网络通信限制在机柜内，就能避免网络瓶颈成为分布式机器学习系统的核心设计需求。

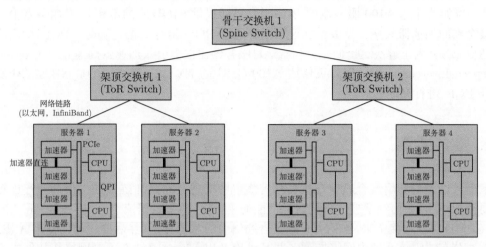

图 9.9　机器学习集群架构

那么，在计算集群中训练大型神经网络需要消耗多少网络带宽呢？假设给定一个千亿级别参数的神经网络（例如 OpenAI 发布的大型语言模型 GPT-3 有最多将近 1750 亿参数），如果用 32 位浮点数来表达每一个参数，那么每一轮训练迭代（Training Iteration）训练中，一个数据并行模式下的模型副本（Model Replica）则需要生成 700GB，即 175G × 4bytes = 700GB 的本地梯度数据。假如有 3 个模型副本，那么至少需要传输 1.4TB（即 700GB × (3 − 1)）的梯度数据。这是因为对于 $N$ 个副本，只需传送其中的 $N-1$ 个副本完成计算。当平均梯度计算完成后，需要进一步将其广播（Broadcast）到全部的模型副本（即 1.4TB 的数据）并更新其中的本地参数，从而确保模型副本不会偏离（Diverge）主模型中的参数。

当前的机器学习集群一般使用以太网（Ethernet）构建不同机柜之间的网络。主流的商用以太网链路带宽一般在 10Gb/s 到 25Gb/s 之间[①]。利用以太网传输海量梯度会产生严重的传输延迟。新型机器学习集群（如英伟达的 DGX 系列机器）往往配置有更快的 InfiniBand。单个 InfiniBand 链路可以提供 100Gb/s 或 200Gb/s 的带宽。即使拥有这种高速网络，传输 TB 级别的本地梯度依然需要大量延迟（即使忽略网络延迟，1TB 的数据在 200Gb/s 的链路上传输也需要至少 40s）。InfiniBand 的编程接口以远端内存直接读取（Remote Direct Memory Access，RDMA）为核心，提供了高带宽，低延迟的数据读取和写入函数。然而，RDMA 的编程接口和传统以太网的 TCP/IP 的 Socket 接口有很大不同，为了解决兼容性问题，人们可以用 IPoIB（IP-over-InfiniBand）技术。这种技术确保了遗留应用（Legacy Application）可以保持 Socket 调用，而底层通过 IPoIB 调用 InfiniBand 的 RDMA 接口。

为了在服务器内部支持多个加速器（通常 2~16 个），通用的做法是在服务器内部构建

---

① 网络带宽常用 Gb/s 为单位，而内存带宽常用 GB/s 为单位。前者以比特（bit）衡量，后者以字节（byte）衡量。

一个异构网络。以图9.9中的服务器 1 为例，这个服务器放置了两个 CPU，CPU 之间通过 QuickPath Interconnect（QPI）进行通信。而在一个 CPU 接口（Socket）内，加速器和 CPU 通过 PCIe 总线（Bus）互相连接。加速器往往采用高带宽内存（High-Bandwidth Memory，HBM）。HBM 的带宽（例如英伟达 A100 的 HBM 提供了 1935 GB/s 的带宽）远远超过 PCIe 的带宽（例如英伟达 A100 服务器的 PCIe 4.0 只能提供 64GB/s 的带宽）。在服务器中，PCIe 需要被全部的加速器共享。当多个加速器同时通过 PCIe 进行数据传输时，PCIe 就会成为显著的通信瓶颈。为了解决这个问题，机器学习服务器往往会引入加速器高速互连（Accelerator High-speed Interconnect），例如英伟达 A100 GPU 的 NVLink 提供了 600 GB/s 的带宽，从而绕开 PCIe 进行高速通信。

# 9.5　集合通信

下面讨论如何利用集合通信在机器学习集群中实现分布式训练系统。作为并行计算的一个重要概念，集合通信经常被用来构建高性能的单程序流/多数据流（Single Program-Multiple Data，SPMD）程序。接下来，首先会介绍集合通信中的常见算子。然后描述如何使用 AllReduce 算法解决分布式训练系统中网络瓶颈，并且讨论 AllReduce 算法在不同网络拓扑结构下的差异性以及重要性能指标的计算方法。最后介绍现有机器学习系统对不同集合通信算法的支持。

## 9.5.1　常见集合通信算子

下面首先定义一个简化的集合通信模型，然后引入常见的集合通信算子：Broadcast、Reduce、AllGather、Scatter 和 AllReduce。需要指出的是，在分布式机器学习的实际场景下，人们还会使用许多其他的集合通信算子，如 ReduceScatter、Prefix Sum、Barrier、All-to-All 等，但由于篇幅限制，便不再赘述。

### 1: 通信模型

假定在一个分布式机器学习集群中，存在 $p$ 个随机存取存储器（Random Access Machine，RAM）作为基础的处理设备，存在 $p$ 个计算设备，并由一个网络来连接所有的设备。每个设备有自己的独立内存，并且所有设备间的通信都通过该网络传输。同时，每个设备都有一个编号 $i$，其中 $i$ 的范围从 1 到 $p$。设备之间的点对点（Point-to-Point，P2P）通信由全双工传输（Full-Duplex Transmission）实现。该通信模型的基本行为可以定义如下：

（1）每次通信有且仅有一个发送者（Sender）和一个接收者（Receiver）。在某个特定时刻，每个设备仅能发送或接收一个消息（Message）。每个设备可以同时发送一个消息和接收一个消息。一个网络中可以同时传输多个来自于不同设备的消息。

（2）传输一个长度为 $l$ 字节（Byte）的消息会花费 $a + b \times l$ 的时间，其中 $a$ 代表延迟（Latency），即一字节通过网络从一个设备出发到达另一个设备所需的时间；$b$ 代表传输延迟（Transmission Delay），即传输一个具有 $l$ 字节的消息所需的全部时间。前者取决于两个设备间的物理距离（如跨设备、跨机器、跨集群等），后者取决于通信网络的带宽。需要注意的是，这里简化了传输延迟的定义，其并不考虑在真实网络传输中会出现的丢失消息（Dropped Message）和损坏消息（Corrupted Message）的情况。

根据上述通信模型，我们可以定义集合通信算子，并且分析算子的通信性能。下面介绍一些常见的集合通信算子。

### 2. Broadcast

一个分布式机器学习系统经常需要将一个设备 $i$ 上的模型参数或者配置文件广播（Broadcast）给其余全部设备。因此，可以把 Broadcast 算子定义为从编号为 $i$ 的设备发送长度为 $l$ 字节的消息给剩余的 $p-1$ 个设备。图9.10展示了设备 1（在三个设备的集群里）调用 Broadcast 的初始和结束状态。

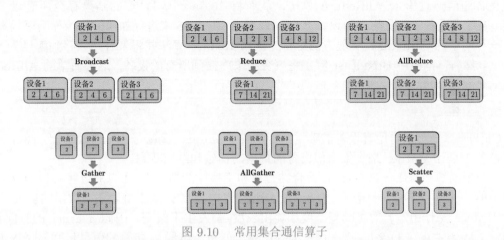

图 9.10　常用集合通信算子

一种简单实现 Broadcast 的算法是在设备 $i$ 上实现一个循环，该循环使用 $p-1$ 次 Send/Receive 操作来将数据传输给相应设备。然而，该算法不能达到并行通信的目的（该算法只有 $(a+b\times l)\times(p-1)$ 的线性时间复杂度）。为此，可以利用分治思想对上述简单实现的 Broadcast 算法进行优化。假设所有的设备可以重新对编号进行排列，使得 Broadcast 的发送者为编号为 1 的设备。同时，为了简化计算过程，假设对某个自然数 $n$，$p=2^n$。现在，可以通过从 1 向 $p/2$ 发送一次信息把问题转换为两个大小为 $p/2$ 的子问题：编号为 1 的设备对编号 1 到编号 $p/2-1$ 的 Broadcast，以及编号为 $p/2$ 的设备对编号 $p/2$ 到编号 $p$ 的 Broadcast。我们便可以通过在这两个子问题上进行递归来完成这个算法，并把临界条件定义为编号为 $i$ 的设备在 $[i,i]$ 这个区间中的 Broadcast。此时，由于 $i$ 本身已经拥有该信息，不需要做任何操作便可直接完成 Broadcast。这个优化后的算法为 $(a+b\times l)\times\log p$ 时间复杂度，因为在算法的每一阶段（编号为 $t$），有 $2^t$ 个设备在并行运行 Broadcast 算子。同时，算法一定会在 $\log p$ 步之内结束。

### 3. Reduce

在分布式机器学习系统中，另一个常见的操作是将不同设备上的计算结果进行聚合（Aggregation）。例如，将每个设备计算的本地梯度进行聚合，计算梯度之和（Summation）。这些聚合函数（表达为 $f$）往往符合结合律（Associative Law）和交换律（Commutative Law）。这些函数由全部设备共同发起，最终聚合结果存在编号为 $i$ 的设备上。常见聚合函数有加和、乘积、最大值和最小值。集合通信将这些函数表达为 Reduce 算子。图9.10展示了设备 1 调用 Reduce 来进行加和的初始和结束状态。

一个简易的 Reduce 的优化实现同样可以用分治思想来实现，即把 1 到 $p/2-1$ 的 Reduce 结果存到编号为 1 的设备中，然后把 $p/2$ 到 $p$ 的 Reduce 结果存到 $p/2$ 上。最后，可以把 $p/2$ 的结果发送至 1，执行 $f$，并把最后的结果存至 $i$。假设 $f$ 的运行时间复杂度为常数并且其输出信息的长度 $l$ 不改变，Reduce 的时间复杂度仍然为 $(a + b \times l) \times \log p$。

### 4. AllReduce

集合通信通过引入 AllReduce 算子，从而将 Reduce 函数 $f$ 的结果存至所有设备上。图9.10展示了设备 1、设备 2 和设备 3 共同调用 AllReduce 来进行加和的初始和结束状态。

一种简单的 AllReduce 实现方法是首先调用 Reduce 算法并将聚合结果存到编号为 1 的设备上。然后，再调用 Broadcast 算子将聚合结果广播到所有的设备。这种简单的 AllReduce 实现的时间复杂度为 $(a + b \times l) \times \log p$。

### 5. Gather

Gather 算子可以将所有设备的数据全部收集（Gather）到编号为 $i$ 的设备上。图 9.10 展示了设备 1 调用 Gather 来收集全部设备的数据的初始和结束状态。

在收集函数（Gather Function）符合结合律和交换律的情况下，可以通过将其设为 Reduce 算子中的 $f$ 来实现 Gather 算子。但是，在这种情况下，无论是基于链表还是数组的实现，在每一步 Reduce 操作中，$f$ 的时间复杂度和输出长度/都发生了改变。因此，Gather 的时间复杂度是 $a \times \log p + (p-1) \times b \times l$。这是因为在算法的每一阶段 $t$，传输的信息长度为 $2^t \times l$。

### 6. AllGather

相比于 Gather 算子，AllGather 算子会把收集的结果分发到全部的设备上。图9.10展示了设备 1、设备 2 和设备 3 共同调用 AllGather 的初始状态和结束状态。

在这里，一个简单的做法是使用 Gather 和 Broadcast 算子把聚合结果先存到编号为 1 的设备中，再将其广播到剩余的设备上。这会产生一个 $a \times \log p + (p-1) \times b \times l + (a + p \times l \times b) \times \log p$ 的时间复杂度，因为在广播时，如果忽略链表/数组实现所带来的额外空间开销，每次通信的长度为 $pl$ 而不是 $l$。简化后，得到一个 $a \times \log p + p \times l \times b \times \log p$ 的时间复杂度。在一个基于超立方体[①]的算法下，可以将其进一步优化到和 Gather 算子一样的时间复杂度 $a \times \log p + (p-1) \times b \times l$。由于篇幅问题，此处便不再赘述。

### 7. Scatter

Scatter 算子可以被视作 Gather 算子的逆运算：把一个存在于编号为 $i$ 的设备上，长度为 $p$（信息长度为 $p \times l$）的链式数据结构 $L$ 中的值分散到每个设备上，使得编号为 $i$ 的设备会得到 $L[i]$ 的结果。图9.10展示了设备 1 调用 Scatter 的初始和结束状态。

---

① 可参考网址为：https://link.springer.com/book/10.1007/978-3-030-25209-0。

这可以通过模仿 Gather 算法设计一个简易的 Scatter 实现：每一步运算中，我们把现在的子链继续对半切分，并把前半段和后半段作为子问题进行递归。这时候，在算法的每一阶段 $t$，传输的信息长度为 $l \times 2^{(m-t)}$，其中 $m$ 是算法总共运行的步骤，不会超过 $\log p$（见 Broadcast 算子的介绍）。最终，Scatter 算子的简易实现和 Gather 算子一样都有 $a \times \log p + (p-1) \times b \times l$ 的时间复杂度。在机器学习系统中，Scatter 算子经常同时被用于链式数据结构和可切分的数据结构，例如张量在一个维度上的 $p$ 等分等。

### 9.5.2　基于 AllReduce 的梯度平均算法

下面讨论如何利用 AllReduce 算子实现大型集群中的高效梯度平均。首先，参照前面的分析，可以考虑一种简单的计算平均梯度的方法：在集群中分配一个设备收集本地梯度，并在计算平均梯度后再将其广播到全部设备。这种做法易于实现，但是引入了两个问题。首先，多台设备同时给该聚合设备发送数据时，聚合设备会因严重的带宽不足产生网络拥塞。其次，单台设备需要负担大量的梯度平均计算，而受限于单台设备上的有限算力，这种计算往往会受限于算力瓶颈。

为了解决上述问题，可以引入 AllReduce 算子的 Reduce-Broadcast 实现来优化算法，其设计思路是：通过让全部节点参与到梯度的网络通信和平均计算中，将巨大的网络和算力开销均摊给全部节点。这种做法可以解决先前单个梯度聚合节点的问题。假设有 $M$ 个设备，每个设备存有一个模型副本，该模型由 $N$ 个参数/梯度构成。那么按照 AllReduce 算子的要求，需要先将全部参数按照设备数量切分成 $M$ 个分区（Partition），使得每个分区具有 $N/M$ 个参数。首先给出这个算法的初始和结束状态。如图9.10的 AllReduce 的例子所示，该例子含有 3 个设备。在每个设备有一个模型副本的情况下，这个副本有 3 个参数。那么按照 AllReduce 的分区方法，参数会被划分成 3 个分区（3 个设备），而每一个分区则有 1 个参数（即 $N/M$，其中，$N$ 代表 3 个参数，$M$ 代表 3 个设备）。在这个例子中，假定设备 1 拥有参数 2,4,6，设备 2 拥有参数 1、2、3，设备 3 拥有参数 4、8、12，那么在使用一个 AllReduce 算子进行计算后，全部设备都将拥有梯度相加后的结果 7、14、21，其中分区 1 的结果 7 由 3 个设备中分区 1 的初始结果相加而成（$7 = 1 + 2 + 4$）。为了计算平均梯度，每个设备只需要在最后将梯度之和除以设备数量即可（分区 1 的最终结果为 7 除以 3）。

AllReduce 算子会把梯度的计算拆分成 $M - 1$ 个 Reduce 算子和 $M - 1$ 个 Broadcast 算子（其中 $M$ 是节点的数量）。其中，Reduce 算子用于计算梯度的加和，Broadcast 算子用于把梯度之和广播给全部节点。图9.11展示了一个 AllReduce 算子的执行过程。AllReduce 算子由 Reduce 算子开始，在第一个 Reduce 算子中，AllReduce 算子会对全部节点进行配对（Pairing），让它们共同完成梯度相加的操作。在图9.11的第一个 Reduce 算子中，设备 1 和设备 2 进行了配对共同对分区 1 的数据相加。其中，设备 2 把本地的梯度数据 1 发送给设备 1，设备 1 将接收到的梯度数据 1 和本地的分区 1 内的梯度数据 2 相加，计算出中间梯度相加的结果 3。与此同时，设备 1 和设备 3 进行配对，共同完成对分区 3 的数据相加。而设备 3 和设备 2 进行配对，共同完成对于分区 2 的数据相加。

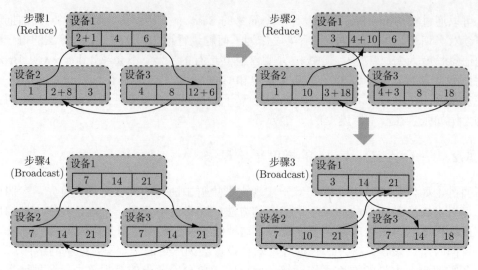

图 9.11　AllReduce 算子的执行过程

上述 Reduce 算子对梯度的分布式计算实现了以下性能优化。

（1）**网络优化**：全部设备都同时接收和发送数据，利用每个设备的入口（Ingress）和出口（Egress）带宽。因此，在 AllReduce 算法的过程中，可利用的带宽是 $M*B$，其中 $M$ 是节点数量，$B$ 是节点带宽，从而让系统实现网络带宽上的可扩展性。

（2）**算力优化**：全部设备的处理器都参与了梯度相加的计算。因此在 AllReduce 算法的过程中，可利用的处理器是 $M*P$，其中 $M$ 是节点数量，$P$ 是单个设备的处理器数量，从而让系统实现计算上的可扩展性。

（3）**负载均衡**：由于数据分区是平均划分的，因此每次设备分摊到的通信和计算开销是相等的。

在接下来的 Reduce 算子中，AllReduce 算法会对不同数据分区选择另外的配对方法。例如，在图9.11 的第二个 Reduce 算子中，AllReduce 算法会将设备 1 和设备 3 进行配对，负责分区 1 的数据相加。将设备 1 和设备 2 进行配对，负责分区 2。将设备 2 和设备 3 进行配对，负责分区 3。在一个 3 个节点的 AllReduce 集群里，在 2 个 Reduce 算子完成后，就计算出了每个分区的数据相加结果（分区 1 的数据相加结果 7 此时在设备 3 上，分区 2 的数据相加结果 14 此时在设备 1 上，分区 3 的数据相加结果 21 此时在设备 2 上）。

接下来，AllReduce 算法将进入 Broadcast 阶段。这一阶段的过程和 Reduce 算子类似，核心区别是节点进行配对后，它们不再进行数据相加，而是将 Reduce 的计算结果进行广播。在图9.11 中的第一个 Broadcast 算子中，设备 1 会将分区 2 的结果 14 直接写入设备 3 的分区 2 中；设备 2 会将分区 3 的结果 21 直接写入设备 1 中；设备 3 会将分区 1 的结果直接写入设备 2 中。在一个 3 个节点的 AllReduce 集群中，我们会重复 2 次 Broadcast 算子将每个分区的 Reduce 结果告知全部的节点。

在本节中，我们讨论了 AllReduce 的其中一种常用实现方法。根据集群网络拓扑的不同，人们也会用以下方法来实现 AllReduce：树形结构[①]、环形结构[②]、二维环面结构[③]以及 CollNet 算法[④]。在此不展开讨论。

### 9.5.3　集合通信算法性能分析

在讨论集合通信算子的性能时，人们经常会使用一些数值化指标量化不同的算法实现。在计算点对点通信所需的时间时，会在信息长度上乘以一个系数 $b$。这个数值化指标就是**算法带宽**（Algorithm Bandwidth），泛指单位时间内执行操作（通信和计算等）的数量。一般计算公式为 $b = s/t$，其中 $s$ 代指操作的大小，$t$ 指操作指定的两个端点之间所经过的时间。以 P2P 通信举例，可以通过衡量一个大小已知的信息 $m$ 在执行 Send 函数时所花的时间来确定两个设备之间网络的带宽。

虽然算法带宽的计算方法既简单又高效，但很难将其拓展至对于集合通信算子的带宽计算。这是因为取决于具体算子和算法实现的不同，一个集合通信算子在执行过程中测得的算法带宽往往会远小于硬件本身的最高带宽。在实际运行相应的测试中，经常能观测到随着设备的增加，算法带宽呈下降趋势。为了解决这一问题，NCCL 提出了**总线带宽**（Bus Bandwidth）这一数值化指标，将根据每个集合通信算子的分析所测得的算法带宽乘以一个校正系数（Correction Factor），从而给出贴近实际硬件表现的带宽值。下面给出常见算子的校正系数。

（1）AllReduce：对于在设备 $n_1, n_2, \cdots, n_p$ 上的值 $v_1, v_2, \cdots, v_p$ 计算 $v_1 o v_2 o \cdots o v_p$（其中 $o$ 为符合结合律的算子），再存回每个设备中。在不考虑实际实现算法和网络拓扑的情况下，这个操作在理论上只需要 $2 \times (p-1)$ 次数据传输，其中包含在每个设备上分开进行的 $p-1$ 次 $o$ 的运算，以及最后 $p$ 次最终数据值的广播，再减去第一个设备的运算和最后一个设备的广播对运行时间的影响。假设每个设备对于外界所有信息处理的带宽为 $B$，可以得出，对于 $S$ 个在不同设备上的数据运行 AllReduce 算子能得到最优情况下的运行时间 $t = (2 \times S \times (p-1))/(p*B)$，进行简化后可得 $B = (S/t) \times (2 \times (p-1)/p) = b(2 \times (p-1)/p)$。这里的 $2(p-1)/p$ 便是校正系数。

（2）ReduceScatter：对于每个设备来说，可以把 ReduceScatter 理解为只执行 AllReduce 中的聚合部分。对此，只需要考虑上面分析中的 $n-1$ 次 $op$ 的运算，整理后可得 $B = (S/t) \times ((p-1)/p) = b \times ((p-1)/p)$，即校正系数为 $b \times ((p-1)/p)$。

（3）AllGather：同理，对于每个设备来说，可以把 AllGather 理解为只执行 AllReduce 中的广播部分，同理可得 $B = (S/t) \times ((p-1)/p) = b \times ((p-1)/p)$，即校正系数为 $b \times ((p-1)/p)$。

（4）Broadcast：与 AllReduce 不同的是，Broadcast 中所有数据需要从算子本身的发送者发出。即使在上面分治的情况下，也需要等所有子问题运行结束才能确保 Broadcast 算子本身的正确性。因此，在计算带宽时，瓶颈仍为发送者对于外界所有信息处理的带宽，所以 $B = S/t$，即校正系数为 1。

（5）Reduce：Reduce 需要将所有数据送往算子的接收者，因此校正系数为 1。

---

① 可参考网址为：https://developer.nvidia.com/blog/massively-scale-deep-learning-training-nccl-2-4。

② 可参考网址为：https://github.com/baidu-research/baidu-allreduce。

③ 可参考网址为：https://arxiv.org/abs/1811.05233。

④ 可参考网址为：https://github.com/NVIDIA/nccl/issues/320。

由于 Gather 和 Scatter 的带宽计算与实际聚合/分散时的数据结构相关性更高，故不给出特定校正系数。

### 9.5.4 利用集合通信优化模型训练的实践

针对不同的集群，机器学习系统往往会灵活组合不同集合通信算子来使通信效率最大化。下面提供两个案例（ZeRO 和 DALL-E）分析。

ZeRO 是微软公司提出的神经网络优化器，在实践中成功训练了当时世界上最大的语言模型（高达 1700 亿参数）。在训练这个级别的神经网络时，优化器本身的参数、反向计算时的梯度，以及模型参数本身都会对加速器内存空间产生极大的压力。通过简易的计算不难得出，1700 亿参数的模型在 32 位浮点表示情况下会占用至少 680GB 的内存，远超于现在内存最高的加速器 A100 （最高内存为 80GB）。于是，需要考虑如何高效地把模型切成数份存储在不同的加速器上，以及如何高效地通过使用集合通信算子来进行模型训练和推理。这里，介绍三个主要的关于集合通信的优化技术。

（1）**单一节点上的参数存储**：现代集群中节点内部加速器的带宽远大于节点之间的带宽。为此，需要尽量减少节点间的通信，并且保证大部分通信仅存在于节点内部的加速器之间。在观察模型切片时，又可得模型本身前向和反向计算时需要在不同切片之间进行的通信量远小于不同模型副本梯度平均的通信量。针对这一特性，ZeRO 选择了将单一模型的全部切片存储到同一节点内部，从而大大提高了训练效率。

（2）**基于 AllGather 算子的前向计算**：假设模型中的参数在层级上呈线性，便可按照参数在网络上的顺序从前到后分别存储到不同加速器中。在前向时，可以注意到，某一层的计算仅依赖于其相邻层的参数。对此，可以对所有包含模型参数的加速器进行一次 AllGather 计算，用来提取每一层的后一层的参数，以及计算该层本身的激活值。为了节约内存，在 AllGather 操作结束后需要立即丢弃该层以外其他层的参数。

（3）**基于 ReduceScatter 算子的梯度平均**：同理，在反向计算时，我们只需要前一层的参数来计算本层的激活值和梯度，因此只需要再次使用 AllGather 来完成每个加速器上的梯度计算。同时，在聚集梯度后，对于每个加速器仅需要和加速器的编号相同的层数所对应的梯度。对此，可以使用 ReduceScatter 算子直接把相应的梯度存到编号为 $i$ 的加速器上，而不是通常情况下使用 AllReduce 算子。

DALL-E 是 OpenAI 提出的一个基于文字的图片生成模型，模型同样拥有高达 120 亿的参数。在训练时，除了运用到 ZeRO 所使用的 AllGather + ReduceScatter 技巧，OpenAI 团队在其他细节上做了进一步的优化。这里，介绍两个主要的关于集合通信的优化技术。

（1）**矩阵分解**：集合通信算子的运行速度和信息本身的长度正相关。在模型训练中，这代表了模型参数本身的大小。对此，DALL-E 选择用矩阵分解（Matrix Factorization）的方法先把高维张量调整为一个二维矩阵，通过分解后用集合通信算子分开进行传输，从而大大减少了通信量。

（2）**自定义数据类型**：一种减少通信量的方法在于修改数据类型本身。显然地，可以使用 16 位的半精度浮点数，相比于正常的 32 位参数表示可以节省近一倍的通信量。但是，在实践中发现，低精度的数据类型会使得模型收敛不稳定，导致最终训练效果大打折扣。为此，OpenAI 分析了 DALL-E 的模型结构，并把其中的参数根据对数据类型精度的敏感性分为了三类。其中对精度最敏感的一类照常使用 32 位浮点表示，并只通过 AllReduce 算子来同步，而最不敏感的参数则照常通过矩阵分解进行压缩和传输。对于比较敏感的一类，例如 Adam 优化器中的动能（Moments）和方差（Variance）参数，OpenAI 基于 IEEE 754 标准实现了两个全新的数据类型：1-6-9 和 0-6-10（其中第一项表示正负所需的位数，第二项表示指数所需的位数，第三项表示有效数字所需的位数），在节省空间的同时保证了训练的收敛。

### 9.5.5　集合通信在数据并行的实践

数据并行作为最广泛使用的分布式训练方法，是集合通信首先需要支持的范式。对于数据并行的支持，机器学习系统通常提供了两个级别的抽象：在第一种级别的抽象里，机器学习系统更与硬件耦合，可以直接调用集合通信算子的库；在另一种级别的抽象里，机器学习系统更偏向神经网络实现，通过内部调用集合通信算子实现分布式训练和推理的机器学习框架。作为算法工程师，通常会接触到后者的抽象（包括 Horovod、KungFu、TensorFlow Distributed 等），而作为集群的维护者，往往需要深入了解前者的运行原理和具体的调试方法。以 PyTorch 举例，在 torch.distributed 命名空间（Namespace）下实现了一系列方便开发者使用的分布式模型训练和推理函数。在其内部，会根据实际运行的集群调用更底层的集合通信算子库，例如 MPI, NCCL（前面已有介绍，适用于 GPU 分布式训练），Gloo（适用于 CPU 分布式训练）等。下面具体对比 PyTorch Distributed 和 NCCL 在 AllReduce 应用方面的差异。代码9.1通过 PyTorch 自带的分布式数据并行（Distributed Data Parallel，DDP）方法完成了一次简易的机器学习模型计算，代码9.2则通过 Gloo 的 Python 接口 pygloo 和 Ray 完成了一项二维张量的 AllReduce 计算。

代码 9.1　基于 PyTorch DDP 高层次封装实现 AllReduce 算法

```
1   def ddp_allreduce(rank, world_size):
2       setup(rank, world_size)
3
4       model = ToyModel().to(rank)
5       # 通过调用DDP（分布式数据并行）方法将模型在每个处理器上完成初始化
6       ddp_model = torch.nn.parallel.DistributedDataParallel(model, device_ids=[rank])
7
8       loss_fn = nn.MSELoss()
9       optimizer = optim.SGD(ddp_model.parameters(), lr=0.001)
10
11      optimizer.zero_grad()
12      outputs = ddp_model(torch.randn(20, 10))
13      labels = torch.randn(20, 5).to(rank)
14
15      # 在反向计算时，框架内部会执行AllReduce算法
```

```
16    loss_fn(outputs, labels).backward()
17    optimizer.step()
```

代码 9.2  基于 pygloo 底层接口实现 AllReduce 算法

```
1   @ray.remote(num_cpus=1)
2   def gloo_allreduce(rank, world_size):
3       context = pygloo.rendezvous.Context(rank, world_size)
4       ...
5
6       Sendbuf = np.array([[1,2,3],[1,2,3]], dtype=np.float32)
7       recvbuf = np.zeros_like(Sendbuf, dtype=np.float32)
8       Sendptr = Sendbuf.ctypes.data
9       recvptr = recvbuf.ctypes.data
10
11      # 标明发送者和接收者并直接调用AllReduce算法
12      pygloo.allreduce(context, Sendptr, recvptr,
13                  Sendbuf.size, pygloo.glooDataType_t.glooFloat32,
14                  pygloo.ReduceOp.SUM, pygloo.allreduceAlgorithm.RING)
```

可以注意到，代码9.1并没有显式地调用集合通信算子，而是通过 DistributedDataParallel 方法将分布式训练和非分布式训练之间的不同隐藏起来。如果需要在不同集群上运行这段代码，只需要在 setup 函数内对应地更改 PyTorch 使用的底层集合通信库即可。在 backward 函数被调用时，才会真正地使用 AllReduce 算法。如果想要直接使用 Gloo（如代码9.2所示），不仅需要一步一步地创建通信所需要的数据结构，也很难和现有的模型训练框架无缝连接。

### 9.5.6  集合通信在混合并行的实践

随着深度学习的发展，模型和训练数据集的规模呈爆发式增长，单机的算力和存储能力已无法满足需求，因此，分布式训练技术成为行业发展趋势。

本章前几节已总结当前常用的分布式并行训练技术方案，如数据并行、模型并行和流水线并行，在复杂场景下，往往需要不同技术点组合使用，才能达到训练大模型的高性能。华为 MindSpore 开源框架提供混合并行的能力，支撑大模型分布式训练，用户可以根据自己的需要进行灵活组合。以下通过简单代码示例来说明如何在 MindSpore 中组合使用数据并行、模型并行和流水线并行训练技术，其他大模型训练技术的使用方法请参照官网教程。

在代码 9.3中，第 6 行利用 set_auto_parallel_context 接口设置并行模式和可用于训练的卡数；第 8 行同时利用该接口设置流水线并行中的 stage 数量；第 10~19 行定义了简单的神经网络模型，其中第 14 和 15 行的两个矩阵乘操作，调用 shard 接口来配置切分策略，如 matmul1 将第一个输入按照行切成 4 份，实则是在数据维度上切分，是数据并行的样例，而 matmul2 对第二个输入进行列切，采用了模型并行的方式；第 24 行获得了神经网络的实例；第 26 行将神经网络和损失函数封装在一起；第 28 行则调用 PipelineCell 接口，来包装 net_with_loss，并指定 MicroBatch Size；在第 30 行对模型和优化器进行包装后，就可以在第 32 行通过 model.train 接口对神经网络进行混合并行训练。可见，在 MindSpore 中，只需通过简单的接口调用，对神经网络进行包装，以及配置必要的并行策略，即可方便地组合业界常见的并行方法，进行大模型混合并行分布式训练。

代码 9.3　基于 MindSpore 对模型进行混合并行分布式训练

```
1   import mindspore.nn as nn
2   from mindspore import ops
3   import mindspore as ms
4
5   # 设置并行模式为半自动并行，同时设置训练的卡数
6   ms.set_auto_parallel_context(parallel_mode="semi_auto_parallel", device_num=4)
7   # 设置流水线并行的stage数量
8   ms.set_auto_parallel_context(pipeline_stages=stages)
9
10  class DenseMatMulNet(nn.Cell):
11      def __init__(self):
12          super(DenseMutMulNet, self).__init__()
13          # 通过shard定义算子切分的方式，matmul1是数据并行的样例，matmul2则是模型并行的样例
14          self.matmul1 = ops.MatMul.shard(((4, 1), (1, 1)))
15          self.matmul2 = ops.MatMul.shard(((1, 1), (1, 4)))
16      def construct(self, x, w, v):
17          y = self.matmul1(x, w)
18          z = self.matmul2(y, v)
19          return z
20
21  # 定义训练数据集
22  data_path = os.getenv('DATA_PATH')
23  dataset = create_dataset(data_path)
24  net = DenseMatMulNet()
25  loss = SoftmaxCrossEntropyExpand(sparse=True)
26  net_with_loss = nn.WithLossCell(net, loss)
27  # 用PipelineCell接口包装神经网络，第二个参数指定MicroBatch Size
28  net_pipeline = nn.PipelineCell(net_with_loss, micro_size)
29  opt = Momentum(net.trainable_params(), 0.01, 0.9)
30  model = ms.Model(net_pipeline, optimizer=opt)
31  # 对模型进行迭代训练
32  model.train(epoch_size, dataset, dataset_sink_mode=True)
```

MindSpore 提供了简单易用的接口来允许用户配置切分策略，如在代码 9.3 中第 14 和

15 行，分别调用了 shard 接口来对算子的输入进行切分，在这种切分的场景下，需要在必要的时候插入集合通信算子来保证计算逻辑的正确性：第一种是在切分了单一算子的情况，将算子切分到多卡进行计算，为了保证计算结果和单卡计算结果一致，需要通信算子来同步计算结果；第二种是多算子情况下，相邻算子的切分方式不同，前继算子的计算结果排布在不同的卡上，后续算子的计算需要用到非当前卡上的数据才能进行，此时需要集合通信算子来重新排布前继算子的计算结果。下面仍以代码 9.3 中两个 matmul 的切分为例进行说明。

图 9.12 展示了两个 matmul 算子分别按照代码 9.3 中第 14 和 15 行的方法切分后的排布情况，第一个 matmul 算子将输入 $X$ 按照行切成 4 份后，分别放置在 4 个计算设备上（D1~D4），$W$ 不切分，以复制的形式放置在 4 个计算设备上，此时 matmul1 算子计算的结果 $Y$，以行切的形式放置在不同设备上，而 matmul2 算子在做计算时，需要 $Y$ 的全量数据，因此两个计算算子之间需要插入 AllGather 集合通信算子，来从 4 个不同的设备收集 $Y$ 的全量数据。

MindSpore 中有一套完整的逻辑，能够自动识别不同切分方式的算子之间应该插入哪种集合通信算子，并且将该逻辑对用户隐藏，只暴露出 shard 接口供用户配置，开发者可以通过合理的策略配置，来减少算子间重排布通信算子在神经网络计算图中的占比，以提升混合并行分布式训练的端到端速率。

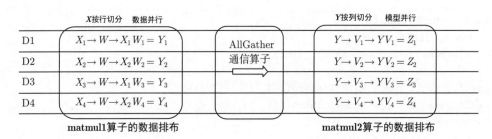

图 9.12　相邻算子之间插入集合通信算子举例

## 9.6　参数服务器

下面介绍另一种常见的分布式训练系统——参数服务器。不同的机器学习框架以不同方式提供参数服务器的实现。TensorFlow 和 MindSpore 内置了参数服务器的实现。PyTorch 需要用户使用 RPC 接口自行实现。同时也有参数服务器的第三方实现，如 PS-Lite。

### 9.6.1　系统架构

不同于基于集合通信实现的机器学习系统，参数服务器系统中的服务器会被分配两种角色——训练服务器和参数服务器。其中，参数服务器需要提供充足内存资源和通信资源，训练服务器需要提供大量的计算资源（如硬件加速器）。图9.13 描述了带有参数服务器的机器学习集群。这个集群中含有两个训练服务器和两个参数服务器。假设我们有一个模型，可以切分为两个参数分区。每个分区分配给一个参数服务器负责参数同步。在训练的过程中，每个训练服务器都会有完整的模型，根据本地的训练数据集切片（Dataset Shard）训练出梯度。这个梯度会被推送（Push）到各自参数服务器。参数服务器等到两个训练服务器都完成梯度推送，开始计算平均梯度，更新参数。它们通知训练服务器来拉取（Pull）最新的参数，开始下一轮训练迭代。

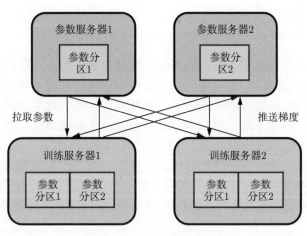

图 9.13　参数服务器架构

## 9.6.2　异步训练

参数服务器的一项核心作用是处理分布式训练服务器中出现的落后者（Straggler）。在之前的讨论中，每一轮训练结束后，训练服务器都需要计算平均梯度对每一个模型副本进行更新，从而保证下一轮训练开始前，全部模型副本参数的一致性，这种对于参数一致性的确保一般称为同步训练（Synchronous Training）。同步训练一般有助于训练系统达到更好的模型精度，但是当系统规模变大，往往会观察到落后者服务器的出现。落后者出现的原因很多，常见的原因包括：落后者设备和其他设备不在同一个机柜中，因此落后者的通信带宽显著小于其他设备；另外，落后者设备也可能和其他进程共享本地的服务器计算和通信资源，形成资源竞争，从而降低了性能。

落后者对于基于 AllReduce 的同步训练系统的性能有显著影响，这是因为 AllReduce 让全部节点参与到平均梯度的计算和通信中，而每个节点负责等量的数据。因此一个落后者的出现都会让整个 AllReduce 操作延迟完成。为了解决这个问题，人们常使用参数服务器同步梯度。一种常见的设计是：训练服务器训练出梯度后，会把本地梯度全部推送到参数服务器。参数服务器在等到一定训练服务器（例如 90% 的训练服务器）的梯度后，就开始计算平均梯度，这样可以确保平均梯度的计算不会因为落后者的出现而延误。计算好的平均梯度马上推送给全部训练服务器，开始下一轮训练。

解决落后者的另一种常见做法是利用参数服务器实现**异步训练**（Asynchronous Training）。在一个异步训练系统中，每个训练服务器在训练开始时，有相同的模型参数副本。在训练中，它们计算出梯度后会马上将梯度推送到参数服务器，参数服务器将推送的梯度立刻用于更新参数，并通知训练服务器立刻来拉取最新参数。在这个过程中，不同的训练服务器很可能会使用不同版本的模型参数进行梯度计算，这种做法可能会伤害模型的精度，但它同时让不同训练服务器可以按照各自的运算速度推送和拉取参数，而无须等待同伴，因此避免了落后者对于整个集群性能的影响。

### 9.6.3　数据副本

在参数服务器的实际部署中，人们需要解决数据热点问题。互联网数据往往符合幂律概率（Power-Law Distribution），这会导致部分参数在训练过程中被访问的次数会显著高于其他参数。例如，热门商品的嵌入项（Embedding Item）被训练服务器拉取的次数就会远远高于非热门商品。因此，存储了热门数据的参数服务器所承受的数据拉取和推送请求会远远高于其他参数服务器，因此形成数据热点，伤害了系统的可扩展性。

利用数据副本的另一个作用是增加系统的鲁棒性。当一个参数服务器出现故障，其所负责的参数将不可用，从而影响了整体系统的可用性。通过维护多个参数副本，当一个参数服务器故障时，系统可以将参数请求导向其他副本，同时在后台恢复故障的参数服务器，确保系统的可用性不受影响。

解决参数服务器故障和数据热点问题的常用技术是构建模型主从复制（Leader-Follower Replication）。一份参数在多个机器上拥有副本，并指定其中一个副本作为主副本（Leader Replica）。训练服务器的所有更新操作都向主副本写入，并同步至全部从副本（Follower Replica）。如何取得共识并确定主副本是分布式系统领域一个经典问题，对该问题已经有了相当多的成熟算法，例如Paxos 和 Raft。此外，主副本上的更新如何复制到从副本上也是分布式系统领域的经典共识问题。通常系统设计者需要在可用性（Availability）和一致性（Consistency）之间做出取舍。如果参数服务器副本间采用强一致性（Strong Consistency）的复制协议（Replication Protocol），例如链式复制（Chain Replication），则可能导致训练服务器的推送请求失败，即参数服务器不可用。反之，如果参数服务器采用弱一致性（Weak Consistency）的复制协议，则可能导致副本间存储的参数不一致。

## 9.7　总结

（1）大型机器学习模型的出现带来了对于算力和内存需求的快速增长，催生了分布式训练系统的出现。

（2）分布式训练系统的设计往往遵循"分而治之"的设计思路。

（3）利用分布式训练系统，人们可以显著提升训练性能，这体现了经济性，并且帮助防范硬件故障。

（4）分布式训练系统可以通过数据并行增加设备来提升算力。

（5）当单节点内存不足时，可以通过模型并行来解决单设备内存不足。模型并行有两种实现方式——算子内并行和算子间并行。

（6）大型模型并行系统容易出现设备使用气泡，而这种气泡可以通过流水线并行解决。

（7）分布式训练系统往往运行在计算集群之中，集群网络无法提供充足的网络带宽来传输大量训练中生成的梯度。

（8）为了提供海量的通信带宽，机器学习集群拥有异构的高性能网络，包括以太网、加速器高速互连技术 NVLink 和高带宽网络 InfiniBand。

（9）为了解决单节点瓶颈，可以使用 AllReduce 算法来分摊梯度聚合过程中产生的计算和通信操作，同时实现负载均衡。

（10）参数服务器可以帮助实现灵活的梯度同步和异步训练，从而防范集群中可能出现的落后者服务器。

（11）参数服务器常用数据副本技术解决数据热点问题和防范硬件故障。

## 9.8　拓展阅读

（1）分布式机器学习系统综述[1]。
（2）利用集合通信支持并行训练的实践：Horovod[2]。
（3）流水线并行的实践：gPipe[3]。
（4）利用数据并行在大型数据集上高效训练深度学习模型[4]。

---

[1] 可参考网址为：https://dl.acm.org/doi/abs/10.1145/3377454。
[2] 可参考网址为：https://arxiv.org/abs/1802.05799。
[3] 可参考网址为：https://arxiv.org/abs/1811.06965。
[4] 可参考网址为：https://arxiv.org/abs/1706.02677。

# 拓 展 篇

基于机器学习框架催生出丰富的机器学习系统生态。接下来，本书将对推荐系统、联邦学习系统、可解释 AI 系统、强化学习系统和机器人系统进行深入讲解。

# 第10章

# 联邦学习系统

## 10.1 概述

随着人工智能的飞速发展，大规模和高质量的数据对模型的效果和用户的体验都变得越来越重要。与此同时，数据的利用率成为制约人工智能进一步发展的瓶颈。隐私、监管和工程等问题造成了设备与设备之间的数据不能共享，进而导致数据孤岛问题的出现。为了解决这一难题，联邦学习（Federated Learning，FL）应运而生。联邦学习的概念最早在 2016 年被提出。在满足用户隐私保护、数据安全和政府法规的要求下，联邦学习能有效地使用多方机构的数据进行机器学习建模。

### 10.1.1 定义

联邦学习的核心是数据不动，模型动。显然，若将数据从各方集中在一起，无法保证对用户隐私的保护，且不符合相关法律法规。联邦学习让模型在各个数据方"移动"，这样就可以达到数据不出端即可建模的效果。在联邦学习中，各方数据都保留在本地，通过（在中心服务器上）交换加密的参数或其他信息来建立机器学习模型。

### 10.1.2 应用场景

在实际的应用场景中，根据样本和特征的重叠情况，联邦学习可以分为横向联邦学习（样本不同、特征重叠），纵向联邦学习（特征不同、样本重叠）和联邦迁移学习（样本和特征都不重叠）。

**横向联邦学习**适用于不同参与方拥有的特征相同、但参与的个体不同的场景。如，在广告推荐场景中，算法开发人员使用不同手机用户的相同特征（点击次数、停留时间或使用频次等）的数据来建立模型。因为这些特征数据不能出端，横向联邦学习被用来联合多用户的特征数据来构建模型。

**纵向联邦学习**适用于样本重叠多、特征重叠少的场景。如，有两个不同机构，一家是保险公司，另一家是医院。它们的用户群体很有可能包含该地大部分居民。它们两方的用户交集可能较大。由于保险公司记录的是用户的收支行为与信用评级，而医院则拥有用户的疾病与购药记录，因此它们的用户特征交集较小。纵向联邦学习就是将这些不同特征在加密的状态下加以聚合，以增强模型能力的方法。

**联邦迁移学习**的核心是找到源领域和目标领域之间的相似性。如有两个不同机构，一家是位于中国的银行，另一家是位于美国的电商。由于受到地域限制，这两家机构的用户群体交集很小；同时，由于机构类型的不同，二者的数据特征也只有小部分重合。在这种情况下，要想进行有效的联邦学习，就必须引入迁移学习。联邦迁移学习可以解决单边数据规模小和标签样本少的问题，并提升模型的效果。

### 10.1.3 部署场景

联邦学习和参数服务器（数据中心分布式学习）架构非常相似，都是采用中心化的服务器和分散的客户端去构建同一个机器学习模型。此外，根据部署场景的不同，联邦学习还可以细分为跨组织（Cross-Silo）与跨设备（Cross-Device）联邦学习。一般而言，跨组织联邦学习的用户一般是企业、机构单位级别的，而跨设备联邦学习针对的则是便携式电子设备、移动端设备等。表 10.1 展示了三者的区别和联系。

表 10.1 数据中心分布式学习、跨组织和跨设备联邦学习的区别和联系

| 特　点 | 数据中心分布式学习 | 跨组织联邦学习 | 跨设备联邦学习 |
| --- | --- | --- | --- |
| 客户端来源 | 数据中心内的计算节点 | 不同机构 | 大量手机或物联网设备 |
| 数据分布 | 中心存储 | 客户端的数据存储在本地。数据非独立同分布 | |
| 组网架构 | 中心编排 | 服务器和客户端直接联系，客户端没有直接联系 | |
| 数据可用性 | 所有客户端都几乎一直可用 | | 任何时刻都只有部分客户端可用 |
| 客户端规模 | 较小，通常 2~1000 个 | | 较大，甚至多达上千万个 |
| 主要瓶颈 | 计算 | 计算和通信频率 | 计算和单轮通信量 |
| 寻址能力 | 服务器可以找到每个客户端的 ID | | 服务器不知道客户端的 ID |
| 客户端状态 | 有状态 | | 没有状态，每轮都可能有新客户端 |
| 客户端可靠性 | 相对可靠 | | 高度不可靠 |

### 10.1.4 常用框架

随着用户和开发人员对联邦学习技术的需求不断增长，联邦学习工具和框架的数量也越来越多。下面介绍一些主流的联邦学习框架。

（1）**TensorFlow Federated（TFF）**是谷歌公司牵头开发的联邦学习开源框架，用于在分散数据上进行机器学习和其他计算。TFF 的开发是为了促进联邦学习的开放研究和实验。在许多参与的客户中训练共享的全局模型，这些客户将其训练数据保存在本地。例如，联邦学习已用于训练移动键盘的预测模型，而无须将敏感的键入数据上载到服务器。

（2）**PaddleFL** 是百度公司提出的一个基于 PaddlePaddle 的开源联邦学习框架。研究人员可以很轻松地用 PaddleFL 复制和比较不同的联邦学习算法，开发人员也比较容易在大规模分布式集群中部署 PaddleFL 联邦学习系统。PaddleFL 提供很多种联邦学习策略（横向联邦学习、纵向联邦学习）及其在计算机视觉、自然语言处理、推荐算法等领域的应用。此外，PaddleFL 还提供传统机器学习训练策略的应用，例如多任务学习、联邦学习环境下的迁移学习。依靠 PaddlePaddle 的大规模分布式训练和 Kubernetes 对训练任务的弹性调度能力，PaddleFL 可以基于全栈开源软件轻松地部署。

（3）**FATE（Federated AI Technology Enabler）**由微众银行提出，是全球首个联邦学习工业级开源框架，可以让企业和机构在保证数据安全和数据隐私不泄露的前提下进行数据协作。FATE 项目使用多方安全计算（Secure Multi-Party Computation，MPC）以及同态加密（Homomorphic Encryption，HE）技术构建底层安全计算协议，以支持不同种类的机器学习的安全计算，包括逻辑回归、基于树的算法、深度学习和迁移学习等。FATE 于 2019 年 2 月首次对外开源，并成立 FATE 社区，社区成员包含国内主要云计算和金融服务企业。

（4）**FedML** 是一个南加利福尼亚大学（University of Southern California，USC）牵头提出的联邦学习开源研究和基准库，它有助于开发新的联合学习算法和公平的性能比较。FedML 支持 3 种计算范式（分布式训练、移动设备上训练和独立模拟），供用户在不同的系统环境中进行实验。FedML 还通过灵活和通用的 API 设计和参考基线实现并促进了多样化的算法研究。为了使各联邦学习算法可以进行公平比较，FedML 设置了全面的基准数据集，其中包括非独立同分布（Independent Identically Distribution，IID）数据集。

（5）**PySyft** 是伦敦大学学院（University College London，UCL）、DeepMind 和 Open-Mined 发布的安全和隐私深度学习 Python 库，包括联邦学习、差分隐私和多方学习。PySyft 使用差分隐私和加密计算（MPC 和 HE）将私有数据与模型训练解耦。

（6）**Fedlearner** 是字节跳动公司提出的纵向联邦学习框架，它允许对分布在机构之间的数据进行联合建模。Fedlearner 附带了用于集群管理、作业管理、作业监控和网络代理的周围基础架构。Fedlearner 采用云原生部署方案，并将数据存放在 HDFS 中。Fedlearner 通过 Kubernetes 管理和拉起任务。每个 Fedlearner 的参与双方需要同时通过 Kubernetes 拉超训练任务，并通过 Master 节点统一管理多个训练任务，以及通过 Worker 建实现通信。

（7）**OpenFL** 是英特尔公司提出的用于联邦学习的 Python 框架。OpenFL 旨在成为数据科学家的灵活、可扩展和易于学习的工具。

（8）**Flower** 是剑桥大学发布的联邦学习开源系统，主要针对在大规模、异质化设备上部署联邦学习算法的应用场景进行优化。

（9）**MindSpore Federated** 是华为公司提出的一款开源联邦学习框架，支持千万级无状态终端设备商用化部署，在用户数据留存在本地的情况下，使能全场景智能应用。MindSpore Federated 专注于大规模参与方的横向联邦的应用场景，使参与联邦学习的各用户在不共享本地数据的前提下共建 AI 模型。MindSpore Federated 主要解决隐私安全、大规模联邦聚合、半监督联邦学习、通信压缩和跨平台部署等联邦学习在工业场景部署的难点。

# 10.2　横向联邦学习

## 10.2.1　云云场景中的横向联邦

在横向联邦学习系统中，具有相同数据结构的多个参与者通过云服务器协同建立机器学习模型。一个典型的假设是参与者是诚实的，而服务器是诚实但好奇的，因此不允许任何参与者向服务器泄露原始的梯度信息。这种系统的训练过程通常包括以下 4 个步骤。

① 参与者在本地计算训练梯度，使用加密、差分隐私或秘密共享技术掩码所选梯度，并将掩码后的结果发送到服务器。

② 服务器执行安全聚合，不了解任何参与者的梯度信息。

③ 服务器将汇总后的结果发送给参与者。

④ 参与者用解密的梯度更新各自的模型。

和传统分布式学习相比，联邦学习存在训练结点不稳定和通信代价大的难点。这些难点导致了联邦学习无法和传统分布式学习一样：在每次单步训练之后，同步不同训练结点上的权重。为了提高计算通信比并降低频繁通信带来的高能耗，谷歌公司在 2017 年提出了联邦平均算法（Federated Averaging, FedAvg）。算法 2 展示了云云联邦场景中 FedAvg 的整体流程。在每轮联邦训练过程中，客户端进行多次单步训练，然后服务端聚合多个客户端的权重，并取加权平均。

---

**算法 2　联邦平均算法**

**输入**：T（联邦学习总迭代次数），C（每一轮迭代参与联邦学习的 FL-Client 数目），model（模型）

**输出**：w（最终模型的参数）

1: **function** FEDAVG(T, C, model)
2: 　**for** t = 1 → T **do**
3: 　　随机选择 C 个 FL-Client
4: 　　// 在 FL-Client 上执行
5: 　　**for** i = 1 → C in parallel **do**
6: 　　　从 FL-Server 接收权重 w
7: 　　　将权重 w 读取到模型 model 中
8: 　　　train(model)
9: 　　　将模型的权重 $w$ 和训练数据大小发送给 FL-Server
10: 　　**end for**
11: 　　// 在 FL-Server 上执行
12: 　　从 FL-Client 接收权重集合 $w_{1,...,C}$
13: 　　w = allreduce($w_{1,...,C}$)
14: 　　将权重 w 发送给 FL-Client
15: 　**end for**
16: 　**return** w
17: **end function**

---

### 10.2.2　端云场景中的横向联邦

端云联邦的总体流程和云云联邦一样，但端云联邦学习面临的难点还包括以下 3 个方面。

（1）**高昂的通信代价**。和云云联邦不同之处，端云联邦的通信开销主要在于单次的通信量，而云云联邦的开销主要在于通信的频率。在端云联邦场景中，通常的通信网络可能是 WLAN 或移动数据，网络通信速度可能比本地计算慢许多个数量级，这就造成高昂的通信代价成为了联邦学习的关键瓶颈。

（2）**系统异质性**。由于客户端设备硬件条件（CPU、内存）、网络连接（3G、4G、5G、

Wi-Fi）和电源（电池电量）的变化，联邦学习网络中每个设备的存储、计算和通信能力都有可能不同。网络和设备本身的限制可能导致某一时间仅有一部分设备处于活动状态。此外，设备还会出现没电、网络无法接入等突发状况，导致瞬时无法连通。这种异质性的系统架构影响了联邦学习整体策略的制定。

（3）**隐私问题**。由于端云联邦学习的客户端无法参与每一轮迭代，因此，在数据隐私保护上的难度高于其他分布式学习方法。而且，在联邦训练过程中，端云传递模型的更新信息还存在向第三方或中央服务器暴露敏感信息的风险。隐私保护成为端云联邦学习需要重点考虑的问题。

为了解决端云联邦学习带来的挑战，MindSpore Federated 设计了分布式 FL-Server 架构。系统由调度器模块、服务器模块和客户端模块三个部分组成，其系统架构如图 10.1 所示。对各个模块的功能说明如下。

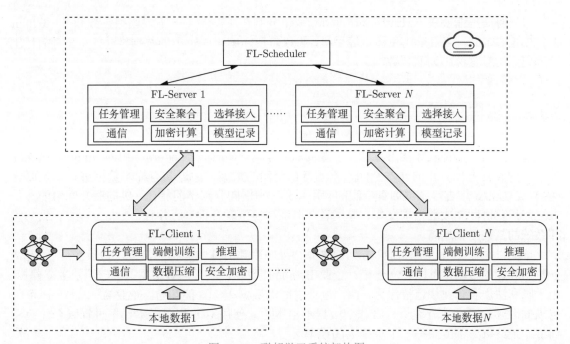

图 10.1　联邦学习系统架构图

（1）**联邦学习调度器（FL-Scheduler）**协助集群组网，并负责管理面任务的下发。

（2）**联邦学习服务器（FL-Server）**联邦学习服务器提供客户端选择、限时通信、分布式联邦聚合功能。FL-Server 需要具备支持端云千万台设备的能力以及支持边缘服务器的接入和安全处理的逻辑。

（3）**联邦学习客户端（FL-Client）**负责本地数据训练，并在和 FL-Server 进行通信时，对上传权重进行安全加密。

此外，MindSpore Federated 针对端云联邦学习设计出了 4 大特性。

（1）**限时通信**：在 FL-Server 和 FL-Client 建立连接后，启动全局的计时器和计数器。当预先设定的时间窗口内的 FL-Server 接收到 FL-Client 训练后的模型参数满足初始接入的所有 FL-Client 的一定比例后，就可以进行聚合。若时间窗内没有达到比例阈值，则进入下一轮迭代，保证即使有海量 FL-Client 接入的情况下，也不会由于个别 FL-Client 训练时间过长或掉线导致的整个联邦学习过程卡死。

（2）**松耦合组网**：使用 FL-Server 集群。每个 FL-Server 接收和下发权重给部分 FL-Client，减少单个 FL-Server 的带宽压力。此外，支持 FL-Client 以松散的方式接入。任意 FL-Client 的中途退出都不会影响全局任务，并且 FL-Client 在任意时刻访问任意 FL-Server 都能获得训练所需的全量数据。

（3）**加密模块**：MindSpore Federated 为了防止模型梯度的泄露，部署了多种加密算法——本地差分隐私（Local Differential Privacy，LDP）算法、基于多方安全计算（MPC）的安全聚合算法和华为公司自研的基于符号的维度选择差分隐私（Sign-based Dimension Selection，SignDS）算法。

（4）**通信压缩模块**：MindSpore Federated 分别在 FL-Server 下发模型参数和 FL-Client 上传模型参数时，使用量化和稀疏等手段，将权重压缩编码成较小的数据格式，并在对端将压缩编码后的数据解码为原始数据。

# 10.3 纵向联邦学习

现在介绍另一种联邦学习算法——纵向联邦学习（Vertical Federated Learning）。纵向联邦学习的参与方拥有相同样本空间、不同特征空间的数据，通过共有样本数据进行安全联合建模，在金融、广告等领域拥有广泛的应用场景。和横向联邦学习相比，纵向联邦学习的参与方之间需要协同完成数据求交集、模型联合训练和模型联合推理。并且，参与方越多，纵向联邦系统的复杂度就越高。

下面以企业 A 和企业 B 两方为例来介绍纵向联邦的基本架构和流程。假设企业 A 有特征数据和标签数据，可以独立建模；企业 B 有特征数据，缺乏标签数据，因此无法独立建模。由于隐私法规和行业规范等原因，两个企业之间的数据无法直接互通。企业 A 和企业 B 可采用纵向联邦学习解决方案进行合作，数据不出本地，使用双方共同样本数据进行联合建模和训练。最终双方都能获得一个更强大的模型。

## 10.3.1 纵向联邦架构

纵向联邦学习系统如图 10.2 所示，其中的模型训练一般分为如下阶段。

（1）**样本对齐**：首先对齐企业 A 和企业 B 中具有相同 ID（Identification）的样本数据。在数据对齐阶段，系统会采用加密算法对数据进行保护，确保任何一方的用户数据不会暴露。

（2）**联合训练**：在确定企业 A 和企业 B 共有用户数据后，可以使用这些共有的数据来协同训练一个业务模型。模型训练过程中，模型参数信息以加密方式进行传递。已训练好的联邦学习模型可以部署在联邦学习系统的各参与方。

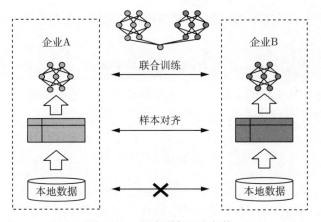

图 10.2　纵向联邦两方架构

## 10.3.2　样本对齐

隐私集合求交（Private Set Intersection，PSI）技术是纵向联邦学习中数据样本对齐的常用解决方案。数据样本对齐的含义如图 10.3 所示。业界 PSI 实现方案有多种：基于电路、基于公钥加密、基于不经意传输协议和基于全同态加密等。不同 PSI 方案各有优劣势。例如，基于公钥加密方案不需要服务器辅助运行，但公钥加密的计算开销大；而基于不经意传输方案计算性能高，但通信开销较大。因此，在具体应用时，要根据实际场景来选择功能、性能和安全之间的最佳平衡方案。

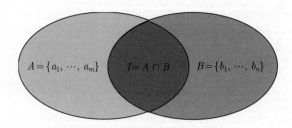

图 10.3　纵向联邦样本对齐

基于 RSA 盲签名是一种基于公钥加密的经典 PSI 方法，也是当前业界纵向联邦学习系统中广泛应用的技术之一。下面以企业 A 和企业 B 为例描述 RSA 盲签名算法的基本流程。

企业 A 作为服务端，拥有一个包含了标签数据和样本 ID 集合；企业 B 则作为客户端，拥有样本 ID 集合。首先，企业 A 利用 RSA 算法生成私钥和公钥。其中，私钥保留在服务端，公钥则发送给企业 B。

在服务端侧生成 RSA 计算样本对齐 ID 的签名，如式 (10.1) 所示。

$$t_j = H'(K_{a:j}) \tag{10.1}$$

其中，$K_{a:j} = (H(a_j))^d \bmod n$，是采用私钥 $d$ 对 $H(a_j)$ 进行 RSA 加密的结果。$H()$ 和 $H'()$ 是哈希函数。

同样地，在客户端侧对样本 ID 进行公钥加密，并乘以一个随机数 $R_{b,i}$ 用于加盲扰动，如式 (10.2) 所示。

$$y_i = H(b_i) \cdot (R_{b,i})^e \bmod n \tag{10.2}$$

客户端侧将上述计算出来的 $\{y_1, \cdots, y_v\}$ 值传输给服务端侧。服务端侧收到 $y_i$ 值后，使用私钥 $d$ 进行签名并计算，如式 (10.3) 所示。

$$y_i' = y_i^d \bmod n \tag{10.3}$$

然后将计算出的 $\{y_1', \cdots, y_v'\}$ 和 $\{t_1, \cdots, t_w\}$ 发送给客户端侧。

客户端侧收到 $y_i'$ 和 $t_j$ 后，首先完成去盲操作，如式 (10.4) 所示。

$$K_{b:i} = y_i'/R_{b,i} \tag{10.4}$$

并将自己的 ID 签名与服务端发过来的 ID 签名进行样本对齐，得到加密和哈希组合状态下的 ID 交集 $I$，如式 (10.5) 所示。

$$t_i' = H'(K_{b:i})I = \{t_1, \cdots, t_w\} \cap \{t_1', \cdots, t_v'\} \tag{10.5}$$

最后，将对齐后的样本 ID 交集发送给服务端，服务端利用自身的映射表单独求取明文结果。这样企业 A 和企业 B 在加密状态下完成了求取相交的用户集合，并且在整个过程中双方非重叠样本 ID 都不会对外暴露。

### 10.3.3　联合训练

在样本 ID 对齐后，开发人员就可以使用这些公共的数据来建立机器学习模型，如图 10.4 所示。

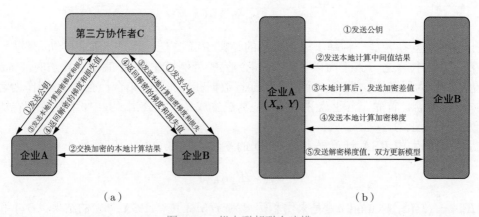

图 10.4　纵向联邦联合建模

目前，线性回归、决策树和神经网络等模型已经广泛应用到纵向联邦系统中。在纵向联邦的模型训练过程中，一般会引入第三方协作者 C 来实现中心服务器功能，并且假设这个第三方协作者 C 是可信的，不会与其他参与方合谋。中心服务器在训练过程中作为中立方，产生和分发密钥，并对加密数据进行解密和计算。但中心服务器角色是非必须的，例如在两方联邦学习的场景下，不需要第三方协作者 C 来协调双方的训练任务，可以由具有标签数据的企业 A 来充当中心服务器的角色。不失一般性，下面继续以包含第三方协作者 C 的方案来描述纵向联邦模型联合训练过程。

（1）由第三方协作者 C 创建密钥对，将公钥发送给企业 A 和 B。

（2）在企业 A 和 B 侧分别计算梯度和损失需要的中间结果，并进行加密和交换。

（3）企业 A 和 B 分别计算加密梯度和添加掩码。同时企业 A 还将计算加密损失值。计算完成后，企业 A 和 B 向第三方协作者 C 发送加密后的值。

（4）第三方协作者 C 对梯度和损失值解密，然后将结果发送回企业 A 和 B。

（5）企业 A 和 B 将收到的值首先去除梯度上的掩码，然后更新本地模型参数。

在整个训练过程中，企业 A 和 B 之间的任何敏感数据都是经过加密算法加密之后再发出已信任域。同态加密（Homomorphic Encryption，HE）是业界联邦学习框架常用的算法之一。同态加密是指加密过后的两份数据进行某些运算之后直接解密，可以得到真实数据经过相同运算的结果。当这种运算是加法时，就称为加法同态加密。将加密函数记为 $[[\cdot]]$，加法同态加密的特征如式 (10.6) 所示。

$$[[a+b]] = [[a]] + [[b]] \tag{10.6}$$

Paillier 算法是一种满足加法的同态加密算法，已经广泛应用在第三方数据处理领域和信号处理领域。在纵向联邦学习中，通常采用 Paillier 加密算法对损失函数和梯度进行加密，从而实现跨机构的模型联合训练。

模型联合训练完成后就可以投入生产环境部署应用。由于纵向联邦中每个参与方具有部分模型结构，因此推理也需要双方协作完成计算。联合推理过程和联合训练类似，首先第三方协作者 C 将推理数据 ID 发送给企业 A 和 B，双方在本地完成推理计算后将结果加密后传输到第三方协作者 C，由 C 计算模型最终的联合推理结果。

## 10.4　隐私加密算法

联邦学习过程中，用户数据仅用于本地设备训练，不需要上传至中央 FL-Server。这样可以避免用户个人数据的直接泄露。然而在联邦学习框架中，模型的权重以明文形式上云仍然存在间接泄露用户隐私的风险。敌手获取到用户上传的明文权重后，可以通过重构、模型逆向等攻击恢复用户的个人训练数据，导致用户隐私泄露。

MindSpore Federated 框架，提供了基于本地差分隐私（LDP）、基于多方安全计算（MPC）的安全聚合算法和华为公司自研的基于符号的维度选择差分隐私算法（SignDS），在本地模型的权重上云前对其进行加噪或加扰。在保证模型可用性的前提下，解决联邦学习中的隐私泄露问题。

### 10.4.1　基于 LDP 算法的安全聚合

差分隐私（Differential Privacy）是一种保护用户数据隐私的机制。差分隐私定义如式 (10.7) 所示。

$$Pr[\mathcal{K}(D) \in S] \leqslant e^{\epsilon} Pr[\mathcal{K}(D') \in S] + \delta \tag{10.7}$$

对于两个差别只有一条记录的数据集 $D$ 和 $D'$，通过随机算法 $\mathcal{K}$，输出结果为集合 $S$ 子集的概率满足上面公式。其中，$\epsilon$ 为差分隐私预算；$\delta$ 为扰动；$\epsilon$ 和 $\delta$ 越小，说明 $\mathcal{K}$ 在 $D$ 和 $D'$ 上输出的数据分布越接近。

在联邦学习中，假设 FL-Client 本地训练之后的模型权重矩阵是 $W$，由于模型在训练过程中会"记住"训练集的特征，所以敌手可以借助 $W$ 还原出用户的训练数据集。

MindSpore Federated 提供基于本地差分隐私的安全聚合算法，防止本地模型的权重上云时泄露隐私数据。

FL-Client 会生成一个与本地模型权重矩阵 $W$ 相同维度的差分噪声矩阵 $G$，然后将二者相加，得到一个满足差分隐私定义的权重矩阵 $W_p$，如式 (10.8) 所示。

$$W_p = W + G \tag{10.8}$$

FL-Client 将加噪后的模型权重矩阵 $W_p$ 上传至云侧 FL-Server 进行联邦聚合。噪声矩阵 $G$ 相当于给原模型加上了一层掩码，在降低模型泄露敏感数据风险的同时，也会影响模型训练的收敛性。如何在模型隐私性和可用性之间取得更好的平衡，仍然是一个值得研究的问题。实验表明，当参与方的数量 $n$ 足够大时（一般指 1000 以上），大部分噪声能够相互抵消，本地差分隐私机制对聚合模型的精度和收敛性没有明显影响。

### 10.4.2　基于 MPC 算法的安全聚合

尽管差分隐私技术可以适当保护用户数据隐私，但是当参与 FL-Client 数量比较少或者高斯噪声幅值较大时，模型精度会受较大影响。为了同时满足模型保护和模型收敛这两个要求，MindSpore Federated 提供了基于 MPC 的安全聚合方案。

在这种训练模式下，假设参与的 FL-Client 集合为 $U$，对于任意 FL-Client $u$ 和 $v$，它们会两两协商出一对随机扰动 $p_{uv}$、$p_{vu}$，满足公式 (10.9)。

$$p_{uv} = \begin{cases} -p_{vu}, & u \neq v \\ 0, & u = v \end{cases} \tag{10.9}$$

于是每个 FL-Client $u$ 在上传模型权重至 FL-Server 前，会在原模型权重 $x_u$ 加上它与其他用户协商的扰动，如式 (10.10) 所示。

$$x_{\text{encrypt}} = x_u + \sum_{v \in U} p_{uv} \tag{10.10}$$

从而 FL-Server 聚合结果 $\overline{x}$ 如式 (10.11)。

$$\overline{x} = \sum_{u \in U} \left( x_u + \sum_{v \in U} p_{uv} \right) = \sum_{u \in U} x_u + \sum_{u \in U} \sum_{v \in U} p_{uv} = \sum_{u \in U} x_u \tag{10.11}$$

上面的过程只介绍聚合算法的主要思想，基于 MPC 的聚合方案是精度无损的，代价是通信次数的增加。

### 10.4.3　基于 LDP-SignDS 算法的安全聚合

对于先前的基于维度加噪的 LDP 算法，添加到每个维度的噪声规模基本上与模型参数的数量成正比。因此，对于高维模型，可能需要非常多的参与方来减轻噪声对模型收敛的影响。为了解决上述"维度依赖"问题，MindSpore Federated 进一步提供了基于维度选择的 Sign-based Dimension Selection（SignDS）算法。

SignDS 算法的主要思想是，对于每一条真实的本地更新 $\Delta \in \mathbb{R}^d$，FL-Client 首先选择一小部分更新最明显的维度构建 Top-K 集合 $S_k$，并以此选择一个维度集合 $J$ 返回给 FL-Server。FL-Server 根据维度集合 $J$ 构建一条对应的稀疏更新 $\Delta'$，并聚合所有稀疏更新用于更新全局模型。由于本地模型更新与本地数据信息相关联，直接选取真实的最大更新维度可能导致隐私泄露。对此，SignDS 算法在两方面实现了隐私安全保证。一方面，算法使用了一种基于指数机制（Exponential Mechanism，EM）的维度选择算法 EM-MDS，使得所选维度集满足严格的 $\epsilon$-LDP 保证；另一方面，在构建稀疏更新时，对所选维度分配一个常量值而不直接使用实际更新值，以保证稀疏更新和本地数据不再直接关联。由于维度选择满足 $\epsilon$-LDP，且分配给所选维度的更新值与本地数据无关，根据差分隐私的传递性，所构建的稀疏更新同样满足 $\epsilon$-LDP 保证。相较于之前基于维度加噪的 LDP 算法，SignDS 算法可以显著提升高维模型的训练精度。同时，由于 FL-Client 只需上传一小部分维度值而不是所有模型权重，因此联邦学习的上行通信量也大大降低。

下面分别对 Top-K 集合 $S_k$ 的构建和 EM-MDS 维度选择算法进行详细介绍。

首先，由于实际更新值有正负，直接给所有选定的维度分配相同的常量值可能会明显改变模型更新方向，影响模型收敛。为了解决这个问题，SignDS 提出了一种基于符号的 Top-K 集合构建策略。具体来讲，算法引入了一个额外的符号变量 $s \in \{-1, 1\}$。该变量由 FL-Client 以等概率随机采样，用于确定本地更新 $\Delta$ 的 Top-K 集合 $S_k$。如果 $s = 1$，将 $\Delta$ 按真实更新值排序，并将最大的 $k$ 个更新维度记为 $S_k$。进一步从 $S_k$ 中随机选择一部分维度，并将 $s = 1$ 作为这些维度的更新值用以构建稀疏更新。$S_k$ 中维度的更新值很可能大于零，因此，将 $s = 1$ 分配给选定的维度不会导致模型更新方向的太大差异，从而减轻了对模型精度的影响。类似地，当 $s = -1$ 时，我们选取最小的 $k$ 个更新维度记为 $S_k$，并将 $s = -1$ 分配给所选维度。

下面进一步介绍用于维度选择的 EM-MDS 算法。简单来说，EM-MDS 算法的目的是从输出维度域 $\mathcal{J}$ 中以一定概率 $\mathcal{P}$ 随机选择一个维度集合 $J \in \mathcal{J}$，不同维度集合对应的概率不同。假设 $J$ 总共包含 $h$ 个维度，其中有 $\nu$ 个维度属于 Top-K 集合（即 $|S_k \cap J| = \nu$，且 $\nu \in [0, h]$），另外 $h - \nu$ 个维度属于非 Top-K 集合。直观上看，$\nu$ 越大，$J$ 中包含的 Top-K

维度越多，模型收敛越好。因此，希望给 $\nu$ 较大的维度集合分配更高的概率。基于这个想法，我们将评分函数定义为式 (10.12)。

$$u(S_k, J) = \mathbb{1}(|S_k \cap J| \geqslant \nu_{th}) = \mathbb{1}(\nu \geqslant \nu_{th}) \tag{10.12}$$

$u(S_k, J)$ 用来衡量输出维度集合 $J$ 中包含的 Top-K 维度的数量是否超过某一阈值 $\nu_{th}$（$\nu_{th} \in [1, h]$），超过则为 1，否则为 0。进一步，$u(S_k, J)$ 的敏感度可计算如式 (10.13) 所示。

$$\phi = \max_{J \in \mathcal{J}} \|u(S_k, J) - u(S_k', J)\| = 1 - 0 = 1 \tag{10.13}$$

注意，式 (10.13) 对于任意一对不同的 Top-K 集合 $S_k$ 和 $S_k'$ 均成立。

根据以上定义，EM-MDS 算法描述如下：给定真实本地更新 $\Delta \in \mathbb{R}^d$ 的 Top-K 集合 $S_k$ 和隐私预算 $\epsilon$，输出维度集合 $J \in \mathcal{J}$ 的采样概率如式 (10.14) 所示。

$$
\begin{aligned}
\overline{\mathcal{P}} &= \frac{\exp\left(\dfrac{\epsilon}{\phi} \cdot u(S_k, J)\right)}{\displaystyle\sum_{J' \in \mathcal{J}} \exp\left(\dfrac{\epsilon}{\phi} \cdot u(S_k, J')\right)} \\
&= \frac{\exp(\epsilon \cdot \mathbb{1}(\nu \geqslant \nu_{th}))}{\displaystyle\sum_{\tau=0}^{\tau=h} \omega_\tau \cdot \exp(\epsilon \cdot \mathbb{1}(\tau \geqslant \nu_{th}))} \\
&= \frac{\exp(\epsilon \cdot \mathbb{1}(\nu \geqslant \nu_{th}))}{\displaystyle\sum_{\tau=0}^{\tau=\nu_{th}-1} \omega_\tau + \sum_{\tau=\nu_{th}}^{\tau=h} \omega_\tau \cdot \exp(\epsilon)}
\end{aligned}
\tag{10.14}
$$

其中，$\nu$ 是 $J$ 中包含的 Top-K 维度数量，$\nu_{th}$ 是评分函数的阈值，$J'$ 是任意一输出维度集合，$\omega_\tau = \dbinom{k}{\tau}\dbinom{d-k}{h-\tau}$ 是所有包含 $\tau$ 个 Top-K 维度的集合数。

最后，我们在图 10.5 中描述了 SignDS 算法的详细流程。给定本地模型更新 $\Delta$，首先随机采样一个符号值 $s$ 并构建 Top-K 集合 $S_k$。考虑到输出域 $\mathcal{J}$ 包含 $\dbinom{d}{k}$ 个可能的维度集合，以一定概率直接从 $\mathcal{J}$ 中随机采样一个组合需要很大的计算成本和空间成本。因此采用逆采样算法以提升计算效率。具体来说，我们首先从标准均匀分布中采样一个随机值 $\beta \sim U(0,1)$，并根据 $p(\nu = \tau|\nu_{th})$ 的累积概率分布 $\mathrm{CDF}_\tau$ 确定输出维度集合中包含的 Top-K 维度数 $\nu$。最后从 Top-K 集合 $S_k$ 中随机选取 $\nu$ 个维度，从非 Top-K 集合中随机采样 $h-\nu$ 个维度，以构建最终的输出维度集合 $J$。

---

**算法 3**　SignDS 工作流程

---

**输入：** $\Delta \in \mathbb{R}^d$: 本地更新；$d$: 模型参数量；$k$: top-$k$ 维度数量；$h$: 输出维度数量；$\epsilon$: 隐私预算

**输出：** $s$, $\boldsymbol{J}$: 采样符号值及输出维度集合

---

1: 随机采样符号值 $s \in \{1, -1\}$

2: **if** $s = 1$ **then**

3: 　　选择 $\Delta$ 中更新值最大的 $k$ 个维度构建 $\boldsymbol{S}_{\text{topk}}$

4: **else**

5: 　　选择 $\Delta$ 中更新值最小的 $k$ 个维度构建 $\boldsymbol{S}_{\text{topk}}$

6: **end if**

7: 计算评分函数阈值 $\nu_{th}^* = \arg\max\limits_{\nu_{th} \in [1,\, h]} \mathbb{E}[\nu | \nu_{th}]$

8: 计算输出集合采样概率分母项

　　$\Omega = \sum\limits_{\tau=0}^{\tau = \nu_{th}^* - 1} \omega_\tau + \sum\limits_{\tau=\nu_{th}^*}^{\tau = h} \omega_\tau \cdot \exp(\epsilon)$，其中 $\omega_\tau = \binom{k}{\tau}\binom{d-k}{h-\tau}$

9: 随机采样 $\beta \sim \mathbf{U}(0, 1)$

10: 初始化 $\tau = 0$，$\text{CDF}_\tau = \omega_0 / \Omega$

11: **while** $\text{CDF}_\tau < \beta$ **do**

12: 　　$\tau = \tau + 1$

13: 　　**if** $\tau < \nu_{th}^*$ **then**

14: 　　　　$\text{CDF}_\tau = \text{CDF}_\tau + \omega_\tau / \Omega$

15: 　　**else**

16: 　　　　$\text{CDF}_\tau = \text{CDF}_\tau + \omega_\tau \cdot \exp(\epsilon) / \Omega$

17: 　　**end if**

18: **end while**

19: 输出维度集合中top-$k$ 维度数为 $\nu = \tau$

20: 从 $\{a \in \{1, \cdots, d\} | a \in \boldsymbol{S}_{\text{topk}}\}$ 随机采样 $\nu$ 个维度并添加到 $\boldsymbol{J}$ 中

21: 从 $\{a \in \{1, \cdots, d\} | a \notin \boldsymbol{S}_{\text{topk}}\}$ 随机采样 $h - \nu$ 个维度并添加到 $\boldsymbol{J}$ 中

22: 返回 $s$, $\boldsymbol{J}$

---

图 10.5　SignDS 工作流程

## 10.5　展望

为了实现联邦学习的大规模商用，我们仍然需要做许多研究工作。如我们无法查看联邦学习的分布式化的数据，那就很难选择模型的超参数以及设定优化器，只能采用一些基于模拟的方案来调测模型；如用于移动设备时，单用户的标签数据很少，甚至无法获取数据的标签信息，联邦学习如何用于无监督学习；如由于参与方的数据分布不一致，训练同一个全局模型，很难评价模型对于每个参与方的好坏；如数据一直是公司的核心资产，不同的公司一直在致力于收集数据和创造数据孤岛，如何有效地激励公司或者机构参与联邦学习的系统中来。下面将介绍一些 MindSpore Federated 正在进行的尝试和业界相关的工作。

### 10.5.1　异构场景下的联邦学习

横向联邦和纵向联邦学习都是让不同的参与方共同建立一个共享的机器学习模型。然而，企业级联邦学习框架往往需要适应多种异构场景，如数据异构（不同客户端数据规模以及分布不一致），设备异构（不同客户端设备计算能力，通信效率不一致），以及模型异构（不同本地客户端模型学到的特征不一致）。

比较主流的两种联邦异构场景下的工作。

（1）对异构数据具有高度鲁棒性的本地模型个性化联邦学习策略。

联邦学习训练的是一个全局模型，基于所有数据得到一个全局最优解，但是不同参与方的数据量和分布都是不同的，很多场景下全局模型无法在把握整体的同时又照顾到这种差异。当某一方的数据和整体偏离比较大时，联邦学习的效果确实有可能不如本地训练的效果。那么如何在所有参与方总体的收益最大化的同时，让个体的收益也能够最大化，这就是个性化

联邦学习。

个性化联邦学习并不要求所有参与方最终使用的模型必须是一样的，如允许每个参与方在参与联邦之后，根据自己的数据对模型进行微调，从而生成本方独特的个性化模型。在进行个性化微调之后，往往模型在本地测试集上的效果会更好。在这种方式下，不同参与方的模型结构是一样的，但是模型参数会有所不同。还有一些方案，是让所有的参与方拥有同样的特征提取层，但是任务分类层不同。有的思路是将知识蒸馏引入联邦学习中，将联邦学习的全局模型作为教师模型，将个性化模型作为学生模型，可以缓解个性化过程中的过拟合问题。

（2）对于异构模型进行模型聚合的策略研究。

一般在 FedAvg 的联邦聚合范式下，本地迭代训练次数越少、聚合地越频繁，模型收敛精度会越好，尤其在不同参与客户端的数据是非 IID 的情况下。但是聚合会带来通信成本开销，联邦学习存在通信成本与模型精度的 Trade-Off。因此很多研究者聚焦于如何设计自适应聚合方案，要求在给定训练时间开销的前提下，找到本地更新和全局通信之间的最佳平衡，令全局模型的泛化误差最小。

### 10.5.2　通信效率提升

在联邦学习流程中的每一个全局训练轮次里，每个参与方都需要给服务端发送完整的参数，然后服务端将聚合后的参数下发。现代的深度学习网络动辄有数百万甚至更大量级的参数，如此多的参数传输将会带来巨大的通信开销。为了降低通信开销，MindSpore Federated 采取了一些改善通信效率的方法。

（1）智能调频策略：通过改变全局模型聚合的轮次来提高联邦学习效率，减少训练任务达到收敛的通信开销。在联邦学习流程的初期，不同参与方的参数变化较为一致，因此设置较小的聚合频率可以减少通信成本；在联邦学习流程的后期，不同参与方的参数变化较不一致，因此设置较大的聚合频率可以使得模型快速收敛。

（2）通信压缩方案：对权重差进行量化以及稀疏化操作，即每次通信仅上传一小部分量化后的权重差值。之所以选择权重差做量化和稀疏，是因为它比权重值的分布更易拟合，而且稀疏性更高。量化就是将 float32 的数据类型映射到 int8 甚至更低比特表示的数值上，一方面降低存储和通信开销，另一方面可以更好地采用一些压缩编码方式进行传输（如哈夫曼编码、有限状态熵编码等）。比较常用的稀疏化方法有 Top-K 稀疏，即按梯度的绝对值从小到大排序，每轮只上传前 $k$ 个参数。通信压缩方案的精度一般是有损的，如何选取合适的 $k$ 是一个有挑战性的问题。

### 10.5.3　联邦生态

前面的章节介绍了面向隐私保护的联邦学习领域的一些技术与实践，然而随着探索地更加深入，联邦学习领域也变得更具包容性，它涵盖了机器学习、模型压缩部署、信息安全、加密算法、博弈论等。随着越来越多的公司、高校和机构参与，现在的联邦学习已经不仅仅是一种技术解决方案，还是一个隐私保护的生态系统，如不同的参与方希望以可持续的方式加入联邦流程，如何设计激励机制以确保利润可以相对公平地被各参与方共享，同时对于恶意的实施攻击或者破坏行为的参与方进行有效遏制。

另外，随着用户数据隐私保护和合理使用的法律法规越来越多地被推出，制定联邦学习的技术标准显得愈加重要，这一标准能够在法律监管部门和技术开发人员之间建立一座桥梁，让企业知道采用何种技术，能够在合乎法规的同时更好地进行信息共享。

2020 年底正式出版推行了由 IEEE 标准委员会通过的联邦学习国际标准（IEEE P3652.1），该标准旨在提供一个搭建联邦学习的体系架构和应用的指导方针，主要内容包括联邦学习的描述和定义、场景需求分类和安全测评、如何量化联邦学习个性指标的评估、联合管控的需求。这也是国际上首个针对人工智能协同技术框架订立的标准，这标志着联邦学习开启大规模工业化应用的新篇章。

## 10.6 总结

这一章简单介绍了联邦学习的背景、系统架构、联邦平均算法、隐私加密算法以及实际部署时的挑战。联邦学习是一个新起步的人工智能算法，可以在"数据保护"与"数据孤岛"这两大约束条件下，建立有效的机器学习模型。此外，由于联邦学习场景的特殊性（端侧数据不上传、安全隐私要求高和数据非独立同分布等特点），使得系统和算法的开发难度更高；如何平衡计算和通信的开销，如何保证模型不会泄露隐私，算法如何在非独立同分布场景下收敛。这些难点都需要开发人员对实际的联邦学习场景有更深刻的认识。

# 第11章

# 推荐系统

推荐模型通过对用户特征、物品特征、用户-物品历史交互行为等数据的分析，为用户推荐可能感兴趣的内容、商品或者广告[①]。在信息爆炸的时代，高效且准确的推荐结果能够极大地提升用户在使用服务时的体验。近年来，基于深度学习的推荐模型[②]由于其可以高效地从海量数据中发掘用户的潜在兴趣，被谷歌、脸书、阿里巴巴等各大公司广泛应用于生产环境中。为了支持推荐模型的稳定高质量服务，人们围绕其搭建了一系列组件，这些组件和推荐模型共同构成了庞大而又精巧的深度学习推荐系统。本章主要介绍以深度学习推荐模型为中心的推荐系统的基本组成、运行原理以及其在在线环境中面临的挑战和对应的解决方案。

## 11.1 系统基本组成

推荐模型是推荐系统的核心模块，负责根据输入数据找出用户可能感兴趣的物品。为了支持推荐模型的持续、稳定、高质量运行，大型推荐系统还包括了围绕推荐模型搭建的一系列其他模块。图 11.1 展示了一个典型的推荐系统的基本架构。首先，有一个消息队列接收从推荐服务的客户端上传的日志，其中包括用户对于此前推荐结果的反馈，例如用户是否点击了推荐的物品。然后，数据处理模块对日志中的原始数据进行处理，得到新的训练样本并写入另一条消息队列中，由训练服务器读取并更新模型参数。主流的推荐模型主要由两部分构成——嵌入表和神经网络。在训练过程中，训练服务器从参数服务器拉取模型参数，计算梯度将梯度上传回参数服务器，参数服务器聚合各个训练服务器的结果并更新参数。推理服务器负责处理用户请求，根据用户请求从参数服务器拉取对应的模型参数，然后计算推荐结果。

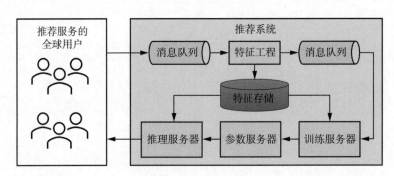

图 11.1 推荐系统架构

---

① 以下统称为"物品"。

② 以下推荐模型特指深度学习推荐模型。

以下将详细介绍推荐系统工作流中的各个组件的功能和特点。

## 11.1.1 消息队列

消息队列（Message Queue）是一种服务（Service）间异步通信的方式，常用于无服务（Serverless）或微服务（Microservices）架构中。

例如，在推荐系统中，各个模块可以部署成一个个相对独立的微服务。客户端向服务器上报的日志（包含用户对推荐结果的反馈）由消息队列负责收集，然后数据处理服务从消息队列中读取原始日志，并进行清洗、转化，将得到的用户特征、物品特征存入特征存储中，而将得到的训练样本再写入另一条消息队列中，等待训练服务器使用。

消息队列带来的益处非常多，其中之一是允许消息的生产者（Producer）（例如客户端的上报组件）和消息的消费者（Consumer）（例如服务端的数据处理模块）可以以不同的速率生产消费数据。假设在推荐服务使用的高峰期，用户端产生了大量反馈，如果令数据处理模块直接接收数据，那么很可能因为处理速度跟不上产生速度而导致大量数据被丢弃。即使可以按最高峰的反馈量配置数据处理模块，也会导致大部分非高峰期时间资源被浪费。而消息队列可以在高峰期将用户日志缓存起来，从而使得数据处理模块可以以一个较为恒定且经济的速度处理用户反馈。

作为分布式系统的重要基础组件，业界已经开发了许多成熟的消息队列系统，例如 RabbitMQ、Kafka、Pulsar 等。限于篇幅和主题，本节无法详细介绍消息队列的各个方面，感兴趣的读者可以参考这些开源系统的文档深入学习。

## 11.1.2 特征存储

特征存储是存储并组织特征的地方，被用于模型训练和推理服务中。

前文提到数据处理模块从消息队列中读取原始日志，例如日志中包含的用户性别信息可能是"男""女""未知"中的一种。这样的原始特征无法直接输入推荐模型中使用，因此数据处理模块对其进行简单的映射转化："男" → 0，"女" → 1，"未知" → 2。经过这样转化之后，性别特征就可以被数据处理模块或者推荐模型使用。转化后的特征被存入特征存储中。一种典型的特征存储格式如图 11.2 所示，当训练或推理模块需要用到用户特征时，只需要知道用户 ID，就可以从特征存储中查询到所有需要的特征。

| 用户ID | 性别 | 地域 | 职业 |
|--------|------|------|------|
| 0001 | 1 | 5 | 1 |
| 0002 | 0 | 3 | 0 |
| 0003 | 0 | 7 | 2 |

图 11.2　特征存储示例

使用特征存储的一个显著优势是复用数据处理模块的结果并减少存储冗余，即避免每个模块都要单独对原始数据进行加工处理，并维护一个数据存储系统来保存可能会用到的特征。然而其带来的一个更大的益处是保证整个系统中的各个组件拥有一致的特征视图。设想一个极端场景，假如训练模块自己维护的数据库中性别"男"对应值是 1，"女"对应值是 0，而推理模块恰好相反，这样会导致模型推理得到灾难性的结果。

特征存储是机器学习系统中的重要基础组件，工业界有许多成熟的产品，例如 SageMaker、Databricks 等，也有许多优秀的开源系统，例如 Hopsworks、Feast 等。

### 11.1.3　稠密神经网络

稠密神经网络（Dense Neural Network，DNN）是推荐模型的核心，负责探索各个特征之间隐含的联系，从而为用户推荐可能感兴趣的物品。一般在推荐系统中，简单的多层感知机（Multilayer Perceptron，MLP）模型就已经显示出了强大的效果并被应用在谷歌[11]、Meta[62]等各大公司的推荐模型中。虽然多层感知机的大矩阵相乘操作属于计算密集型任务，对于计算能力要求很高，但是推荐模型中的多层感知机尺寸一般不超过数兆字节，对存储要求不高。

虽然多层感知机已经取得了不错的效果，在推荐系统领域，近年来应用各种新型深度神经网络的尝试从未止步，更加精巧复杂的网络结构层出不穷，近年来也尝试过应用 Transformer 模型完成推荐任务[17]。在可以预见的未来，推荐模型中的稠密神经网络也必然会增长到数吉字节乃至太字节。

### 11.1.4　嵌入表

嵌入表是几乎所有推荐模型的共有组件，负责将无法直接参与计算的离散特征数据，例如：用户和物品 ID、用户性别、物品类别等，转化为高维空间中的一条向量。推荐模型中的嵌入表的结构和自然语言处理模型中的类似，不同的是，自然语言处理模型中的深度神经网络贡献了主要的参数量，而在推荐模型中，如图 11.3 所示，嵌入表贡献主要的参数量。这是因为，推荐系统中有大量的离散特征，而每个离散特征的每一种可能的取值都需要有对应的嵌入项。例如，性别特征的取值可能是"女""男""未知"，则需要三个嵌入项。假设每条嵌入项是一个 64 维的单精度浮点数向量，如果一个推荐系统服务一亿用户，那么仅仅对应的用户嵌入表（其中的每条嵌入项对应一个用户）的大小就有 $4{\times}64{\times}10^8 (= 23.8)$GB。除了用户嵌入表，还有商品嵌入表（其中的每条嵌入项对应一个商品），以及用户和商品的各项特征的嵌入表。总的嵌入表大小可以轻易达到几百 GB 甚至几十 TB。而正如上文提到的，推荐系统中通常常用的 MLP 模型尺寸较小。例如一个在 Ali-CCP 数据集[47]上训练的 DLRM[62] 的嵌入表大小超过 1.44GB，而稠密神经网络仅有大约 100KB。

在推荐系统中，人们通常使用存算分离的参数服务器架构来服务推荐模型。尽管嵌入表占据了推荐模型的主要存储空间，但是其计算却是十分稀疏的。因为无论是在训练还是推理过程中，数据都是以小批次的形式依次计算。而在一个批次的计算过程中，只有涉及的那些嵌入项才会被访问到。假设一个服务于一亿用户的推荐系统每次处理 1000 条用户的请求，那么一次只有大约十万分之一的嵌入项会被访问到。因此，负责计算推荐结果的服务器（训练服务器或者推理服务器）根本没有必要存储所有的嵌入表。

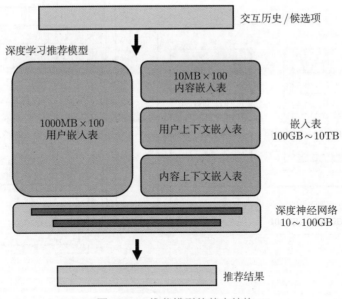

图 11.3　推荐模型的基本结构

### 11.1.5　训练服务器

因为深度学习推荐系统同时具有存储密集（嵌入表）和计算密集（深度神经网路）的特点，工业界通常使用参数服务器架构来支持超大规模推荐模型的训练和推理。参数服务器架构包含训练服务器、参数服务器和推理服务器。9.6 节详细介绍了参数服务器架构，因此本节只重点介绍参数服务器架构具体在推荐系统中的功能。

在推荐系统中，训练服务器从消息队列中读取一个批次的数据，然后从参数服务器上拉取对应的嵌入项和深度神经网络，依次得出推荐结果、计算损失，并进行反向传播得到梯度。参数服务器从所有训练服务器处收集梯度，聚合得到新的参数，这就完成了一轮模型训练。

由于参数服务器要聚合所有训练服务器的梯度，为了避免网络延迟导致的掉队者严重影响训练效率，通常一个模型的所有训练服务器位于同一个数据中心中。这个数据中心称为训练数据中心。

### 11.1.6　参数服务器

在推荐系统中，参数服务器除了协调训练过程外，还要负责支持模型推理。在模型推理过程中，推理服务器需要访问参数服务器上的模型参数以计算推荐结果。因此，为了降低推理过程的延迟，通常会在推理服务器所在的数据中心（以下称为推理数据中心）中的参数服务器（结构如图 11.4 所示）上保存至少一份模型参数的副本。这种做法还有利于容灾——当一个数据中心因为某些原因被迫下线无法访问时，可以将用户请求重定向至其他推理数据中心。

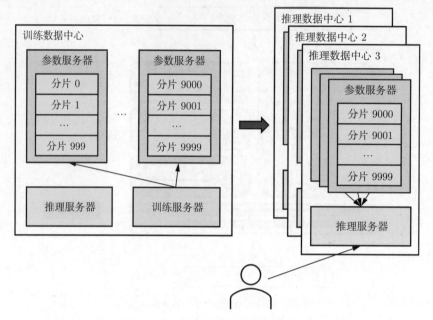

图 11.4　推荐系统中的参数服务器

### 11.1.7　推理服务器

推荐系统中的推理服务器负责从客户端接受用户的推荐请求，根据请求从参数服务器拉取模型参数，从特征存储中拉取用户和物品特征，然后计算推荐结果。为了方便理解，本节假设用户请求由一个推理服务器处理，实际上在大规模推荐系统中，推理结果由（多个推理服务器上的）多个模型组成的推荐流水线给出。具体的细节将会在 11.2 节中介绍。

## 11.2　多阶段推荐系统

推荐流水线的功能是根据用户请求推荐其可能感兴趣的物品。具体来说，当用户需要使用推荐服务时向推理服务发送一个推荐请求，其中包括用户 ID 和当前的上下文特征（例如，用户刚刚浏览过的物品、浏览时长等），推荐流水线将该用户的特征和备选物品特征作为输入，进行计算后得出这名用户对各个备选物品的评分，并选出评分最高的（数十个到数百个）物品作为推荐结果返回。

### 11.2.1　推荐流水线概述

一个推荐系统中通常会有多达数十亿的备选物品，如果用一个模型来计算用户对于每个备选物品的评分，必然会导致模型在准确度和速度上做取舍。换句话说，要么选择简单的模型，牺牲准确度换取速度——导致用户对推荐结果毫无兴趣；要么选择复杂的模型，牺牲速度换取准确度——导致用户因等待时间过长而离开。鉴于此，现代推荐系统通常以如图 11.5 所示的流水线的形式部署多个推荐模型。在流水线的最前端，召回（Retrieval）阶段（通常使用结构较为简单、运行速度较快的模型）从所有备选物品中过滤出用户可能感兴趣的数千至数万个物品。接下来的排序（Ranking）阶段（通常使用结构更为复杂、运行速度也更慢的模型）对选出的物品进行打分并排序，然后再根据业务场景为用户返回最高分的数十或数百个物品作为推荐结果。当排序模型过于复杂而不能在规定时间内处理所有被召回的物品时，排序阶段可以被进一步细分为粗排（Pre-ranking）、精排（Ranking）和重排（Re-ranking）三个阶段。

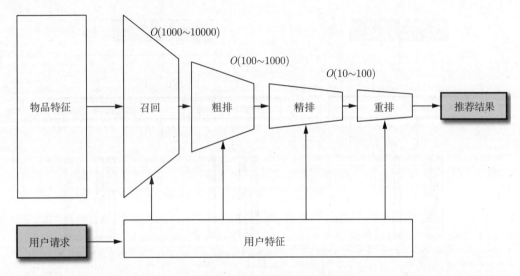

图 11.5　多阶段推荐流水线示例图

下面几个小节将会详细介绍召回和排序阶段的常用模型、训练方法以及关键指标。

## 11.2.2　召回

在召回阶段，模型以用户特征作为输入，从所有备选物品中粗略筛选出一部分用户可能感兴趣的物品作为输出。召回阶段的主要目的是将候选物品范围缩小，减轻下一阶段排序模型的运行负担。

### 1. 双塔模型

以如图 11.6 所示的双塔模型[101] 为例介绍召回的流程。双塔模型具有两个多层感知机，分别对用户特征和物品特征进行编码，分别称为用户塔[①]和物品塔。对于输入数据，连续特征可以直接作为多层感知机的输入，而离散特征需要通过嵌入表映射为一个稠密向量，再输入

---

① 原论文中的用户塔还使用了用户观看过的视频的特征作为种子特征。

到多层感知机中。用户塔和物品塔对特征进行处理，得到用户向量和物品向量用于表示不同用户或物品。双塔模型使用一个评分函数衡量用户向量和物品向量之间的相似度。

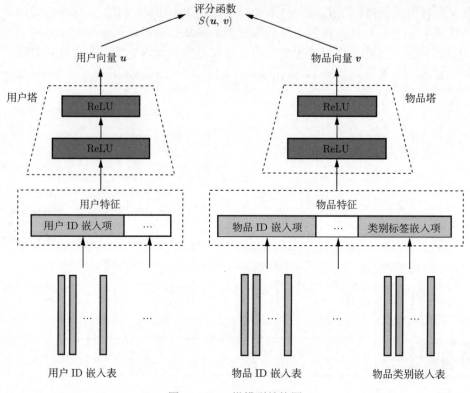

图 11.6　双塔模型结构图

### 2. 训练

训练时，模型的输入为用户对历史推荐结果的反馈数据，即（用户，物品，标签）对，其中标签表示用户是否点击了物品。一般将点击记为 1，而将未点击记为 0。双塔模型使用正样本（即标签为 1 的样本）作为训练数据，然后使用一种可以纠正采样偏差的批次内采样器在批次内进行采样得到负样本，其算法细节不是本节介绍的重点，感兴趣的读者可以深入研究原论文。模型输出的结果是用户点击不同物品的概率。训练时选用合适的损失函数使得正样本的预测结果尽可能接近 1，而负样本的预测结果尽可能接近 0。

### 3. 推理

推理之前，首先使用训练好的模型计算出所有物品的物品向量并保存。这是因为物品的特征是相对稳定的，这样做可以减少推理时的计算开销，从而加快推理速度。而用户特征与用户的使用情况相关，因此当用户请求到达时，双塔模型使用用户塔对当前的用户特征进行计算，得到用户向量。然后使用训练时的评分函数作为相似度的衡量，使用这一用户的用户向量与所有备选物品的物品向量进行相似度搜索。选出相似度最高的一部分物品输出作为召回结果。

#### 4. 评估指标

召回模型的常见评估指标是在召回 $k$ 个物品时的召回率（Recall@k），召回 $k$ 个物品时的召回率定义如下：

$$\text{Recall@k} = \frac{\text{TP}}{\min(\text{TP} + \text{FN}, k)} \tag{11.1}$$

其中，TP、FN 分别是真阳性（即召回的 $k$ 个物品中真实标签为 1 的）和假阴性（即没有被召回的物品中真实标签为 1 的）。换句话说，召回率衡量的是所有正样本中有多少被模型成功找到了。这里需要注意的是，因为最多只能召回 $k$ 个物品，所以如果正样本数大于 $k$，那么最好的情况下也只能找出 $k$ 个。因此，分母选择正样本数和 $k$ 中较小的那一个。

### 11.2.3　排序

在排序阶段，模型结合用户和物品特征对召回得到的物品逐一打分。分数大小反映了该用户对物品感兴趣的概率。根据排序结果，选取评分最高的一部分物品向用户推荐。

当推荐模型所需要处理的备选物品越来越多，或者需要加入更为复杂的推荐逻辑和规则时，排序可以进一步细分为三个阶段——粗排、精排和重排。

（1）粗排在召回与精排之间对物品进行进一步筛选。当有海量的备选物品或者使用了多路召回来增加召回结果的多样性时，召回阶段输出的物品数量依然会非常多。如果全部输入精排模型，会导致精排的耗时极高。因此，在推荐流水线中加入粗排阶段可以进一步减少需要被精排的物品。

（2）精排是排序最重要的阶段。在精排阶段，模型应尽量准确地反映用户对不同物品的喜好程度。下文中的排序模型均指代精排模型。

（3）重排阶段会根据一定的商业逻辑（例如，增加新物品的曝光率或者过滤掉用户已经购买过的物品、看过的视频等）和规则（打乱推荐的物品、减少相似物品推荐）对精排的结果进行进一步处理，以从整体上提升推荐服务的质量，而不是仅仅关注单个物品的点击率。

#### 1. DLRM

接下来以 DLRM[62] 为例，介绍排序模型如何处理特征数据。如图 11.7 所示，DLRM 包括嵌入表、两层多层感知机和一层交互层①。

和双塔模型类似，DLRM 首先使用嵌入表将离散特征转化为对应的嵌入项（一个稠密向量），并将所有连续特征连接成一个向量输入底层多层感知机，处理得到与嵌入项维度相同的向量。底层多层感知机的输出和所有嵌入项一同送进交互层进行交互。

如图 11.8 所示，交互层将所有特征（包括所有嵌入项和经过处理连续特征）进行点积（Dot production）操作，从而得到二阶交叉特征。由于交互层得到的交互特征是对称的，对角线是同一个特征与自己交互的结果；而对角线以外的部分，每对不同特征的交互都出现了两次（例如，对于特征 $p, q$，会得到 $<p,q>, <q,p>$），所以只保留结果矩阵的下三角部分，

---

① DLRM 允许对模型结构进行定制化，本节以 DLRM 的默认代码实现为例进行简单介绍。

并将这一部分拉平。拉平后的交叉结果和底层多层感知机的输出拼接起来，一起作为顶层多层感知机的输入，顶层多层感知机进一步学习后，输出的评分代表用户点击该物品的概率。

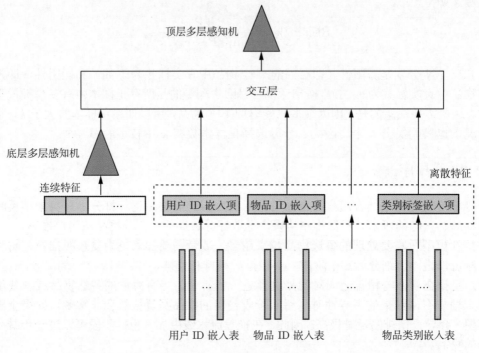

图 11.7　DLRM 结构图

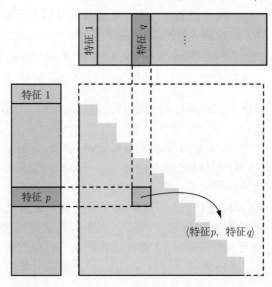

图 11.8　交互原理示意图

**2. 训练方法**

DLRM 直接基于（用户，物品，标签）对进行训练。模型将用户和物品特征一起输入，进行交互处理预测出用户点击物品的概率。对于正样本应当令概率尽可能接近 1，而负样本接近 0。

**3. 训练评估指标**

排序实际上可以被看作一个二分类问题，即将（用户，物品）分类为点击（标签为 1）或不点击（标签为 0），所以评估排序模型的方法与评估二分类模型类似。但是由于推荐系统数据集通常极度不平衡（正负样本比例悬殊），为了减少数据不平衡对指标的影响，排序模型的常用评估指标为 AUC（Area Under Curve，曲线下面积）和 F1 评分。其中，AUC 是 ROC（Receiver Operating Characteristic，受试者工作特征）曲线下的面积，ROC 曲线是在选取不同分类阈值时的真阳性率-假阳性率曲线。通过计算 AUC 和 ROC 曲线，可以选取合适的分类阈值。如果预测概率大于分类阈值，则认为预测结果为 1（点击）；否则为 0（不点击）。根据预测结果可以算出召回率（recall）和精确率（precision），然后根据公式 (11.2) 计算 F1 评分。

$$F1 = 2 \times \frac{\text{recall} \times \text{precision}}{\text{recall} + \text{precision}} \tag{11.2}$$

**4. 推理流程**

推理时，首先将召回物品的特征和该用户的相应特征拼接起来，然后输入 DLRM。根据模型的预测分数选择概率最高的一部分物品输出。

# 11.3　模型更新

通过以上两节的学习，我们了解了推荐系统的基本组件和运行流程。然而，在实际的生产环境中，因为种种原因，推荐系统必须经常性地对模型参数进行更新。在保证上亿在线用户的使用体验的前提下，更新超大规模推荐模型是极具挑战性的。本节首先介绍为何推荐系统需要持续更新模型参数，然后介绍一种主流的离线更新方法，以及一个支持在线更新的推荐系统。

### 11.3.1　持续更新模型的需求

在学习过程中，我们用到的数据集通常都是静态的，例如 ImageNet[81]、WikiText[53]。其中的数据分布通常是不变的，因此训练一个模型使其关键指标（如准确率（Accuracy））和困惑度（Perplexity）达到一定要求之后，训练任务就结束了。然而在线服务中使用的推荐模型需要面临高度动态的场景，这里的"动态"主要指两方面。

（1）推荐模型所服务的用户和所囊括的物品是在不断变化的，每时每刻都会有新的用户和新的物品。如图 11.9 所示，如果嵌入表中没有新用户所对应的嵌入项，那么推荐模型就很难服务于这个用户；同理，如果新加入的物品没有在推荐模型的嵌入表中，就无法出现在推荐流水线中，从而导致不能被推荐给目标用户。

（2）推荐模型所面临的用户兴趣是在不断变化的，如果推荐模型不能及时地改变权重以适应用户新的兴趣，那么推荐效果就会下降。例如，在一个新闻推荐的应用中，每天的热点新闻都是不一样的，如果推荐模型总是推荐旧的热点，用户的点击率就会持续下降。

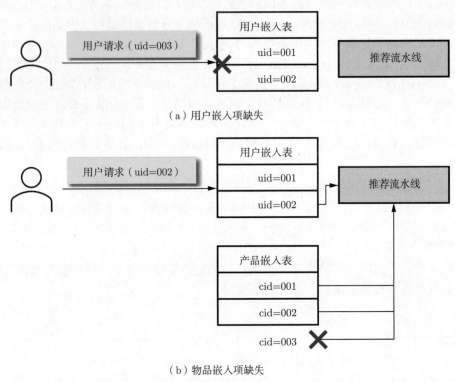

（a）用户嵌入项缺失

（b）物品嵌入项缺失

图 11.9　嵌入项缺失

以上问题虽然也可以通过人工制定的规则来处理，例如，直接在推荐结果中加入新物品，或者基于统计的热点物品，但是这些规则只能短时间内在一定程度上缓解问题，而不能彻底解决问题，因为基于人工规则的推荐性能和推荐模型存在较大差距。

### 11.3.2　离线更新

传统的推荐系统采用基于模型检查点的离线更新的方式，更新频率从每天到每小时不等，如图 11.10 所示。

具体来讲，在训练一段时间之后，有如下步骤：

① 从训练数据中心的参数服务器上保存一份模型检查点到磁盘中；
② 基于离线数据集对模型检查点进行验证，如果离线验证不通过则继续训练；
③ 如果离线验证通过，则将检查点以广播的方式发送到所有的推理数据中心。

这一流程耗费的时间从数分钟到数小时不等。也有一些系统对保存和发送检查点的过程进行了优化，可以做到分钟级模型更新。

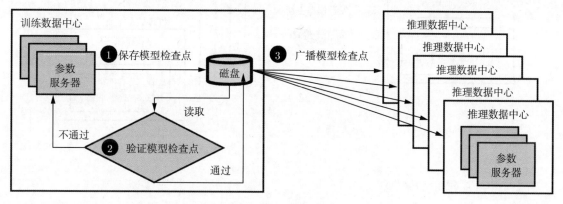

图 11.10　离线更新

随着互联网服务的进一步发展，分钟级的模型更新间隔在一些场景下依然是远远不够的。

（1）一些应用非常看重其中物品的实时性。例如，在短视频推荐场景下，内容创作者可能会根据实时热点创作视频，如果这些视频不能被及时地推荐出去，等热点稍过，观看量可能会远远不及预期。

（2）无法获取用户特征或者特征有限的场景。近年来，随着用户隐私保护意识的增长和相关数据保护法规的完善，用户常常倾向于匿名使用应用，或者尽量少地提供非必要的数据。这就使得推荐系统需要在用户使用的这段极短的时间内在线学习到用户的兴趣。

（3）需要使用在线训练范式的场景。传统的推荐系统通常采用离线训练的方式，即累计一段时间（例如，一天）的训练数据来训练模型，并将训练好的模型在低峰期（例如，凌晨）上线。最近越来越多的研究和实践表明，增大训练频率可以有效提升推荐效果。将训练频率增加到最高的结果就是在线训练，即流式处理训练数据并送给模型，模型持续地基于在线样本调整参数，模型更新被即时服务于用户。模型更新作为在线训练的一个主要环节，必须要降低延迟以达到更好的训练效果。

下一节详细分析一个前沿的推荐系统是如何解决模型快速更新的问题的。

## 11.4　案例分析：支持在线模型更新的大型推荐系统

下面分析一个新型的支持低延迟模型更新的推荐系统 Ekko[83]，从而引入实际部署推荐系统所需要考虑的系统设计知识。Ekko 的核心思想是将训练服务器产生的梯度或模型更新立刻发送至所有参数服务器，绕过费时长达数分钟乃至数小时的保存模型检查点、验证模型检查点、广播模型检查点到所有推理数据中心的过程。如此一来，推理服务器每次都能从同一数据中心的参数服务器上读到最新的模型参数。我们将这样的模型更新方式称为在线更新，区别于 11.3 节介绍的离线更新，如图 11.11 所示。

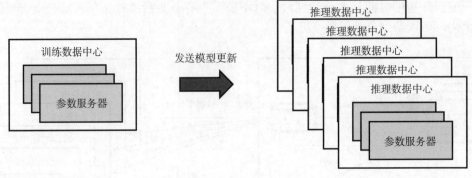

图 11.11　在线更新

### 11.4.1　系统设计挑战

相比于离线更新，在线更新避免了费时的存储和验证模型检查点的步骤，然而也带来了新的问题和挑战。

**1. 通过广域网传输海量的模型更新**

在训练数据中心内部，训练服务器通过局域网（LAN）向参数服务器发送模型更新的速度可达每秒几百吉位（Gbps），而不同数据中心之间的网络带宽往往只有每秒数吉位，而且所有数据中心的网络带宽需要优先满足推理服务的需求——接受用户的推理请求并返回推荐结果。因此，留给模型同步的带宽更加有限。

如果从训练数据中心向所有其他数据中心广播参数更新，会导致训练数据中心成为影响同步速度的瓶颈。假设训练数据中心需要将一个 100GB 的模型广播至 5 个推理数据中心，训练数据中心可用的带宽为 5Gbps，则需要花费 800s，这离秒级模型更新的需求还差了两个数量级。

如果使用如图 11.12 所示的链式复制[41]，虽然可以避免在训练数据中心出现瓶颈，但是这种方式的更新延迟很大程度上取决于链上最慢的那一段网络，导致在广域网的场景下延迟极高。

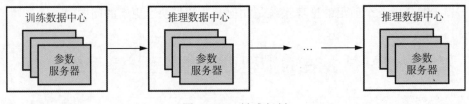

图 11.12　链式复制

**2. 防范网络拥塞影响推荐质量**

模型跨地域更新的延迟很大程度上取决于网络状况，一旦网络繁忙出现拥塞，则整体更新延迟不可避免会上升，从而影响服务质量；而且采用在线更新的推荐系统更新流量也会有波峰，当模型更新流量波峰叠加网络拥塞，整体更新延迟会大幅上升。

### 3. 防范有偏差的模型更新影响推荐质量

模型在线更新带来的一个问题是，不可能单独对每一条更新进行检查以确保其对服务质量不产生负面影响。因此有偏差的模型更新可能被发送到推理集群中，从而直接影响在线服务质量；而且在大规模在线环境中，出现有偏差的模型更新的概率并不低。

图 11.13 总结了在线更新会面临的系统挑战。

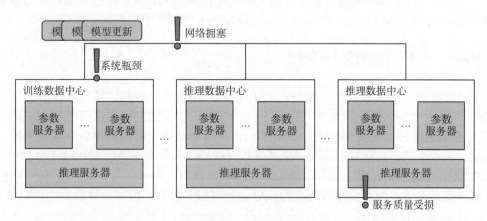

图 11.13　系统挑战

## 11.4.2　系统架构

针对这些挑战，Ekko 提出了图 11.14 所总结的 3 个核心组件。

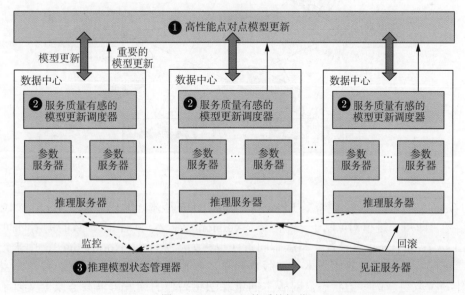

图 11.14　Ekko 的系统概览

（1）Ekko 设计了一套高性能的点对点（**Peer-to-Peer，P2P**）**模型更新传播算法**，令参数服务器根据不同的网络带宽从同伴（peer）处以自适应的速率拉取模型更新，并且结合深度学习推荐模型的特点优化了拉取效率。

（2）Ekko 设计了**服务质量有感的模型更新调度器**来发现那些会对服务质量产生重大影响的模型更新，并且将其在点对点传播的过程中加速。

（3）Ekko 设计了**推理模型状态管理器**来监控在线服务的质量，并快速回滚被有害更新损害的模型状态以避免 SLO（Service-Level Objectives）受到严重影响。

### 11.4.3　点对点模型更新传播算法

Ekko 需要支持上千台分布在数个相隔上千千米的数据中心内的参数服务器之间传播模型更新。然而一个超大规模深度学习推荐系统每秒钟可以生成几百吉字节的模型更新，而数据中心之前的网络带宽仅有 100Mbps 到 1Gbps 不等。如果采用已有参数服务器架构，例如 Project Adam[12] 的两阶段提交协议，由训练数据中心向其他数据中心发送这些模型更新，不仅训练数据中心的带宽会成为瓶颈，而且整个系统的模型更新速度会受限于最慢的那条网络。同时 Ekko 的研究人员发现使用深度学习模型的推理服务器并不需要知道参数的更新过程，而仅需要知道参数的最新权重（状态）。有鉴于此，Ekko 设计了基于状态的无日志同步算法，如图 11.15 所示，令参数服务器之间以自适应的速度相互拉取最新的模型更新。

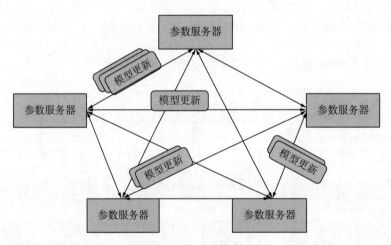

图 11.15　点对点模型更新

为了实现点对点无日志同步算法，Ekko 首先借鉴已有的版本向量（Version Vector）算法[49-50]，为每个参数（即每个键值对）赋予一个版本（Version）。版本可以记录参数的更新时间和地点。此外，Ekko 在每个分片内设置一条版本向量（也称为"见闻"，Knowledge），用来记录该分片的所有已知版本。通过对比版本号和版本向量，参数服务器可以在不发送参数本身的前提下从同伴处拉取更新的参数状态。对版本向量算法感兴趣的读者可以参考原论文以了解更多细节。

　　然而 Ekko 的研究人员发现，即使使用了版本向量算法，要从海量的模型参数中找出被更新的参数依然是非常慢的。为了加速找出被更新的参数的过程，Ekko 利用了推荐模型的两个重要的特点。

　　（1）**更新稀疏性**：虽然一个模型可以有数百 GB 甚至数 TB 的嵌入表，但是由于模型训练一般采用小批次的方式，因此每次训练服务器只会更新这一小批次中涉及的那些嵌入项。从全局来看，一段时间内嵌入表中仅有一小部分参数的状态会被更新。

　　（2）**时间局部性**：推荐系统中的模型更新并不是均匀分布在所有参数上的，一些热门的物品和活跃用户所对应的嵌入项在一段时间内会被频繁更新；反之，冷门物品和非活跃用户所对应的嵌入项根本不会被涉及。

　　结合这两个特点，Ekko 加速比较过程的核心理念是：尽量避免浪费时间去比较那些没有被更新的参数的版本。

　　具体来讲，Ekko 首先在每个分片内设计了一个**模型更新缓存**，其中保存的是近期刚刚被更新的参数的指针。假设参数服务器 A 正在试图从参数服务器 B 中拉取模型更新，如果参数服务器 A 已经知道所有不在 B 的缓存中的模型更新，那么 A 仅需要和 B 的缓存中的那些参数做比较，就能得到所有自己可能不知道的模型更新。

　　除此之外，Ekko 还利用以上两个特点，为每个分片添加了一个分片版本（Shard Version），从而可以通过仅仅发送一个 64b 的分片向量过滤掉那些根本没有模型更新的分片。分片版本减小的通信量带来的同步速度的提升也是非常显著的，Ekko 的消融实验显示，分片版本可以将更新延迟从 27.4s 降低至 6s。

　　考虑到跨地域的网络带宽资源十分紧张，而集群内部的网络带宽相对宽裕，Ekko 令每个集群内部选举一个本地领导负责从训练数据中心拉取模型更新，而集群内部的其他参数服务器从本地领导处拉取模型更新。在应用了这个简单但高效的优化之后，Ekko 可以更进一步将模型更新延迟从 6s 降低至 2.6s。此外，由于 Ekko 支持非常灵活的通讯拓扑，也可以应用已有的覆盖网络（Network Overlay）技术来进一步更加细致地优化通信。

### 11.4.4　模型更新调度器

　　秒级模型更新的服务质量非常容易受到网络延迟的影响，而跨地域数据中心之间出现短暂的网络拥塞并不罕见。Ekko 的设计者在实践中观察发现，仅有一小部分关键的模型更新对服务质量具有决定性影响。为了最大限度地保证在网络拥塞时的模型服务质量，Ekko 会根据模型对服务质量的影响进行更新，赋予不同的优先级，并在点对点传播过程中优先发送这些关键更新。

　　具体来讲，Ekko 的设计者提出了 3 种优先级指标来发现对服务质量具有决定性影响的模型更新。

　　（1）**更新的时新性**。正如前文提到的，如果推荐模型的嵌入表中没有新用户或新物品对应的嵌入项，那么该用户或物品完全无法受益于推荐模型带来的高服务质量。为了避免这种情况的发生，Ekko 对新加入的嵌入项赋予最高优先级，使得这些嵌入项永远以最快的速度传播至所有推理服务集群。

（2）**更新的显著性**。已有的大量研究都表明，大梯度的模型更新对于模型的准确度会产生更加显著的影响，因此 Ekko 根据更新的幅度[①]赋予不同模型更新不同的优先值。又因为 Ekko 服务于多模型场景，不同模型的数据分布不同，Ekko 对每个模型在后台分别抽样统计平均更新幅度，每个更新的优先值取决于更新幅度和该模型平均更新幅度的比值。

（3）**模型的重要性**。在线服务的多个模型中，每个模型承载的推理流量并不相同。因此，在网络拥塞的情况下，Ekko 优先保证那些承载着大多数流量的模型的更新。具体来讲，每个更新根据其所属模型的流量比例决定优先值。

除了以上 3 种默认的优先级指标，Ekko 也允许使用者自定义函数以根据模型自身情况使用其他指标。

如图 11.16 所示，对于每一条模型更新，Ekko 根据式 (11.3) 计算其总的优先值，然后和 $k\%$ 分位阈值做比较，如果大于 $k\%$ 分位阈值，则视为高优先级，否则为低优先级。$k$ 值由使用者设置，而 $k\%$ 分位阈值采用已有算法根据历史优先值估计。

$$p = (p_g + p_u) \times p_m \tag{11.3}$$

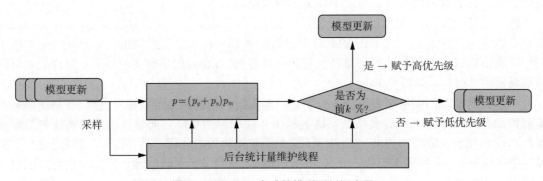

图 11.16　SLO 有感的模型更新调度器

可知，具有高优先级的模型更新在后续点对点传播过程中会被加速。

Ekko 的线上实验结果显示：当网络拥塞时，采用服务质量有感的模型更新调度器可以避免超过 2% 的服务质量下滑。

### 11.4.5　模型状态管理器

为了防止有害的模型更新影响到在线服务质量，Ekko 设计了推理模型状态管理器来监控推理模型的健康状态。其核心思想是设置一组基线模型，并从推理请求中分出不到 1% 的流量给基线模型，从而得到基线模型的服务质量相关指标。如图 11.17 所示，推理模型状态管理器中的时序异常检测算法不断监控基线模型和在线模型的服务质量。模型质量的状态可能是健康、未定或者损害，由复制状态机维护。一旦确定在线模型处于损坏状态，首先将被损坏模型的流量切换至其他健康的替换模型上，然后在线回滚模型至健康的状态。

---

[①] 根据模型的训练方式不同，更新幅度可能是梯度或梯度 × 学习率。

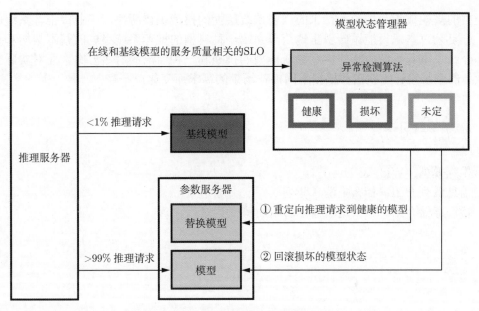

图 11.17　模型状态管理器

### 11.4.6　小结

　　Ekko 已经在生产环境中部署超过一年，为超过 10 亿用户提供服务。Ekko 成功将跨地域数据中心之间的模型平均更新延迟从分钟级别降低到了 2.4s，而在数据中心内部模型平均更新延迟可以低至 0.7s。秒级模型更新对于线上服务质量的提升十分明显，论文中的实验结果显示，仅仅加速多阶段推荐流水线中的一个排序模型，各项关键指标相比于分钟级模型更新能够提升 1.30%～3.28%。考虑到 Ekko 服务的用户规模，这种程度的提升是非常"不平凡"的，其带来的收益也是非常可观的。

　　总而言之，Ekko 提出了一种设计深度学习推荐系统的新思路，通过直接将模型更新发送到所有参数服务器这样一种在线更新的方式绕过了烦琐耗时的中间步骤，从而实现了秒级模型更新，显著提升了在线服务质量。针对在线更新可能带来的风险，Ekko 设计了 SLO 保护机制，并且通过实验证明它是行之有效的。11.4 节简单介绍了工业界和学术界的前沿研究成果——Ekko 的系统设计和背后的设计思想，希望能够给读者带来一些大型深度学习推荐系统设计的思考。受限于篇幅以及考虑到读者的阅读目标，本小节没有详细讨论 Ekko 的技术细节，如果读者对 Ekko 的技术设计细节感兴趣，可以深入阅读原论文。

## 11.5　总结

　　推荐系统作为深度学习在工业界最成功的落地成果之一，极大地提升了用户的在线使用体验，并为各大公司创造了可观的利润，从而促使它们持续加大对推荐系统的投入。过去两年推荐模型的规模成指数增长，带来的许多系统层面的挑战亟待解决。工业级推荐系统的架构必然十分复杂，本章只能抛砖引玉地简单介绍一种典型的推荐系统组成的基本架构和运行过程，并介绍了推荐系统面临的持续更新模型的挑战和一种前沿的解决方案。面对实际生产环境，具体的系统设计方案需要根据不同推荐场景的需求而变化，不存在一种万能的解决方案。

## 11.6　扩展阅读

- 推荐模型：Wide & Deep[①]。
- 消息队列介绍：什么是消息队列[②]。
- 特征存储介绍：什么是机器学习中的特征存储[③]。

---

① 可参考网址：https://arxiv.org/abs/1606.07792。
② 可参考网址：https://aws.amazon.com/message-queue/。
③ 可参考网址：https://www.featurestore.org/what-is-a-feature-store。

# 第12章

# 强化学习系统

## 12.1 强化学习介绍

近年来，强化学习作为机器学习的一个分支受到越来越多的关注。2013 年 DeepMind 公司的研究人员提出了深度 Q 学习（Deep Q-learning）[57]，让 AI 成功地从图像中学习玩电子游戏。自此以后，以 DeepMind 公司为首的科研机构推出了像 AlphaGo 围棋这类引人瞩目的强化学习成果，并在 2016 年与世界顶级围棋高手李世石的对战中取得了胜利。自那以后，强化学习领域连续取得了一系列成就，如星际争霸游戏智能体 AlphaStar、Dota 2 游戏智能体 OpenAI Five、多人零和博弈德州扑克的 Pluribus、机器狗运动控制算法等。在这一系列科研成就的背后，是整个强化学习领域算法在这些年内快速迭代进步的结果，基于仿真模拟器产生的大量数据使得对数据"饥饿"（Data Hungry）的深度神经网络能够表现出很好的拟合效果，从而将强化学习算法的能力充分发挥出来，并在以上领域达到或者超过人类专家的学习表现。目前，强化学习已经从电子游戏逐步走向更广阔的应用场景，如机器人控制、机械手灵巧操作、能源系统调度、网络负载分配、股票期货交易等一系列更加现实和富有意义的领域，对传统控制方法和启发式决策理论发起冲击。

强化学习的核心是不断地与环境交互来优化策略从而提升奖励的过程，主要表现为基于某个**状态**（State）下的**动作**（Action）的选择。进行这一决策的称为**智能体**（Agent），而这一决策的影响将在**环境**（Environment）中体现。更具体地，不同的决策会影响环境的**状态转移**（State Transition）和**奖励**（Reward）。状态转移是环境从当前状态转移到下一状态的函数，它可以是确定性的，也可以是随机性的。奖励是环境对智能体动作的反馈，通常是一个标量。以上过程可以抽象如图 12.1 所示，这是文献中最常见的强化学习的模型描述。

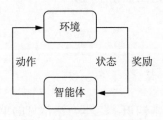

图 12.1 强化学习框架

举例来说，当人在玩某个电子游戏的时候，需要逐渐熟悉游戏的操作以取得更好的游戏结果，那么人从刚接触到这个游戏到逐步掌握游戏技巧的这个过程是一个类似于强化学习的过程。该游戏从开始后的任一时刻，会处于一个特定的状态，而人通过观察这个状态会获得一个**观察量**（Observation）（如观察游戏机显示屏的图像），并基于这个观察量做出一个操作（如发射子弹），这一动作将改变这个游戏下一时刻的状态，使其转移到下一个状态（如把怪物打败了），并且玩家可以知道当前动作的效果（如产生了一个正或负的分数，怪物打败了则获得正分数）。这时玩家再基于下一个状态的观察量做出新的动作选择，周而复始，直到游戏结束。通过反复的操作和观察，人能够逐步掌握这个游戏的技巧，一个强化学习智能体也是如此。

这里有几个比较关键的问题：一是观察量未必等于状态，而通常观察量是状态的函数，从状态到观察量的映射可能有一定的信息损失。对于观察量等于状态或者根据观察量能够完全恢复环境状态的情况，我们称为**完全可观测**（Fully Observable）环境，否则我们称为**部分可观测**（Partially Observable）环境；二是玩家的每个动作未必会立即产生反馈，某个动作可能在许多步之后才产生效果，强化学习模型允许这种延迟反馈的存在；三是这种反馈对人的学习过程而言未必是一个数字，但是我们对强化学习智能体所得到的反馈进行数学抽象，将其转变为一个数字，称为奖励值。奖励值可以是状态的函数，也可以是状态和动作的函数，依具体问题而定。奖励值的存在是强化学习问题的一个基本假设，也是现有强化学习算法训练智能体与监督式深度学习的一个主要区别。

强化学习的决策过程通常由一个马尔可夫决策过程（Markov Decision Process，MDP）[①]描述，可以用一个数组 $(\mathcal{S}, \mathcal{A}, R, \mathcal{T}, \gamma)$ 来表示。$\mathcal{S}$ 和 $\mathcal{A}$ 分别是状态空间和动作空间，$R$ 是奖励函数，$R(s, a)$: $\mathcal{S} \times \mathcal{A} \to \mathbb{R}$ 为对于当前状态 $s \in \mathcal{S}$ 和当前动作 $a \in \mathcal{A}$ 的奖励值。从当前状态和动作到下一个状态的状态转移概率定义为 $\mathcal{T}(s'|s, a)$: $\mathcal{S} \times \mathcal{A} \times \mathcal{S} \to \mathbb{R}_{+}$。$\gamma \in (0, 1)$ 是奖励折扣因子[②]。强化学习的目标是智能体的期望累计奖励值 $\mathbb{E}\left[\sum_t \gamma^t r_t\right]$ 将最大化。

马尔可夫决策过程中的马尔可夫性质由以下定义：

$$\mathcal{T}(s_{t+1}|s_t) = \mathcal{T}(s_{t+1}|s_0, s_1, s_2, \cdots, s_t) \tag{12.1}$$

即当前状态转移只依赖于上一时刻的状态，而不依赖于整个历史。这里的状态转移函数 $\mathcal{T}$ 中省略了动作 $a$，因为马尔可夫性质是独立于决策过程的环境转移过程的属性。

基于马尔可夫性质，可以进一步推导出：在某一时刻最优策略不依赖于整个决策历史，而只依赖于当前最新状态。这一结论在强化学习算法设计中有着重要意义，它简化了最优策略的求解过程。

## 12.2 单节点强化学习系统

12.1 节介绍了强化学习的基本知识，这里介绍常见的单智能体强化学习系统中较为简单的一类，即单节点强化学习系统。这里的节点是指一个用于模型更新的计算单元。我们按照是否对模型更新的过程做并行化处理，将强化学习系统分为单节点和分布式强化学习系统。其

---

① 马尔可夫决策过程即一个后续状态只依赖当前状态和动作而不依赖于历史状态的函数。

② 折扣因子可以乘到每个后续奖励值上，从而使无穷长序列有限的奖励值之和。

中，单节点强化学习系统可以理解为只实例化一个类对象作为智能体，与环境交互进行采样和利用所采得的样本进行更新的过程分别视为这个类内的不同函数。除此之外的更为复杂的强化学习框架都可视为分布式强化学习系统。

分布式强化学习系统的具体形式有很多，这也往往依赖于所实现的算法。从最简单的情况考虑，假设我们仍在同一个计算单元上实现算法，但是将强化学习的采样过程和更新过程实现为两个并行的进程，甚至各自实现为多个进程，以满足不同计算资源间的平衡。这时就需要进程间通信来协调采样和更新过程，这是一个最基础的分布式强化学习框架。更为复杂的情况是，整个算法的运行在多个计算设备上进行（如一个多机的计算集群），智能体的函数可能需要跨机跨进程间的通信来实现。对于多智能体系统，还需要同时对多个智能体的模型进行更新，则需要更为复杂的计算系统设计。我们将逐步介绍这些不同的系统内的实现机制。

对于单节点强化学习系统，以 RLzoo[20] 为例，讲解一个单节点强化学习系统构建所需的基本模块。如图 12.2 所示是 RLzoo 算法库[①]中采用的一个典型的单节点强化学习系统，它包括几个基本的组成部分：神经网络、适配器、策略网络和价值网络、环境实例、模型学习器、经验回放缓存（Experience Replay Buffer）等。

我们先对前三项——神经网络、适配器、策略网络和价值网络进行介绍。神经网络即一般深度学习中的神经网络，用于实现基于数据的函数拟合，我们在图中简单列出常见的三类神经网络——全连接网络、卷积网络和循环网络。策略网络和价值网络是一般深度强化学习的常见组成部分，策略网络即一个由深度神经网络参数化的策略表示，而价值网络为神经网络表示的状态价值（State-Value）或状态-动作价值（State-Action Value）函数。这里我们不妨称前三类神经网络为一般神经网络，称策略网络和价值网络为强化学习特定网络，前者往往是后者的重要组成部分。在 RLzoo 中，适配器则是为实现强化学习特定网络而选配一般神经网络的功能模块。首先，根据不同的观察量类型，强化学习智能体所用的神经网络头部会有不同的结构，这一选择可以由一个基于观察量的适配器来实现；其次，根据所采用的强化学习算法类型，相应的策略网络尾部需要有不同的输出类型，包括确定性策略和随机性策略，在 RLzoo 中使用一个策略适配器来进行选择；最后，根据不同的动作输出，如离散型、连续型、类别型等，需要使用一个动作适配器来选择。图 12.2 中我们统称这三个不类型的适配器为适配器。

目前介绍的可用的策略网络和价值网络构成了强化学习智能体核心学习模块。除此之外，还需要一个学习器（Learner）来更新这些学习模块，更新的规则就是强化学习算法给出的损失函数。而要想实现学习模块的更新，最重要的是输入的学习数据，即智能体跟环境交互过程中所采集的样本。对于**离线**（Off-Policy）强化学习，这些样本通常存储于一个称为经验回放缓存的地方，学习器在需要更新模型时，从该缓存中采得一些样本来进行更新。这里说到的离线强化学习是强化学习算法中的一类，按照某个特定判据，强化学习算法可以分为在线（On-Policy）强化学习和离线（Off-Policy）强化学习两类。这个判据是：用于更新的模型和用于采样的模型是否为同一个。如果是，则称在线强化学习算法，否则称为离线强化学习算法。因而，离线强化学习通常允许与环境交互的策略采集的样本存储于一个较大的缓存内，从而允许在许久之后再从这个缓存中抽取样本对模型进行更新。而对于在线强化学习，这个"缓存"有时其实也是存在的，只不过它所存储的是近期内采集的数据，从而被更新模型和用于采

---

① RLzoo 代码地址：https://github.com/tensorlayer/RLzoo。

样的模型可以近似认为是同一个。这里，我们简单表示 RLzoo 的强化学习系统统一包括这个经验回放缓存模块。有了以上策略和价值网络、经验回放缓存、适配器、学习器，我们就得到了 RLzoo 中一个单节点的强化学习智能体，将这个智能体与环境实例交互，并采集数据进行模型更新，我们就得到了一个完整的单节点强化学习系统。环境实例化时，我们允许多个环境并行采样。

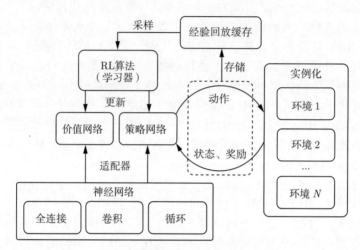

图 12.2　RLzoo 算法库中使用的强化学习系统

近来研究人员发现，强化学习算法领域的发展瓶颈可能不仅在于算法本身，而在于智能体采集数据的模拟器的模拟速度。Issac Gym[48] 是 Nvidia 公司于 2021 年推出的基于 GPU 的模拟引擎，在单 GPU 的运行速度是之前基于 CPU 的模拟器的 2~3 倍。关于 GPU 上运行加速已经在第 5 章中有所介绍。GPU 模拟之所以能够对强化学习任务实现显著的加速效果，除了 GPU 本身多核心的并行运算能力之外，还在于这省却了 CPU 与 GPU 之间的数据传输和通信时间。传统的强化学习环境，如 OpenAI Gym（这是一个常用的强化学习基准测试环境）等，都是基于 CPU 进行模拟计算的，而深度学习方法的神经网络训练通常是在 GPU 或 TPU 上进行的。

从智能体与 CPU 上实例化的模拟环境交互过程所收集的数据样本，通常先暂时以 CPU 的数据格式存储，在使用的时候被转移到 GPU 上成为具有 GPU 数据类型的数据。如使用 PyTorch 时可通过函数 tensor.to（device）实现，只需将 device 设为 "cuda" 即可将一个类型为 troch.Tensor 的 tensor 转移到 GPU 上，然后来进行模型训练。同时，由于模型参数是以 GPU 上数据的类型存储的，调用模型进行前向传递的过程中也需要先将输入数据从 CPU 中转移到 GPU 上，并且可能需要将模型输出的 GPU 数据再转移回 CPU 类型。这一系列冗余的数据转换操作都会显著增长模型学习的时间，并且也增加了算法实际使用过程中的工程量。Isaac Gym 模拟器的设计从底层上解决了这一困难，由于模拟器和模型均实现在 GPU 上，它们之间的数据通信不再需要通过 CPU 来实现，从而绕过了 CPU 与 GPU 数据双向传输这一问题，实现了对强化学习任务中模拟过程的特定加速。

## 12.3　分布式强化学习系统

分布式强化学习系统比 12.2 节介绍的单节点强化学习系统更强大。它能支持多环境多模型并行处理，主要是能同时在多个实际计算机系统上对多个模型进行更新，这将大大提高强化学习系统的学习速度和整体表现。我们这里介绍分布式强化学习常见的算法和系统。

异步优势行动-批判者（Asynchronous Advantage Actor-Critic，A3C）是由 DeepMind 公司的研究人员于 2016 年提出的可以在多个计算设备上并行更新网络的学习算法。相比于单节点强化学习系统，A3C 通过创建一组工作者（Worker），并将每个工作者分配到不同的计算设备上且为它们各自创建可以交互的环境来实现并行采样和模型更新，同时用一个主（Master）节点维护这些行动者（Actor）和批判者（Critic）网络的更新。行动者是策略网络，批判者是价值网络，它们分别对应于强化学习中的策略和价值函数。通过这样的设计，整个算法的各个工作者可以将所采集到的样本所计算出的梯度实时回传到主节点，来更新主节点的模型参数，并在主节点模型更新后随时下发到各个工作者进行模型更新。每个工作者可以单独在一个 GPU 上进行运算，从而整个算法可以在一个 GPU 集群上并行更新模型，算法架构如图 12.3 所示。研究表明，分布式强化学习训练除加速模型学习之外，由于其更新梯度是由多个计算节点各自对环境采样计算得到的，这有利于稳定学习表现。

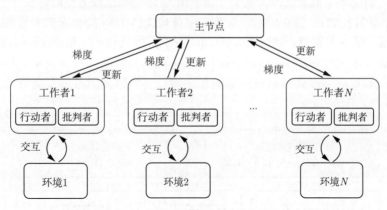

图 12.3　A3C 分布式算法架构

重要性加权行动-学习者架构（Importance Weighted Actor-Learner Architecture，IMPALA）是由 Lasse Espeholt 等人于 2018 年提出的强化学习框架，它能够实现多机集群训练，如图 12.4 所示。与 A3C 算法类似，IMPALA 能够在多个 GPU 上并行进行梯度计算。具体地，IMPALA 并行多个行动者（Actor）和学习者（Learner），每个行动者包含一个策略网络，并用它来和一个环境交互收集样本。所收集到的样本轨迹由行动者发送到各自的学习者，进行梯度计算。所有的学习者中有一个称为主学习者，它可以和其他所有学习者通信，并获取它们计算的梯度，从而在主学习者内部对模型进行更新，随后下发到各个学习者及行动者，做新一轮的采样和梯度计算。IMPALA 被证明是比 A3C 更高效的分布式计算架构，它同时得益于一个特殊设计的学习者内的梯度计算函数，称为 V-轨迹目标（V-trace Target），通过重要性加权来稳定训练。我们这里侧重于对分布式强化学习结构的介绍，对此不再赘述。感兴趣的读者可以参考原论文。

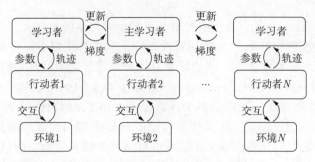

图 12.4　IMPALA 分布式算法架构

以上是两个著名的分布式强化学习算法 A3C 和 IMPALA，最近研究中还有许多其他成果，如 SEED、Ape-X 等，都对分布式强化学习有更好的效果，此处不再做过多介绍。下面我们将讨论几个典型的分布式强化学习算法库。

Ray 是由加州大学伯克利分校几名研究人员发起的一个分布式计算框架，基于 Ray 之上构建了一个专门针对强化学习的系统 RLlib。RLlib 是一个面向工业级应用的开源强化学习框架，同时包含了强化学习的算法库，它对于非强化学习专家也很方便。

RLlib 的系统架构如图 12.5 所示，系统底层是构建在 Ray 的分布式计算和通信的基础组建之上，面向强化学习的领域概念，在 Python 层抽象了 Trainer、Environment、Policy 等基础组件，并为各抽象组件提供了一些常用的内置实现，同时用户可以根据自己的算法场景对组件进行扩展，通过这些内置以及自定义的算法组件，研究人员可以方便快速地实现具体的强化学习算法。

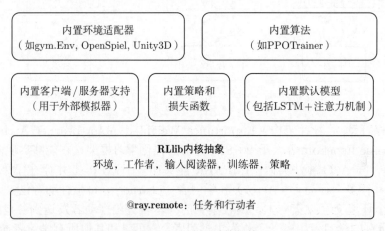

图 12.5　RLlib 系统架构

RLlib 支持多种范式的分布式强化学习训练，如图 12.6 所示为基于同步采样的强化学习算法的分布式训练架构。其中每一个采样工作者（Rollout Worker）为一个独立进程，负责和对应的环境进行交互以完成经验采集，多个采样工作者可以并行地完成环境交互；训练器（Trainer）负责采样工作者之间的协调、策略优化，以及将更新后的策略同步到采样工作者中。

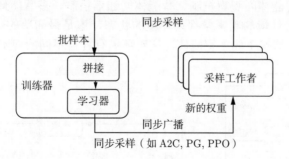

图 12.6　RLlib 分布式训练

强化学习中的策略通常可以采用深度神经网络，而基于深度神经网络的分布式强化学习训练可以采用 RLlib 结合 PyTorch 或者 TensorFlow 等深度学习框架协同完成——深度学习框架负责策略网络的训练和更新，RLlib 负责强化学习的算法计算。此外，RLlib 支持对环境交互使用向量化（Vectorized）的并行方式、允许外接模拟器，以及可以进行离线（Offline）强化学习。

关于分布式系统中样本回放缓冲池的管理，我们会提到另一个工作 Reverb。回忆本章开头介绍的强化学习中的状态、动作、奖励等概念，实际强化学习算法进行训练时所使用的数据正是存放在经验缓冲池中的这些数据元组，而每种数据自身的格式可能又有不同，实际使用时也需要对不同的数据进行不同类型的操作。常见的数据操作类型如拼接、截取、乘积、转置、部分乘积、取均值、取极值等，而每种操作都可能需要针对特定数据的特定维度进行，这常常给现有强化学习框架实践造成一定的困难。为了方便在强化学习过程中灵活使用不同的数据形式，Reverb 设计了数据块的概念（Chunks），所有使用的训练数据在缓冲池中都使用数据块的格式进行管理和调用，这一设计基于数据是多维张量的特点，增大了数据使用的灵活性和访问速度。Acme 是近年来由 DeepMind 公司提出的一个分布式强化学习框架，同样是针对学术界的研究和工业界的应用，它基于 Reverb 对样本缓冲池的数据管理，结合分布式采样的结构，给出了一个更快的分布式强化学习解决方案。Reverb 帮助解决了数据管理和传输的效率问题，使得 Acme 得以将分布式计算的效力充分发挥，研究人员用 Acme 在大量强化学习基准测试中取得了显著的速度提升。

## 12.4　多智能体强化学习

12.3 节所讲述的强化学习内容都为单智能体强化学习，在近来的强化学习研究中，多智能体强化学习越来越受到研究人员关注。在单智能体强化学习框架图 12.1 中，只有单个智能体产生的单个动作对环境产生影响，环境也返回单个奖励值给智能体。这里我们把单智能体强化学习扩展到多智能体强化学习，可以得到至少两种可能的多智能体强化学习框架，如图 12.7 所示。图 12.7（a）为多智能体同时执行动作的情况，它们相互之间观察不到彼此的动作，它们的动作一同对环境产生影响，并各自接受自己动作所产生的奖励。图 12.7（b）为多智能体顺序执行动作的情况，后续智能体可以观察到前序智能体的动作，它们的动作一同对环境产生影响，并接受各自的奖励值或共同的奖励值。除此之外，还有许多其他可能的多智能体框架，如更复杂的智能体间观察机制、智能体间通信机制、多智能体合作与竞争等。同时，这里假设多个智能体对环境的观察量都为环境的状态，这是最简单的一种，也是现实中最不可能出现的一种，实际情况下的多智能体往往对环境有各自不同的观察量。

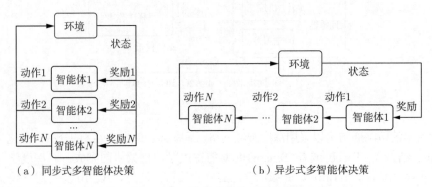

（a）同步式多智能体决策　　　　　　　　（b）异步式多智能体决策

图 12.7　　两种可能的多智能体强化学习框架

这里可以根据前面对单智能体强化学习过程的马尔可夫决策过程描述，给出多智能体强化学习的马尔可夫决策过程，它可以用一个数组 $(\mathcal{S}, N, \boldsymbol{A}, \boldsymbol{R}, \mathcal{T}, \gamma)$ 来表示。$N$ 是智能体个数，$\mathcal{S}$ 和 $\boldsymbol{A} = (\mathcal{A}_1, \mathcal{A}_2, \cdots, \mathcal{A}_N)$ 分别是环境状态空间和多智能体动作空间，其中 $A_i$ 是第 $i$ 个智能体的动作空间，$\boldsymbol{R} = (R_1, R_2, \cdots, R_N)$ 是多智能体奖励函数，$\boldsymbol{R}(s, \mathbf{a}) : \mathcal{S} \times \boldsymbol{A} \to \mathbb{R}^N$ 为对于当前状态 $s \in \mathcal{S}$ 和当前多智能体动作 $\mathbf{a} \in \boldsymbol{A}$ 的奖励向量值，其中 $R_i$ 是对第 $i$ 个智能体的奖励值。从当前状态和动作到下一个状态的状态转移概率定义为 $\mathcal{T}(s'|s, \mathbf{a}) : \mathcal{S} \times \boldsymbol{A} \times \mathcal{S} \to \mathbb{R}_+$。$\gamma \in (0, 1)$ 是奖励折扣因子[①]。不同于单智能体强化学习，多智能体强化学习的目标除了常见的最大化每个智能体各自的期望累计奖励值 $\mathbb{E}\left[\sum_t \gamma^t r_t^i\right], i \in [N]$ 之外，还有许多其他可能的学习目标，如达到纳什均衡、最大化团队奖励等。

由上述介绍和定义可以发现，多智能体强化学习是一个比单智能体强化学习更加复杂的问题。而实际上，多个智能体的存在，对于每个智能体的决策而言，绝对不是简单地把每个单智能体决策累加的难度，实际情况要比单智能体决策问题复杂很多。多智能体系统的研究实际上是门古老的学科，它与博弈论（Game Theory）密切相关，在深度强化学习盛行以前，早已有大量研究和许多理论上未解的难题。其中一个典型的问题是纳什均衡在双人非零和博弈下没有多项式时间内可解的方法[②]。由于篇幅限制，我们这里无法对多智能体问题进行深入探讨，我们可以用一个简单例子来介绍为什么多智能体强化学习问题无法简单地用单智能体强化学习算法来解。

考虑一个大家都熟悉的游戏：剪刀-石头-布，考虑两个玩家玩这个游戏的输赢情况，有这

---

① 假设多个智能体采用相同的奖励折扣因子。

② 实际上，这是一个 PPAD（Polynomial Parity Argument, Directed version）类的问题，详见 Settling the Complexity of Computing Two-Player Nash Equilibria. Xi Chen，et al.

样的输赢关系：剪刀 < 石头 < 布 < 剪刀 … 这里的"<"即前一个纯策略被后一个纯策略完全压制，我们分别给予奖励值 −1、+1 到这两个玩家，当他们选择相同的纯策略时，奖励值均为 0。于是我们得到一个奖励值表如 12.1 所示，横轴为玩家 1，纵轴为玩家 2，表内的数组为玩家 1 和玩家 2 各自在相应动作下得到的奖励值。

表 12.1 剪刀-石头-布的奖励值表

| 奖励值 玩家 1 / 玩家 2 | 剪刀 | 石头 | 布 |
|---|---|---|---|
| 剪刀 | $(0,0)$ | $(-1,+1)$ | $(+1,-1)$ |
| 石头 | $(+1,-1)$ | $(0,0)$ | $(-1,+1)$ |
| 布 | $(-1,+1)$ | $(+1,-1)$ | $(0,0)$ |

由于这个矩阵的反对称性，这个问题的纳什均衡策略对于两个玩家相同——均为 $\left(\dfrac{1}{3}, \dfrac{1}{3}, \dfrac{1}{3}\right)$ 的策略分布，即出剪刀、石头或布的概率各有 $\dfrac{1}{3}$。如果我们把得到这个纳什均衡策略作为多智能体学习的目标，那么可以简单分析得到这个均衡策略无法通过简单的单智能体算法得到。考虑我们随机初始化两个玩家为任意两个纯策略，如玩家 1 出剪刀而玩家 2 出石头。这时假设玩家 2 策略固定，可以把玩家 2 看作固定环境的一部分，于是可以使用任意单智能体强化学习算法对玩家 1 进行训练，使其最大化自己的奖励值。于是，玩家 1 会收敛到布的纯策略。这时再把玩家 1 固定，训练玩家 2，玩家 2 又收敛到剪刀的纯策略 …… 循环往复，整个训练过程始终无法收敛，玩家 1 和 2 各自在 3 个策略中循环，却无法得到正确的纳什均衡策略。

我们在上面这个例子中采用的学习方法其实是多智能体强化学习中最基础的一种，叫自学习（Selfplay），如图 12.8 所示。自学习的方法即固定当前对首次策略，按照单智能体优化的方法最大化一侧智能体的表现，这一过程称为最佳反应策略（Best Response Strategy）。之后再将这一最佳反应策略作为该智能体的固定策略，再来优化另一边的智能体策略，如此循环。我们可以看到，自学习在特定的任务设置下可能无法收敛到我们想要的最终目标。正是由于多智能体学习过程中有类似循环结构的出现，我们需要更复杂的训练方法，和专门针对多智能体的学习方式，来达到目标。

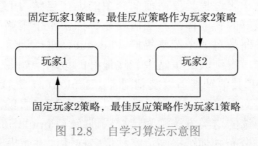

图 12.8 自学习算法示意图

一般来讲，多智能体强化学习是比单智能体强化学习更复杂的一类，对于自学习的方法而言，单智能体强化学习的过程可以看作一个多智能体强化学习的子任务。从前面这一小游戏的角度来理解，当玩家 1 策略固定时，玩家 1 加游戏环境构成玩家 2 的实际学习环境，由于这个环境是固定的，玩家 2 可以通过单智能体强化学习来达到自身奖励值最大化；这时，再固定玩家 2 的策略，玩家 1 又可以进行单智能体强化学习······ 这样，单智能体强化学习是多智能体任务的子任务。如图 12.9 所示，其他算法如虚构自学习（Fictitious Self-play），需要在每个单智能体强化学习的步骤中，对对手历史策略的平均策略求得最优应对策略，而对手的训练也是如此，进行循环，能够在上面剪刀-石头-布一类的游戏中保证收敛到纳什均衡策略。

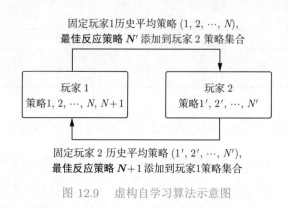

图 12.9  虚构自学习算法示意图

## 12.5  多智能体强化学习系统

上述的简单例子只是为了帮助读者理解强化学习在多智能体问题里的角色，而如今前沿的多智能体强化学习算法已经能够解决相当大规模的复杂多智能体问题，如星际争霸（StarCraft II）、Dota 2 等游戏，已相继被 DeepMind、OpenAI 等公司所研究的智能体 AlphaStar[95] 和 OpenAI Five[6] 攻克，达到超越人类顶级玩家的水平。国内公司如腾讯、启元世界等也提出了星际争霸游戏的多智能体强化学习解决方案 TStarBot-X 和 SCC。对于这类高度复杂的游戏环境，整个训练过程对分布式计算系统的要求更高，而整个训练过程可能需要分为多个阶段。以 AlphaStar 为例，它训练的智能体采用了监督学习与强化学习结合的方式。在训练早期，往往先采用大量人类专业玩家标定数据进行有监督的学习，从而使智能体快速获得较好的能力，随后，训练会切换到强化学习过程，使用前面介绍的虚构自学习的算法进行训练，即自我博弈。为了得到一个表现最好的智能体，算法需要充分探索整个策略空间，从而在训练中不仅仅对一个策略进行训练，而是对一个策略集群（League）进行训练，并通过类似演化算法的方式对策略集群进行筛选，得到大量策略中表现最好的策略。如图 12.10 所示，在训练过程中，每个智能体往往需要和其他智能体以及剥削者（Exploiter）进行博弈，剥削者是专门针对某一个智能体策略的最佳对手策略，与之对抗可以提高策略自身的防剥削能力。通过对大量智能体策略进行训练并筛选的这类方法称为集群式训练（Population-based Training/League Training），这是一种通过分布式训练提高策略种群多样性，进而提升模型表现的方式。可见，在实践中这类方法自然需要分布式系统支持，来实现多个智能体的训练和相互博弈，这很好地体现了多智能体强化学习对分布式计算的依赖性。

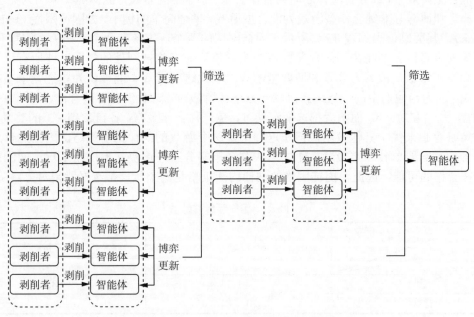

图 12.10 集群式多智能体强化学习训练示意图

对构建多智能体强化学习系统中的困难分为以下几点进行讨论。

（1）**智能体个数带来的复杂度**。从单智能体系统到多智能体系统最直接的变化，就是智能体个数从 1 变为大于 1 个。对于一个各个智能体独立的 $N$ 智能体系统而言，这种变化带来的策略空间表示复杂度是指数增加的，即 $\tilde{O}(e^N)$。举个简单的例子，对于一个离散空间的单智能体系统，假设其状态空间大小为 $S$，动作空间大小为 $A$，游戏步长为 $H$，那么这个离散策略空间的大小为 $O(HSA)$；而直接将该游戏扩展为 $N$ 玩家游戏后，在最一般的情况下，即所有玩家有对称的动作空间，动作空间大小为 $A$ 且不共享任何结构信息，所有玩家策略的联合分布空间大小为 $O(HSA^N)$。这是因为每个独立玩家的策略空间构成联合策略空间是乘积关系 $\mathcal{A} = \mathcal{A}_1 \times \cdots \times \mathcal{A}_N$，而这将直接导致算法搜索复杂度提升。

在这种情况下，原先的单智能体系统，需要扩展为对多智能体策略进行优化的系统，这意味着单智能体分布式系统内的每个并行化的模块现在需要相应扩展到多智能体系统中的每个智能体上。而在复杂的情况下，还需要考虑智能体之间通信过程、智能体之间的异质性等，甚至不同智能体可能需要采用不完全对称模型进行表示，以及采用不同的算法进行优化等。

（2）**游戏类型带来的复杂度**。从博弈论的角度，多智能系统所产生的游戏类型是复杂的。最直接的分类角度有竞争型、合作型、混合型。在竞争型游戏中，最典型的研究模型是二人零和博弈，如 12.4 节提到的剪刀-石头-布的游戏。这类游戏中的纳什均衡策略一般为混合型策略，即无法通过单一纯策略达到均衡条件。纯策略纳什均衡存在于少数零和游戏中。合作型游戏即多个智能体需要通过合作来提升整体奖励。在这类问题研究中，一般采用基于值分解的思路，将所有智能体得到的奖励值分配到单个智能体作为其奖励值。这一类的算法有 VDN、

COMA、QMIX 等。

在混合型游戏中，部分智能体之间为合作关系，部分智能体或智能体的集合间为竞争关系。一般的非零和博弈且非纯合作型游戏为混合型游戏，举个简单的例子，如囚徒困境（Prisoner's Dilemma），其奖励值表如表 12.2 所示。囚徒困境的两个玩家各有两个动作——沉默和背叛。可以用警察审查两名罪犯来理解，奖励值的绝对值即他们将被判处的年数。纯所有玩家的奖励值之和不是常数，故其为非零和博弈型游戏。因此这一游戏不能被认为是纯竞争型或纯合作型游戏，因为当他们中的一方选择沉默一方选择背叛时，二者没有有效合作，而一方拿到了 0 的奖励，另一方为 −3。而两者都选择沉默时，是一种合作策略，各自拿到 −1 的奖励值。尽管这一策略看起来优于其他策略，但是这并不是这个游戏的纳什均衡策略，因为纳什均衡策略假设各玩家需要单独制定策略，无法形成联合策略分布。这实际上切断了玩家间的信息沟通和潜在合作的可能。因此，囚徒困境的纳什均衡策略是两个玩家都选择背叛对方。

表 12.2　囚徒困境奖励值

| 奖励值　　　玩家 2<br>玩家 1 | 沉默 | 背叛 |
| --- | --- | --- |
| 沉默 | $(-1, 1)$ | $(-3, 0)$ |
| 背叛 | $(0, -3)$ | $(-2, -2)$ |

诸如此类的博弈论游戏类型，导致单智能体强化学习不能被直接用来优化多智能体系统中的各个智能体的策略。单智能体强化学习一般是找极值的过程，而多智能体系统求解纳什均衡策略往往是找极大-极小值（即鞍点）的过程，从优化的角度看，这也是不同的。复杂的关系需要更普适的系统进行表达，这也对多智能体系统的构建提出了挑战。多智能体游戏类型也有许多其他的分类角度，如单轮进行的游戏、多轮进行的游戏、多智能体同时决策的、多智能体序贯决策等，每一类不同的游戏都有相应不同的算法。而现有的多智能体系统往往针对单一类型游戏或者单一算法，缺少普适性多智能体强化学习系统，尤其是分布式系统。

（3）**算法的异构**。从前面介绍的几个简单的多智能体算法，如自学习、虚构自学习等可以看出，多智能体算法有时由许多轮单智能体强化学习过程组成。而对于不同的游戏类型，算法的类型也不相同。例如，对于合作型游戏，许多算法是基于奖励分配（Credit Assignment）的思想，如何将多个智能体获得的共同奖励合理地分配给单个智能体是这类算法的核心。而这里按照具体算法执行方式，也可以分为集成训练统一执行（Centralized Training Centralized Execution）、集成训练分别执行（Centralized Training Decentralized Execution）、分别训练并分别执行（Decentralized Training Decentralized Execution）等几类，来描述不同智能体训练过程和执行过程的统一性。对于竞争型游戏，往往采用各种计算纳什均衡的近似方法，如前面提到的虚构自学习、Double Oracle、Mirror Descent 等，将获取单个最优策略的单智能体强化学习过程看作一个"动作"，而对这些"动作"组成的元问题上进行纳什均衡近似。现有的算法在类似问题上有很大的差异性，使得构建一个统一的多智能体强化学习系统比较困难。

（4）**学习方法组合**。在前面提到的 AlphaStar 等工作中，多智能体系统中优化得到一个好的策略往往不只需要强化学习算法，还需要其他学习方法（如模仿学习等）的辅助。例如从一些顶级人类玩家的游戏记录中形成有标签的训练样本，以预训练智能体。由于这些大规模游戏的复杂性，这往往是一个在训练前期快速提升智能体表现的有效方式。而对于整个学习系统而言，这就需要对不同学习范式进行结合，如合理地在模仿学习和强化学习之间进行切换等。这也使得大规模多智能体系统不单是构建强化学习系统的问题，而需要许多其他学习机制和协调机制的配合实现。

如图 12.11 所示为一个分布式多智能体强化学习系统。图中的两个智能体可以类似扩展到多个智能体。每个智能体包含多个行动者（Actor）（用于采样）和学习者（Learner）（用于更新模型），这些行动者和学习者可以并行处理来加速训练过程，具体方法可以参考单智能体分布式系统章节介绍的 A3C 和 IMPALA 架构。训练好的模型被统一存储和管理在模型存储器中，是否将各个智能体的模型分别存储取决于各个智能体是否对称。存储器中的模型可以被模型评估器用来打分，从而为下一步模型选择器做准备。模型选择器根据模型评估器或者元学习者（如 PSRO 算法）以及均衡求解器等进行模型选择，并将选出的模型分发到各个智能体的行动者上，这一处理过程称为联盟型管理（League-based Management）。对于与环境交互的部分，分布式系统可以通过一个推理服务器（Inference Server）对各并行进程中的模型进行集中推理，将基于观察量（Observation）的动作（Action）发送给环境，环境部分也可以是并行的。推理服务器将采集到的交互轨迹发送给各个智能体进行模型训练。以上为一个分布式多智能体系统的例子，实际中根据不同的游戏类型和算法结构可能会有不同的设计。

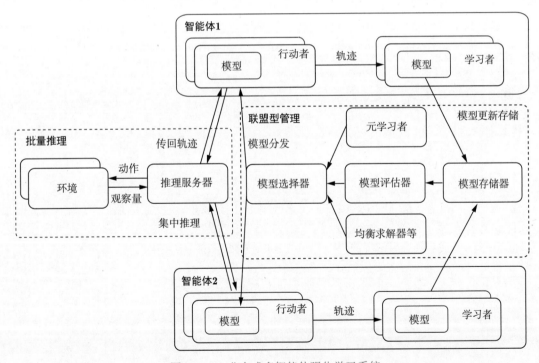

图 12.11　分布式多智能体强化学习系统

## 12.6 总结

本章简单介绍了强化学习的基本概念，包括单智能体和多智能体强化学习算法、单节点和分布式强化学习系统等，使读者对强化学习问题形成基本认识。强化学习目前是一个快速发展的深度学习分支，许多实际问题都有可能通过强化学习算法的进一步发展得到解决。另一方面，由于强化学习问题设置的特殊性（如需要与环境交互进行采样等），也使得相应算法对计算系统的要求更高——如何更好地平衡样本采集和策略训练过程？如何均衡 CPU 和 GPU 等不同计算硬件的能力？如何在大规模分布式系统上有效部署强化学习智能体？这都需要对计算机系统的设计和使用有更好的理解。

# 第13章

# 可解释AI系统

## 13.1 背景

在人类历史上，技术进步、生产关系逻辑和伦理法规的发展是动态演进的。当一种新的技术在实验室获得突破后，其引发的价值产生方式的变化会依次对商品形态、生产关系等带来冲击。同时，当新技术带来的价值提升得到认可后，商业逻辑在自发的调整过程中，也会对技术发展的路径、内容甚至速度提出诉求，并当诉求得到满足时，适配以新型的伦理法规。在这样的相互作用中，技术系统与社会体系会"共振"完成演进，是谓技术革命。

近10年来，借由算力与数据规模的性价比突破临界点，以深度神经网络为代表的联结主义模型架构及统计学习范式（下文简称"深度学习"）在特征表征能力上取得了跨越级别的突破，这大大推动了人工智能的发展。在某些场景的智能表现上，深度学习的性能已经超过了普通人类甚至专家，并达到令人难以置信的效果。过去几年间，在某些商业逻辑对技术友好或者伦理法规暂时稀缺的领域，如安防、实时调度、流程优化、竞技博弈、信息流分发等，人工智能和深度学习取得了技术和商业上的快速突破。

当深度学习应用到某些对技术敏感、与人的生存或安全关系紧密的领域，如金融、医疗、自动驾驶和司法等关键应用场景时，原有的商业逻辑在进行技术更替的过程中就会遇到阻力，从而导致商业化变现速度的减缓甚至失败。究其原因，以上场景的商业逻辑及背后伦理法规的中枢之一是稳定的、可追踪的责任明晰与责任分发；而深度学习得到的模型是个黑盒，从模型的结构或权重中无法获取模型行为的任何信息，从而使这些场景下责任追踪和分发的中枢无法复用，导致人工智能在业务应用中遇到技术上和结构上的困难。

举两个具体的例子。例1：在金融风控场景，通过深度学习模型识别出来小部分用户有欺诈嫌疑，但是业务部门不敢直接使用这个识别结果进行风控处理。因为他们难以理解该结果是如何得到的，从而也无法判断结果是否准确。另外，该结果缺乏明确的依据，如果按该结果进行风控处理，处理者也无法向监管机构交代。例2：在医疗领域，深度学习模型根据患者的检测数据判断患者有肺结核，但是医生不知道诊断结果是怎么来的，不敢直接采用该诊断结果。医生仍根据自己的经验，仔细查看相关检测数据，然后给出自己的判断。从这两个例子可以看出，黑盒模型严重影响模型在实际场景的应用和推广。

此外，模型的可解释性问题也引起了国家层面的关注，相关机构对此推出了相关的政策和法规。

（1）2017年7月，国务院印发《新一代人工智能发展规划》，首次涵盖可解释AI（eXplainable AI，XAI）。

（2）2021 年 3 月，中国人民银行发布金融行业标准《人工智能算法金融应用评价规范》，对金融行业 AI 模型的可解释性提出了明确要求。

（3）2021 年 8 月，网信办发布《互联网信息服务算法推荐管理规定》，提出对互联网行业算法推荐可解释性的要求。

（4）2021 年 9 月，科技部发布《新一代人工智能伦理规范》。

从商业推广层面和法规层面，黑盒模型都需要被解释。可解释 AI（XAI）正是解决该类问题的技术。

## 13.2  可解释 AI 定义

如图 13.1 所示，美国国防部高级研究计划局（Defense Advanced Research Projects Agency，DARPA）对可解释 AI 的描述是：区别于现有的 AI 系统，可解释 AI 系统可以解决用户面对黑盒模型遇到的问题，使得用户"知其然"并"知其所以然"。

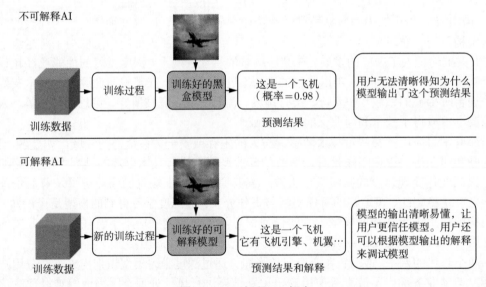

图 13.1  可解释 AI 概念

对于可解释 AI，不论是学术界还是工业界都没有一个统一的定义。这里列举 3 种典型定义，供大家参考讨论。

（1）可解释 AI 希望寻求对 AI 算法工作机理的直接理解，打破了人工智能的黑盒子。

（2）可解释 AI 为 AI 算法所做出的决策提供人类可读的、可理解的解释。

（3）可解释 AI 是确保人类可以轻松理解和信任人工智能代理做出的决策的一组方法。

根据实践经验，本节将可解释 AI 定义为一套面向机器学习（主要是深度神经网络）的技术合集，包括可视化、数据挖掘、逻辑推理、知识图谱等，目的是通过此技术合集，使深度神经网络呈现一定的可理解性，以满足相关使用者对模型及应用服务产生的信息诉求（如因果或背景信息），从而为使用者对人工智能服务建立认知层面的信任。

## 13.3　可解释 AI 算法现状介绍

随着可解释 AI 概念的提出，可解释 AI 越来越受到学术界及工业界的关注。为了供读者对现有可解释 AI 算法有一个更好地整体认知，这里总结归纳了可解释 AI 的算法类型，如图 13.2 所示。

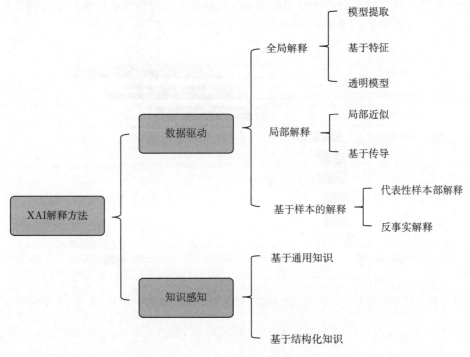

图 13.2　可解释 AI 算法分类

对模型进行解释有多种多样的方法，这里依据解释过程是否引入数据集以外的外部知识，将其分为数据驱动的解释方法和知识感知的解释方法。

### 13.3.1　数据驱动的解释

数据驱动的解释是指：纯粹从数据本身生成解释的方法，而不需要先验知识等外部信息。为了提供解释，数据驱动的方法通常从选择数据集（具有全局或局部分布）开始。然后，将选定的数据集或其变体输入黑盒模型，通过对黑盒模型的相应预测进行一定的分析（例如：对预测结果对应的输入特征进行求导）来生成解释。根据可解释性的范围，这些方法可以进一步分为全局方法和局部方法，即它们是解释所有数据点的全局模型行为还是预测子集行为。特别地，基于实例的方法提供了一种特殊类型的解释——它们直接返回数据实例作为解释。虽然从解释范围的分类米看，基于实例的方法也可以适合全局方法（代表性样本）或局部方法（反事实），但它们被单独列出，以强调它们提供解释的特殊方式。

全局方法旨在基于对特征、模型学习到的组件和结构的整体视图等，提供对模型逻辑的理解以及所有预测的完整推理。可以从几个方向探索全局可解释性。为了便于理解，它们被分为以下 3 个子类。

（1）模型提取——从原始黑盒模型中提取出一个可解释的模型，如通过模型蒸馏的方式将原有黑盒模型蒸馏到可解释的决策树，从而使用决策树中的规则解释该原始模型。

（2）基于特征的方法——估计特征的重要性或相关性，如图 13.3 所示，该类型解释可提供如"信用逾期记录是模型依赖的最重要特征"的解释，从而协助判定模型是否存在偏见。一种典型的全局特征解释方法是 SHAP（其仅能针对树模型输出全局解释）。

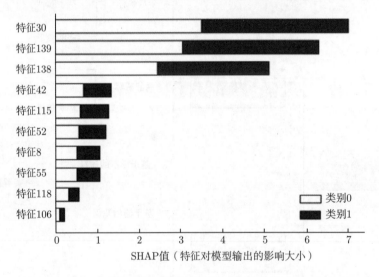

图 13.3　全局特征重要性解释

（3）透明模型设计——修改或重新设计黑盒模型以提高其可解释性。这类方法目前也逐渐成为探索热点，近期的相关工作包括 ProtoPNet、Interpretable CNN、ProtoTree 等。

全局解释可以提供对黑盒模型的整体认知。但由于黑盒模型的高复杂性，在实践中往往很难通过模型提取和设计得到与原模型行为相近的简单透明模型，也很难对整个数据集抽象出统一的特征重要性。此外，在为单个观察生成解释时，全局解释也缺乏局部保真度，因为全局重要的特征可能无法准确解释单个样例的决定。因此，局部解释方法成为近些年领域内重要的研究方向。局部解释方法尝试为单个实例或一组实例检验模型行为的合理性。当仅关注局部行为时，复杂模型也可以变得简单，因此，即使是简单的函数，也可以为局部区域提供可信度高的解释。基于获得解释的过程，局部方法可以分为两类——局部近似和基于传播（propagation-based）的方法。

局部近似是通过在样本近邻区域模拟黑盒模型的行为生成可理解的子模型。相比于全局方法中的模型提取，局部近似仅需关注样本临近区域，因此更容易获得精确描述局部行为的子模型。如图 13.4 所示，通过在关注数据点 $x$ 附近生成 $m$ 个数据点 $(x_1', f(x_1')), (x_2', f(x_2')), \cdots,$ $(x_m', f(x_m'))$（$f$ 为黑盒模型决策函数），用线性拟合这些数据点，可以得到一个线性模型 $g = \sum_i^k w_i x^i$（$k$ 为数据的特征维度）。那么，线性模型中的权重 $w_i$ 即可用于表示数据 $x$ 中第 $i$ 个特征对于模型 $f$ 的重要性。

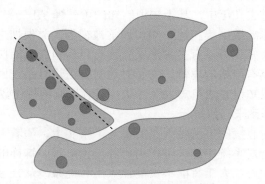

图 13.4　局部近似方法示例[78]

　　基于传播的方法通常是通过传播某些信息直接定位相关特征，这些方法包含基于反向传播的方法和基于前向传播的方法。基于反向传播的方法通过梯度回传将输出的贡献归因于输入特征。如图 13.5 所示，通过梯度回传，计算模型输出对输入的梯度 $\dfrac{\mathrm{d}(f(x))}{\mathrm{d}x}$ 作为模型解释。常见的基于梯度传播的方法有基本的 Gradient 方法、GuidedBackprop 方法、GradCAM 方法等。

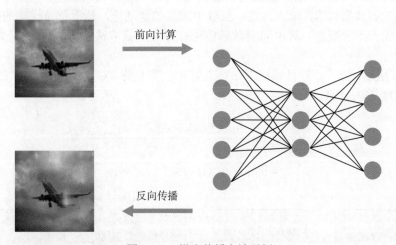

图 13.5　梯度传播方法示例

　　而基于前向传播的方法通过计算扰动特征前后的前向推理的输出差异来量化输出与特征的相关性。其中，常见的几种方法有 RISE 方法、ScoreCAM 方法等。

### 13.3.2 知识感知的解释

数据驱动的解释方法能够从数据集或输入和输出之间的关系提供全面的解释。在此基础上，还可以利用外部知识来提供知识感知的解释，以丰富解释内容并使其更加人性化。没有机器学习背景知识的门外汉可能很难直接理解特征的重要性，以及特征和目标之间的联系。借助外部领域知识，不仅可以生成表明特征重要性的解释，还可以描述某些特征比其他特征更重要的原因。因此，在过去几年中，基于知识感知的可解释 AI 方法引起了越来越多的关注。与从多种情景中收集的原始数据集相比，知识通常被视为人类根据生活经验或严格的理论推理而得出的。一般来说，知识可以有多种形式。它可以保留在人的头脑中，也可以用自然语言、音频或规则记录，具有严格的逻辑。为了对这些方法进行系统回顾，在此根据知识来源将它们分为两类——通用知识方法和知识库方法。前者以非结构化数据为知识源来构建解释，后者以结构化知识库为基础来构建解释。

提供知识的一个相对直接的方法是人类的参与。事实上，随着人工智能研究和应用的爆炸式增长，人类在人工智能系统中的关键作用已经慢慢显现。这样的系统称为以人为中心的人工智能系统。以人为中心的人工智能不仅能让人工智能系统从社会文化的角度更好地了解人类，还能让人工智能系统帮助人类了解自己。为了实现这些目标，人工智能需要满足可解释性和透明度等几个属性。

具体来说，人类能够通过提供相当多的人类定义的概念来在可解释 AI 系统中发挥作用。利用概念激活向量（Concept Activation Vectors，CAV）来度量概念对于某一模型进行分类的重要性（Testing with Concept Activation Vectors，TCAV），从而方便我们以可理解的高级概念来理解黑盒模型。给定一个黑盒模型，CAV 是与目标概念在某一层决策边界（激活与否）垂直的向量，该向量可以这样获取：输入目标概念的正负样本，进行线性回归，得到决策边界，从而得到 CAV。以"斑马"的"条纹"概念为例，用户首先收集包含有"条纹"的数据样本及不含"条纹"的数据样本，输入网络，获取中间层的激活值，基于正负样本的标签（1 代表含有概念，0 代表不含概念）对中间层激活值进行拟合，获取决策边界，CAV 即该决策边界的垂直向量。

如图 13.6 所示，为了计算目标概念在第 $l$ 层对于类 $k$ 的 TCAV 评分，可以首先通过 CAV 计算概念敏感度 $S_{C,k,l}(x)$。

$$
\begin{aligned}
S_{C,k,l}(x) &= \lim_{\epsilon \to 0} \frac{h_{l,k}(f_l(\mathrm{x}) + \epsilon v_C^l) - h_{l,k}(f_l(x))}{\epsilon} \\
&= \nabla h_{l,k}(f_l(\mathrm{x})) \cdot v_C^l
\end{aligned}
\tag{13.1}
$$

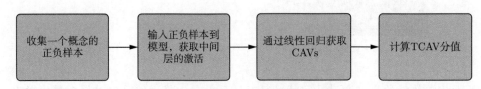

图 13.6　TCAV 流程

其中，$f_l(\mathrm{x})$ 表示输入 $x$ 时，网络第 $l$ 层的相应输出（激活），而 $h_{l,k}(\cdot)$ 是类 $k$ 的 logit，$\nabla h_{l,k}(\cdot)$ 则表示 $h_{l,k}$ 对第 $l$ 层激活的梯度。$\mathrm{v}_C^l$ 正是用户旨在探索的概念 $C$ 的 CAV。正（或负）敏感性表明概念 $C$ 在输入 $x$ 时第 $l$ 层是否被激活对于被分类为 $k$ 有正（或负）影响。以上述"条纹"概念对于"斑马"这个分类为例，$S_{C,k,l}(x)$ 旨在刻画第 $l$ 层是否激活"条纹"相关的概念对最终分类的影响，当 $l$ 为输入层时，可理解为在当前输入下"条纹"概念对最终模型分类为"斑马"的影响。

基于 $S_{C,k,l}$，TCAV 就可以通过计算类 $k$ 的具有正 $S_{C,k,l}$ 的样本的比率来获得：

$$\mathrm{TCAV}_{Q_{C,k,l}} = \frac{|\{x \in X_k : S_{C,k,l}(x) > 0\}|}{|X_k|} \tag{13.2}$$

结合 $t$-分布假设方法，如果 $\mathrm{TCAV}_{Q_{C,k,l}}$ 大于 0.5，则表明概念 $C$ 对类 $k$ 有重大影响。基于 TCAV 分数，人们就可以获得关于模型的对人类认知友好的全局理解。

人类的知识可以是主观的，而知识库可以是客观的。在当前研究中，知识库通常被建模为知识图谱。下面以 MindSpore 支持的可解释推荐模型 TB-Net 为例，讲解如何使用知识图谱构建可解释模型。知识图谱可以捕捉实体之间丰富的语义关系。TB-Net 的目的之一就是确定哪一对实体（即，物品-物品）对用户产生最重大的影响，并通过什么关系和关键节点进行关联。不同于现有的基于知识图谱嵌入的方法（RippleNet 使用知识图谱补全方法预测用户与物品之间的路径），TB-Net 提取真实路径，以达到推荐结果的高准确性和优越的可解释性。

TB-Net 的框架如图 13.7 所示：$i_c$ 代表待推荐物品，$h_n$ 代表历史记录中用户交互的物品，$r$ 和 $e$ 代表图谱中的关系（relation）和实体（entity），它们的向量化表达拼接在一起形成关系矩阵和实体矩阵。首先，TB-Net 通过 $i_c$ 和 $h_n$ 的相同特征值来构建用户 $u$ 的子图谱，每一对 $i_c$ 和 $h_n$ 都由关系和实体所组成的路径来连接。然后，TB-Net 的路径双向传导方法将物品、实体和关系向量的计算从路径的左侧和右侧分别传播到中间节点，即计算左右两个流向的向量汇集到同一中间实体的概率。该概率用于表示用户对中间实体的喜好程度，并作为解释的依据。最后，TB-Net 识别子图谱中关键路径（即关键实体和关系），输出推荐结果和具有语义级别的解释。

以游戏推荐场景为例，为一个用户推荐新的游戏。如图 13.8 所示，Half-Life、Dota 2 和 Team Fortress 2 为游戏名称；关系属性包括发行年份、游戏种类、游戏特点和游戏开发商。Half-Life 和 Dota 2 是用户历史记录中玩过的游戏，测试数据中被正确推荐的游戏是 Team Fortress 2。

在图 13.8 中，有两个突出显示的相关概率（38.6% 和 21.1%），它们是在推荐过程中模型计算的关键路径被激活的概率。图 13.8 中较粗的 4 根箭头突出显示从 Team Fortress 2 到用户历史记录中玩过的游戏 Half-Life 之间的关键路径。它表明 TB-Net 能够通过各种关系连接向用户推荐物品，并找出关键路径作为解释。因此，将 Team Fortress 2 推荐给用户的解释可以翻译成："Team Fortress 2 是游戏公司 Valve 开发的一款动作类（Action）电子游戏。这与用户历史玩过的游戏 Half-Life 有高度关联。"

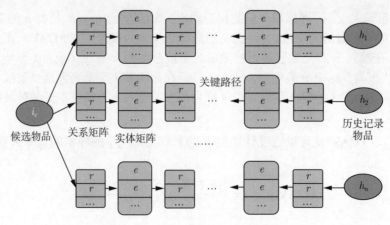

图 13.7　TB-Net 网络训练框架

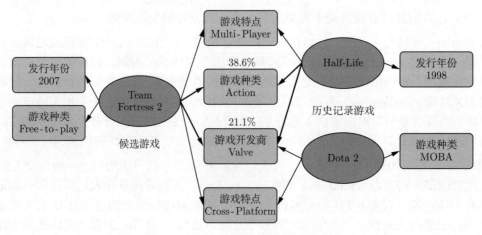

图 13.8　Steam 游戏推荐可解释示例

## 13.4　常见可解释 AI 系统

随着各领域对可解释 AI 的诉求快速增长，越来越多的企业集成可解释 AI 工具包，为广大用户提供快速便捷的可解释 AI 实践。业界现有的主流工具包如下。

（1）TensorFlow 团队的 What-if Tool，用户不需编写任何程序代码就能探索学习模型，让非开发人员也能参与模型调校工作。

（2）IBM 公司的 AIX360，提供了多种解释及度量方法去评估模型在不同维度上的可解释及可信性能。

（3）Facebook PyTorch 团队的 captum，针对图像及文本场景，提供了多种主流解释方法。

（4）微软公司的 InterpretML，用户可以训练不同的白盒模型及解释黑盒模型。

（5）SeldonIO 的 Alibi，专注于查勘模型内部状况及决策解释，提供各种白盒、黑盒模型、单样本及全局解释方法的实现。

（6）华为公司的 MindSpore XAI 工具，提供数据工具、解释方法、白盒模型以及度量方法，为用户提供不同级别的解释（局部、全局、语义级别等）。

## 13.5  案例分析：MindSpore XAI

下面将以 MindSpore XAI 工具为例，讲解在实践中如何使用可解释 AI 工具为图片分类模型和表格数据分类模型提供解释，从而协助用户理解模型并进一步调试调优。MindSpore XAI 工具是基于 MindSpore 深度学习框架的一个可解释 AI 工具，可在 Ascend 及 GPU 设备上部署，其架构如图 13.9 所示。

图 13.9  MindSpore XAI 架构图

要使用 MindSpore XAI 工具，读者首先要通过 pip 安装 MindSpore XAI 包（支持 MindSpore 1.7 或以上，GPU 及 Ascend 处理器，推荐配合 JupyterLab 使用）。在 MindSpore XAI 的官网教程①中，详细介绍了如何安装和使用所提供的解释方法，读者可自行查阅。

### 13.5.1  为图片分类场景提供解释

代码 13.1 是 MindSpore XAI 1.8 版本中已支持的显著图可视方法 GradCAM 的示例。读者可参阅官方教程②以取得演示用的数据集、模型和完整脚本代码。

代码 13.1  MindSpore XAI 显著图可视方法 GradCAM 代码示例

```
1  from mindspore_xai.explainer import GradCAM
2
3
4  # 通常指定最后一层的卷积层
5  grad_cam = GradCAM(net, layer="layer4")
6
7  # 3 是'boat'类的ID
8  saliency = grad_cam(boat_image, targets=3)
```

① 参考网址为：https://www.mindspore.cn/xai/docs/zh-CN/r1.8/index.html。
② 参考网址为：https://www.mindspore.cn/xai/docs/zh-CN/r1.8/using_cv_explainers.html。

如果输入是一个维度为 $1 \times 3 \times 224 \times 224$ 的图片张量，那么返回的就是一个 $1 \times 1 \times 224 \times 224$ 的显著图张量。下面几个例子展示了如何使用可解释 AI 能力来更好地理解图片分类模型的预测结果，获取作为分类预测依据的关键特征区域，从而判断分类结果的合理性和正确性，加速模型调优。

图 13.10 的预测标签是 bicycle，解释结果给出依据的关键特征在车轮上，说明这个分类判断依据是合理的，因此可以初步判定模型为可信的。

图 13.10　预测结果正确，依据的关键特征合理的例子

图 13.11 的预测标签中，有 1 个标签是 person，这个结果是对的；但是解释的时候，高亮区域在马头的上，那么这个关键特征依据很可能是错误的，这个模型的可靠性还需进一步验证。

图 13.11　预测结果正确，依据的关键特征不合理的例子

图 13.12 的预测标签为 boat，但是原始图像中并没有船只存在。通过图中右侧解释结果可以看到，模型将水面作为分类的关键依据，得到预测结果 boat，这个依据是错误的。通过对

训练数据集中标签为 boat 的数据子集进行分析，发现绝大部分标签为 boat 的图片中，都有水面。这很可能导致模型训练的时候，误将水面作为 boat 类型的关键依据。基于此分析，可以按比例补充有船且没有水面的图片集，从而大幅消减模型学习的时候误判关键特征的概率。

图 13.12　预测结果错误，依据的关键特征不合理的例子

## 13.5.2　为表格数据场景提供解释

MindSpore XAI 1.8 版本支持了 3 个业界比较常见的表格数据模型解释方法：LIMETabular、SHAPKernel 和 SHAPGradient。以 LIMETabular 为例，针对一个复杂难解释的模型，提供一个局部可解释的模型来对单个样本进行解释，如代码 13.2 所示。

代码 13.2　MindSpore XAI 局部可解释模型 LIMETabular 代码示例

```
1  from mindspore_xai.explainer import LIMETabular
2
3  # 将特征转换为特征统计数据
4  feature_stats = LIMETabular.to_feat_stats(data, feature_names=feature_names)
5
6  # 初始化解释器
7  lime = LIMETabular(net, feature_stats, feature_names=feature_names,
       class_names=class_names)
8
9  # 解释
10 lime_outputs = lime(inputs, targets, show=True)
```

解释器会显示出把该样本分类为 setosa 这一决定的决策边界，返回的 lime_outputs 是代表决策边界的一个结构数据。图 13.13 将该解释结果进行可视化，说明针对 setosa 这一决策，最重要的特征为 petal length。

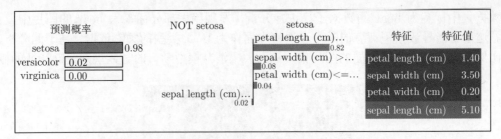

图 13.13　LIME 解释结果

### 13.5.3　白盒模型

除了针对黑盒模型的事后解释方法，XAI 工具同样提供业界领先的白盒模型，使得用户可基于这些白盒模型进行训练，在推理过程中，模型可同时输出推理结果及解释结果。以 TB-Net 为例（可参考图 13.7 及其官网教程[①]使用），该方法已上线商用，为百万级客户提供带有语义级解释的理财产品推荐服务。TB-Net 利用知识图谱对理财产品的属性和客户的历史数据进行建模。在图谱中，具有共同属性值的理财产品会被连接起来。因此，可以将待推荐产品与客户的历史购买或浏览的产品通过共同的属性值连接成路径，构成该客户的子图谱。然后，TB-Net 对图谱中的路径进行双向传导计算，从而识别关键产品和关键路径，作为推荐和解释的依据。

一个可解释推荐的例子如下：在历史数据中，该客户近期曾购买或浏览了理财产品 A、B 和 N 等。通过 TB-Net 的路径双向传导计算可知，路径（产品 P，年化利率中等偏高，产品 B）和路径（产品 P，中等风险，产品 N）的权重较高，即关键路径。此时，TB-Net 输出的解释为："推荐理财产品 P 给该客户，是因为它的年化利率中等偏高，风险等级是中等，分别与该客户近期购买或浏览的理财产品 B 和 N 一致，"如图 13.14 所示。

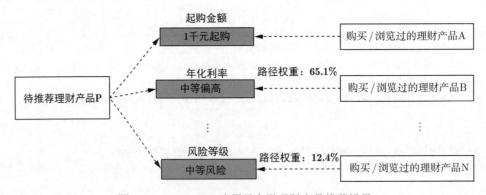

图 13.14　TB-Net 应用于金融理财产品推荐场景

除了上面介绍的解释方法外，MindSpore XAI 工具还会提供一系列度量方法，用以评估不同解释方法的优劣，另外也会陆续增加自带解释的白盒模型，用户可直接取用成熟的模型架构，以快速构建自己的可解释 AI 系统。

---

① 可参考网址为：https://www.mindspore.cn/xai/docs/zh-CN/master/using_tbnet.html。

## 13.6　未来研究方向

为了进一步推动可解释 AI 的研究，以下总结了一些值得注意的研究方向。

首先，知识感知型的可解释 AI 仍有很大的研究扩展空间。要使外部知识被有效地利用，仍有许多悬而未决的问题。其中一个问题是如何在广阔的知识空间中获取或检索有用的知识。例如，维基百科上记载了各领域相关的知识，但如果要解决医学图像分类问题，维基百科上大部分知识都是无关的或存在噪声的，这样便很难准确地将合适的知识引入可解释 AI 系统中。

此外，可解释 AI 系统的部署也非常需要一个更加标准和更加统一的评估框架。为了构建标准统一的评估框架，需要同时利用不同的指标，相互补充。不同的指标适用于不同的任务和用户。统一的评估框架应具有相应的灵活性。

最后，跨学科合作将是有益的。可解释 AI 的发展不仅需要计算机科学家们开发先进的算法，还需要物理学家、生物学家和认知科学家来揭开人类认知的奥秘，以及特定领域的专家来贡献他们的领域知识。

## 13.7　总结

（1）可解释 AI 对于 AI 在某些关键场景（如金融、医疗、自动驾驶和司法）中的应用非常重要。

（2）可解释 AI 算法可以分为数据驱动的解释和知识感知的解释两大类。

（3）用户可以使用业界提供的可解释 AI 工具包快速便捷地进行可解释 AI 实践。

（4）可解释 AI 将是未来学术界和工业界重点关注的方向，其中包括知识感知型的可解释 AI、统一的可解释 AI 系统的评估框架和跨学科合作的可解释 AI 研究等。

# 第 14 章

# 机器人系统

本章介绍机器学习的一个重要分支——机器人及其在系统方面的知识，学习目标包括：
- 掌握机器人系统基本知识。
- 掌握感知系统、规划系统和控制系统。
- 掌握通用机器人操作系统。

## 14.1 机器人系统概述

机器人学是一个交叉学科，它涉及计算机科学、机械工程、电气工程、生物医学工程、数学等多种学科，并有诸多应用，如自动驾驶汽车、机械臂、无人机、医疗机器人等。机器人能够自主地完成一种或多种任务或者辅助人类完成指定任务。通常，人们把机器人系统划分为感知系统、决策（规划）和控制系统等组成部分。

机器人系统按照涉及的机器人数量，可以划分为单机器人学习系统和多机器人学习系统。多机器人学习系统协作和沟通中涉及的安全和隐私问题，也是一个值得研究的方向。最近机器人学习系统在室内自主移动、道路自动驾驶、机械臂工业操作等行业场景得到充分应用和发展。一些机器人学习基础设施项目也在进行中，如具备从公开可用的互联网资源、计算机模拟和真实机器人试验中学习能力的大规模的计算系统 RobotBrain。在自动驾驶领域，受联网的自动驾驶汽车（CAV）对传统交通运输行业的影响，"车辆计算"（Vehicle Computing）概念引起广泛关注，并激发了如何让计算能力有限使用周围的CAV 计算平台来执行复杂的计算任务的研究。最近，有很多自动驾驶系统的模拟器，代表性的如 CARLA、MetaDrive、CarSim 和 TruckSim，它们可以作为各种自动驾驶算法的训练场，并对算法效果进行评估。另外，针对自动驾驶的系统开发平台也不断涌现，如ERDOS、D3（Dynamic Deadline-Driven）和 Pylot，可以让模型训练与部署系统与这些平台对接。

图 14.1 是一个典型的感知、规划、控制的模块化设计的自动驾驶系统框架图，实线①表示自主驾驶系统的模块化流程，而虚线②表示规划和控制模块是不可微的。但是决策策略可以通过重新参数化技术进行训练，如虚线③所示。接下来将依次介绍通用框架、感知系统、规划系统和控制系统。

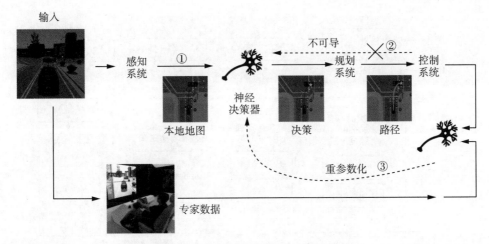

图 14.1　通过模仿学习进行自动驾驶框架图

## 14.1.1　感知系统

### 1. 物体检测与语义分割

感知系统不仅包括视觉感知，还可以包含触觉、声音等。在未知环境中，机器人想实现自主移动和导航，必须知道自己在哪（通过相机重定位），周围什么情况（通过三维物体检测或语义分割），预测相机在空间的轨迹 ······ 这些依靠感知系统来实现。

图像语义分割作为一项常用而又经典的感知技术，经过多年的迭代，传统的二维技术已经渐渐趋于成熟，提升空间较小。同时，传统的二维语义分割有一定的局限性，很难从二维图像中直接获知物体的空间位置及其在整体空间中的布局，要知道整体空间的位置信息还需要更多的三维信息。为了让机器人从单纯的二维图像出发，得到空间中物体三维的坐标、语义和边界信息，跨视角语义分割吸引了众多研究者的关注。

### 2. 即时定位与建图（SLAM）

将一个机器人放到未知的环境中，如何能让它明白自己的位置和周围环境？这要靠即时定位与建图（Simultaneous Localization and Mapping，SLAM）系统来实现。

图 14.2 展示了最新的 ORB-SLAM3 的主要系统组件。SLAM 大致过程包括地标提取、数据关联、状态估计、状态更新以及地标更新等。SLAM 系统在机器人运动过程中通过重复观测到的地图特征（如墙角、柱子等）定位自身位置和姿态，再根据自身位置增量式的构建地图，从而达到同时定位和地图构建的目的。DROID-SLAM 是用于单目、立体和 RGB-D 相机的深度视觉 SLAM，它通过 Bundle Adjustment 层对相机位姿和像素深度的反复迭代更新，具有很强的鲁棒性，故障大大减少，尽管对单目视频进行了训练，但它可以利用立体声或 RGB-D 视频在测试时提高性能。其中，Bundle Adjustment（BA）描述了像素坐标和重投影坐标之间误差的和，重投影坐标通常使用三维坐标点和相机参数计算得到。BA 计算量较大，较为耗时，爱丁堡大学提出通过分布式多 GPU 系统对 BA 计算进行加速。随着机器学习的发展，BA 与机器学习的结合被广泛研究。

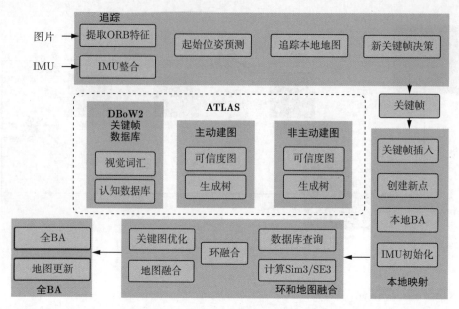

图 14.2　ORB-SLAM3 主要系统组件

　　视觉里程计 Visual Odometry 是 SLAM 中的重要部分，它估计两个时刻机器人的相对运动。最近，随着机器学习的兴起，基于学习的 VO 框架也被提了出来。TartanVO 是第一个基于学习的视觉里程计（VO）模型，该模型可以推广到多个数据集和现实世界场景，并优于传统的基于几何的方法。

## 14.1.2　规划系统

　　机器人规划不仅包含运动路径规划，还包含任务规划。其中，运动规划是机器人技术的核心问题之一，在给定的两个位置之间为机器人找到一条符合约束条件的路径。这个约束可以是无碰撞、路径最短、机械功最小等，需要有概率完整性和最优性的保证，从导航到复杂环境中的机械臂操作都有运动规划的应用。然而，当经典运动规划在处理现实世界的机器人问题（在高维空间中）时，挑战仍然存在。研究人员仍在开发新算法来克服这些限制，包括优化计算和内存负载、更好的规划表示和处理维度灾难等。

　　同时，机器学习的一些进展为机器人专家研究运动规划问题开辟了新视角：以数据驱动的方式解决经典运动规划器的瓶颈。基于深度学习的规划器可以使用视觉或语义输入进行规划等。ML4KP 是一个可用于运动动力学进行运动规划的 C++库，可以轻松地将机器学习方法集成到规划过程中。

　　强化学习在规划系统上也有重要应用，最近有一些工作基于 MetaDrive 模拟器进行多智能体强化学习、驾驶行为分析等。为了更好地说明强化学习是如何应用在自动驾驶中，尤其是作为自动驾驶规划模块的应用，图 14.3 展示了一个基于深度强化学习的自动驾驶 POMDP 模型，包含环境、奖励、智能体等重要组件。

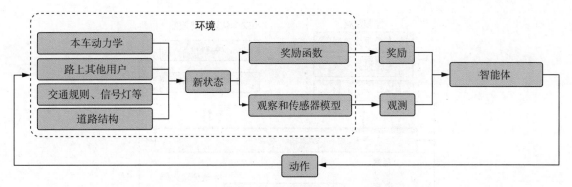

图 14.3　基于深度强化学习的自动驾驶 POMDP 模型

### 14.1.3　控制系统

虽然控制理论已牢牢植根于基于模型（Model-based）的设计思想，但丰富的数据和机器学习方法给控制理论带来了新的机遇。控制理论和机器学习的交叉方向涵盖了广泛的研究方向，包括但不限于动态系统的学习、在线学习和控制强化学习以及在各种现实世界系统中的应用。

**1. 线性二次控制**

理论方面，线性二次控制（Linear-Quadratic Control）是经典的控制方法。若动力系统可以用一组线性微分方程表示，而其约束为二次泛函，这类问题称为线性二次问题。此类问题的解即线性二次调节器（Linear-Quadratic Regulator，LQR）。最近有关于图神经网络在分布式线性二次控制的研究，将线性二次问题转换为自监督学习问题，能够找到基于图神经网络的最佳分布式控制器，他们还推导出所得闭环系统稳定的充分条件。

**2. 模型预测控制**

模型预测控制（MPC）是一种先进的过程控制方法，用于在满足一组约束条件的同时控制过程。MPC 的主要优势在于它允许优化当前时刻的同时考虑未来时刻。因此，与线性二次调节器不同。MPC 还具有预测未来事件的能力，并可以相应地采取控制措施。最近有研究将最优控制和机器学习相结合，并应用在陌生环境中的视觉导航任务：如基于学习的感知模块产生一系列航路点通过无碰撞路径引导机器人到达目标，基于模型的规划器使用这些航路点来生成平滑且动态可行的轨迹，然后使用反馈控制在物理系统上执行。实验表明，与纯粹基于几何映射或基于端到端学习的方案相比，这种新的系统可以更可靠、更有效地到达目标位置。

**3. 控制系统的稳定性分析**

因为安全对于机器人应用是至关重要的，有的强化学习方法通过学习动力学的不确定性来提高安全性，鼓励安全、稳健，以及可以正式认证所学控制策略的方法，如图 14.4 展示了安全学习控制（Safe Learning Control）系统的框架图。Lyapunov 函数是评估非线性动力系统稳定性的有效工具，最近有人提出 Neural Lyapunov 将安全性纳入考虑。

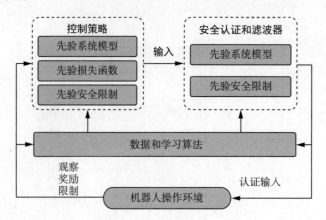

图 14.4　安全学习控制系统，数据被用来更新控制策略或安全滤波器

### 14.1.4　机器人安全

　　机器人和机器学习都是具有广阔前景的、令人兴奋的前沿领域，而当它们结合在一起后，会变得更加迷人，并且有远大于 1+1>2 的效果。因此，当我们在机器人项目中应用机器学习时，我们很容易过于兴奋，尝试用机器学习去做很多之前只能幻想的成果。然而，在机器人中应用机器学习和直接使用机器学习有着很多不同。其中很重要的一点不同就是，一般的机器学习系统更多的是在虚拟世界中造成直接影响，而机器人中的机器学习系统很容易通过机器人对物理世界造成直接影响。因此，当我们在机器人项目中应用机器学习时，我们必须时刻关注系统的安全性，保证无论是在产品开发时还是在产品上市后的使用期，开发者和用户的安全性都能得到可靠的保证。而且不仅商业项目要考虑安全性，开发个人项目时也需要确保安全性。

　　让我们设想以下这些情况：假设你正在开发一个物流仓库内使用的移动货运机器人，它被设计为和工人在同一工作环境内运行，以便在需要时及时帮工人搬运货物至目的地。这个机器人有一个视觉的行人识别系统，以便识别前方是否有人。当机器人在前进的过程中遇到障碍物时，这个行人识别系统会参与决定机器人的行为。如果周围有人的话，机器人会选择绕大弯来避开行进道路上的行人障碍物；如果没人的话，机器人可以绕小弯来避障。可是，如果某次这个行人识别系统检测失误，系统没有检测到前方的障碍物是一个正在梯子上整理货物的工人，所以选择小弯避障。而当机器人靠近时，工人才突然发现有个机器人正在靠近他，并因此受到惊吓，跌落至机器人行进的正前方。如果我们考虑到物流仓库的货运机器人自重加载重一般至少是几百千克，万一真的因此发生碰撞，后果不堪设想。这个机器人产品的商业前景会毁于一旦，公司和负责人也会被追究相应责任（甚至法律意义上的责任）。更重要的是，对受害者所造成的伤害和自己心里的内疚会对双方的一生都造成严重的影响。

　　不仅是商业项目，假设你正在开发一个小型娱乐机械臂来尝试帮你完成桌面上的一些小任务，例如移动茶杯或打开关闭开关。这个机械臂也依赖于一个物体识别系统来识别任务目标。某次在移动茶杯时，机械臂没有识别到规划路线中有一个接线板，因此茶杯不小心摔倒并且把水泼到接线板里引起短路。幸运的话，可能只需要换一个接线板；而不幸的时候，甚至可能会引起火灾或电击。我相信，没有人会想遇到这类突发事件。

因此，无论是在怎样的机器人项目中应用机器学习，我们都必须时刻关注和确保系统的安全性。

**1. 确保安全性的办法：谨慎的风险评估和独立的安全系统**

**1) 谨慎的风险评估**

为了能够确保机器人和机器学习系统的安全性，我们首先要知道可能有哪些危险。我们可以通过风险评估（Risk Assessment）来做到这一点。对于发现的风险，我们需要尽可能地给出一个避免风险的方案（Risk Mitigation），并确保这些方案的具体执行。

**2) 独立的安全系统**

安全系统应该独立于机器学习系统，并处于机器人架构的底层，拥有足够或最高等级的优先级。实际上，这个安全系统不应该只针对机器学习系统，而应该针对整个机器人的方方面面。换句话说，当开发机器人项目时，必须要有一个足够安全且独立的安全系统。而针对机器学习系统的安全性只是这个独立安全系统"足够安全"的部分体现罢了。还是以物流仓库移动货运机器人为例，如果机器人的轮子有独立安全回路并且能断电自动刹车，而机器人又有一个严格符合安全标准且也有安全回路的激光雷达来检测障碍物，同时这个激光雷达的安全回路直接连接至轮子的安全回路。这样一来，不管机器人是否检测到前方有人或突然有一个人闯入机器人的行进路线，激光雷达都会检测到有异物，直接通过独立的安全回路将轮子断电并刹车，以确保不会发生碰撞。这种配置完全独立于任何控制逻辑，从而不受任何上层系统的影响。而对于开发者来说，当我们有了一个可靠、独立的安全系统，我们也可以放心地去使用最新的突破性技术，而不用担心新技术是否会造成不可预期的后果。

**2. 机器学习系统的伦理问题**

除了上述讨论到的最根本的安全性问题，机器学习系统的伦理问题也会对机器人的使用造成影响。

例如，训练数据集中的人种类型不平衡这一类经典的伦理问题。还以物流仓库移动货运机器人为例，如果我们的训练数据集只有亚洲人的图片，那么当我们想要开拓海外市场时，我们的海外用户很有可能会发现，机器人并不能很好地识别他们的工人。虽然独立的安全系统可以避免事故的发生，但是急停在工人面前肯定不是一个很好的用户体验。从而影响海外销量。

机器学习系统的伦理问题是目前比较火热的一个讨论领域。作为行业相关人员，我们需要了解这个方向上的最新进展。一方面是在系统设计的初期就把这些问题考虑进去，另一方面是希望我们的成果能够给更多人带来幸福，而不是带去困扰。

# 14.2　机器人操作系统

机器人操作系统（Robot Operating System，ROS）起源于斯坦福大学人工智能实验室的一个机器人项目。它是一个自由、开源的框架，提供接口、工具来构建先进的机器人。由于机器人领域的快速发展和复杂化，代码复用和模块化的需求日益强烈，ROS 适用于机器人这种多节点、多任务的复杂场景。目前也有一些机器人、无人机甚至无人车都开始采用 ROS 作为开发平台。在机器人学习方面，ROS/ROS2 可以与深度学习结合，有开发人员为 ROS/ROS2

开发了深度学习节点，并支持 NVIDIA Jetson 和 TensorRT。NVIDIA Jetson 是 NVIDIA 公司为自主机器开发的一个嵌入式系统，包括 CPU、GPU、PMIC、DRAM 和闪存的一个模组化系统，可以将自主机器软件运作系统运行速率提升。TensorRT 是由 NVIDIA 发布的机器学习框架，用于在其硬件上运行机器学习推理。

作为一个适用于机器人编程的框架，ROS 把原本松散的零部件耦合在一起，为它们提供了通信架构。虽然叫作"操作系统"，ROS 更像是一个中间件，给各种基于 ROS 的应用程序建立起了沟通的桥梁，通过这个中间件，机器人的感知、决策、控制算法可以组织和运行。ROS 采用分布式的设计思想，支持 C++、Python 等多种编程语言，方便移植。对于 ROS 来讲，最小的进程单元是节点，由节点管理器来管理。参数配置存储在参数服务器中。ROS 的通信方式包含主题（Topic）、服务（Service）、参数服务器（Parameter Server）、动作库（ActionLib）这四种。

ROS 提供了很多内置工具，如三维可视化器 Rviz，用于可视化机器人及其工作环境和传感器数据。它是一个高度可配置的工具，具有许多不同类型的可视化和插件。Catkin 是 ROS 构建系统（类似于 Linux 下的 CMake），Catkin Workspace 是创建、修改、编译 Catkin 软件包的目录。roslaunch 可用于在本地和远程启动多个 ROS 节点以及在 ROS 参数服务器上设置参数的工具。此外，还有机器人仿真工具 Gazebo 和移动操作软件和规划框架 MoveIt!。ROS 为机器人开发者提供了不同编程语言的接口，如 C++语言 ROS 接口 roscpp，Python 语言的 ROS 接口 rospy。ROS 中提供了许多机器人的统一机器人描述格式（Unified Robot Description Format，URDF）文件，URDF 使用 XML 格式描述机器人文件。ROS 也有一些需要提高的地方，如它的通信实时性能有限，与工业级要求的系统稳定性还有一定差距。

ROS2 项目在 ROSCon 2014 上被宣布，第一个 ROS2 发行版 Ardent Apalone 于 2017 年发布。ROS2 增加了对多机器人系统的支持，提高了多机器人之间通信的网络性能，而且支持微控制器和跨系统平台，不仅可以运行在现有的 X86 和 ARM 系统上，还将支持 MCU 等嵌入式微控制器，不止能运行在 Linux 系统之上，还增加了对 Windows、MacOS、RTOS 等系统的支持。更重要的是，ROS2 还加入了实时控制的支持，可以提高控制的时效性和整体机器人的性能。ROS2 的通信系统基于 DDS（Data Distribution Service，数据分发服务），如图 14.5 所示。

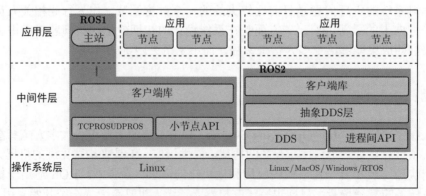

图 14.5　ROS/ROS2 架构概述[51]

ROS2 依赖于使用 shell 环境组合工作区。"工作区"（Workspace）是一个 ROS 术语，表示使用 ROS2 进行开发的系统位置。核心 ROS2 工作区称为 Underlay，随后的工作区称为 Overlays。使用 ROS2 进行开发时，通常会同时有多个工作区处于活动状态。接下来详细介绍 ROS2 的核心概念[①]。

## 14.2.1　ROS2 节点

ROS Graph 是一个由 ROS2 元素组成的网络，在同一时间一起处理数据。它包括所有可执行文件和它们之间的联系。ROS2 中的每个节点都应负责一个单一的模块用途（例如，一个节点用于控制车轮马达，一个节点用于控制激光测距仪等）。每个节点都可以通过主题、服务、动作或参数向其他节点发送和接收数据。一个完整的机器人系统由许多协同工作的节点组成。如图 14.6 所示，在 ROS2 中，单个可执行文件（C++程序、Python 程序等）可以包含一个或多个节点。节点之间的互相发现是通过 ROS2 底层的中间件实现的，过程总结如下。

（1）当一个节点启动后，它会向其他拥有相同 ROS 域名的节点进行广播，说明它已经上线。其他节点在收到广播后返回自己的相关信息，这样节点间的连接就可以建立了，之后即可通信。

（2）节点会定时广播它的信息，这样即使它已经错过了最初的发现过程，它也可以和新上线的节点进行连接。

（3）节点在下线前它也会向其他节点广播。

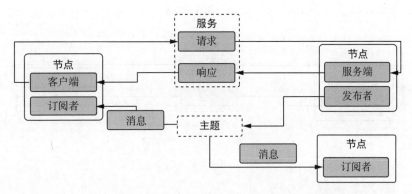

图 14.6　一个完整的机器人系统由许多协同工作的节点组成

## 14.2.2　ROS2 主题

ROS2 将复杂系统分解为许多模块化节点。主题（Topics）是 ROS Graph 的重要元素，它充当节点交换消息的总线。如图 14.7 所示，一个节点可以向任意数量的主题发布数据，同时订阅任意数量的主题。主题是数据在节点之间以及因此在系统的不同部分之间移动的主要方式之一。

---

[①] 参考网址为：https://docs.ros.org/en/foxy/Tutorials/Understanding-ROS2-Nodes.html。

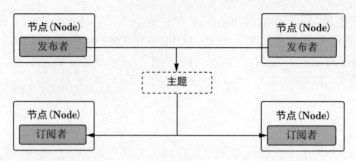

图 14.7　一个节点可以向任意数量的主题发布数据，同时订阅任意数量的主题

rqt 是 ROS 的一个软件框架，以插件的形式实现各种 GUI 工具。可以在 rqt 中将所有现有的 GUI 工具作为可停靠窗口运行。这些工具仍然可以以传统的独立方法运行，但 rqt 可以更轻松地管理屏幕上的所有窗口。

### 14.2.3　ROS2 服务

服务（Services）是 ROS 图中节点的另一种通信方式。服务基于调用和响应模型，而不是主题的发布者-订阅者模型。虽然主题允许节点订阅数据流并获得持续更新，但服务仅在客户端专门调用它们时才提供数据。节点可以使用 ROS2 中的服务进行通信。在单向通信模式中，节点发布可由一个或多个订阅者使用，而服务是客户端向节点发出请求的请求/响应模式提供服务，服务处理请求并生成响应，如图 14.8 所示。

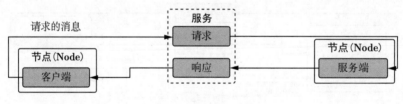

图 14.8　ROS2 服务

### 14.2.4　ROS2 参数

参数（Parameters）是节点的配置值。用户可以将参数视为节点设置。节点可以将参数存储为整数、浮点数、布尔值、字符串和列表。在 ROS2 中，每个节点都维护自己的参数。

### 14.2.5　ROS2 动作

动作（Actions）是 ROS2 中的一种通信类型，适用于长时间运行的任务。它们由 3 个部分组成：目标、反馈和结果，如图 14.9 所示。动作建立在主题和服务之上，它们的功能类似于服务，除了可以取消动作。它们还提供稳定的反馈，而不是返回单一响应的服务。动作使用客户端-服务器模型，类似于发布者-订阅者模型。"动作客户端"节点将目标发送到"动作服务器"节点,该节点确认目标并返回反馈流和结果。动作类似于允许您执行长时间运行的任务、提供定期反馈并且可以取消的服务。机器人系统可能会使用动作进行导航,动作目标可以告诉机器人前往某个位置。当机器人导航到该位置时,它沿途发送更新(即反馈),到达目的地后发送最终结果消息。

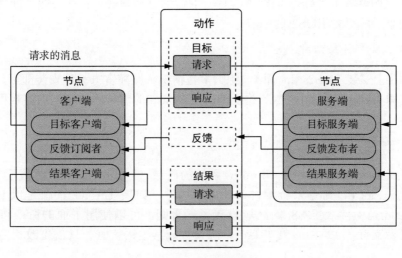

图 14.9　ROS2 动作

## 14.3　案例分析:使用机器人操作系统

本节将带领大家安装 ROS2 并配置好使用环境,然后再通过一些简单的代码示例来让大家更深入地了解如何使用 ROS2 和 14.2 节所介绍的概念。

在本章节以及本章后续的案例章节中,我们将使用 ROS2 Foxy Fitzroy(笔者撰写时的最新的 ROS2 LTS 版本),Ubuntu Focal(20.04)和 Ubuntu Focal 系统所带的 Python 3.8(笔者的 Ubuntu Focal 所带的是 3.8.10)。其中,ROS2 Foxy Fitzroy 和 Ubuntu Focal 是官方的搭配,如果你采用 debian 安装的方式(官方推荐方式)来安装 ROS2,则 Python 必须使用 Ubuntu 所带的 Python 3 版本。这是因为 debian 安装方式会将很多 ROS2 的 Python 依赖库以 apt install(而非 pip install)的方式安装到 Ubuntu 自带的 Python 3 路径中。也就是说,当你选定 ROS2 版本后,你所需的 Ubuntu 版本和 Python 版本也就随之确定了。

如果想要使用 Python 虚拟环境(virtual env)的话,也必须指定使用 Ubuntu 系统所带的 Python 解释器(interpreter),并在创建时加上 site-packages 选项。添加这个选项是因为我们需要那些安装在系统 Python 3 路径中的 ROS2 的依赖库。

举例来说,对于 pipenv 用户,可以通过下面这条命令来创建一个使用系统 Python 3 并添加 site-packages 的虚拟环境。

```
1  pipenv --python $(/usr/bin/python3 -V | cut -d" " -f2) --site-packages
```

因为要使用系统 Python 3 的原因，用 conda 创建的虚拟环境可能会出现各种不兼容的问题。对于其他版本的 ROS2，安装过程和使用方式基本相同。

在后续的案例章节中，我们在合适的场合将用 ROS2、Ubuntu 和 Python 来分别指代 ROS2 Foxy Fitzroy、Ubuntu Focal 和 Ubuntu Focal 所带的 Python 3.8。

本节中的案例参考了 ROS2 的官方教程，非常适合初学者入门 ROS2。读者也可以尝试阅读官方教程来了解更多 ROS2 的细节。

### 1. 安装 ROS2 Foxy Fitzroy

在 Ubuntu 上安装 ROS2 相对简单，绝大多数情况下跟随官方教程安装即可，例如，ROS2 Foxy Fitzroy 和 Ubuntu Focal。本节关于 ROS2 的安装的部分主要也是这篇教程相关部分的转述。

### 2. 系统区域（locale）需要支持 UTF-8

开始安装之前需要确保我们 Ubuntu 系统的区域（locale）已经设置成了支持 UTF-8 的值，可以通过 locale 命令来查看目前的区域设置。如果 LANG 的值是以.UTF-8 结尾，则代表系统已经是支持 UTF-8 的区域设置了。否则，可以使用下面的命令将系统的区域（locale）设置为支持 UTF-8 的美式英语。想设置成其他语言时，只需更改相应的语言代码即可。

```
1  sudo apt update && sudo apt install locales
2  sudo locale-gen en_US en_US.UTF-8
3  sudo update-locale LC_ALL=en_US.UTF-8 LANG=en_US.UTF-8
4  export LANG=en_US.UTF-8
```

### 3. 设置软件源

我们还需要将 ROS2 的软件源加入到系统中，可以通过下面这些命令来完成。

```
1  sudo apt update && sudo apt install curl gnupg2 lsb-release
2  sudo curl -sSL https://raw.githubusercontent.com/ros/rosdistro/master/ros.key -o
     /usr/share/keyrings/ros-archive-keyring.gpg
3
4  echo "deb [arch=$(dpkg --print-architecture)
     signed-by=/usr/share/keyrings/ros-archive-keyring.gpg]
     http://packages.ros.org/ros2/ubuntu $(source /etc/os-release && echo
     $UBUNTU_CODENAME) main" | sudo tee /etc/apt/sources.list.d/ros2.list > /dev/null
```

### 4. 安装 ROS2

先更新软件源缓存，然后再安装 ROS2 Desktop 版。这个版本包含了 ROS2 框架和大部分 ROS2 开发常用的软件库，如 RViz 等，因此是首选的版本。

```
1  sudo apt update
2  sudo apt install ros-foxy-desktop
```

另外安装两个额外的软件——colcon 和 rosdep。前者是 ROS2 的编译工具，后者可以帮助我们迅速安装一个 ROS2 工程所需的依赖库。

```
1  sudo apt-get install python3-colcon-common-extensions python3-rosdep
```

至此，我们已经安装好了 ROS2。但是，如果想要使用它，我们还需要一个额外的环境设置步骤。

### 5. 环境设置

对于任意安装好的 ROS2（和 ROS）版本，我们需要 source 对应的 setup 脚本为对应的版本设置好所需环境，然后才能开始使用其版本。例如，对于刚安装好的 ROS2 Foxy Fitzroy，我们可以在终端中执行下面的命令来设置 ROS2 所需的环境。

```
1  source /opt/ros/foxy/setup.bash
```

如果你用的是 bash 以外的 shell，可以尝试将 setup 的文件扩展名改为对应 shell 的名字。例如，zsh 的用户可以尝试使用 source /opt/ros/foxy/setup.zsh 命令。

如果你不想每次使用 ROS2 之前都输入上述命令，可以尝试将这条命令加入.bashrc 文件中去（或者是.zshrc 或其他对应的 shell 文件），之后每个新命令行终端都会自动设置 ROS2 所需的环境。

这种环境设置方式的好处在于你可以放心地安装多个不同版本的 ROS2（和 ROS），然后只在需要时 source 对应版本的 setup.bash 文件，从而使用这个版本的 ROS2 并不受其他版本的干扰。

如果你是一个 Python 的重度用户，上面这种将 setup.bash 加入.bashrc 的方式可能会造成一些困扰。因为你的所有 virtual env 从此都会自动引入 ROS2 的环境设置，并且 ROS2 所包含的 python libraries 也会加入 virtual env 的路径中。

解决这个问题的方法也很简单。当你准备主要用 Python 来开发一个 ROS2 项目时，为这个项目新建一个 virtual env，然后将 source /opt/ros/foxy/setup.bash 这条命令加入到这个 virtual env 的 activate 脚本中去。

注意！可能需要将这条 source 命令添加到脚本结尾前一些的位置或脚本最开头，否则当进入（activate）virtual env 时，有可能会遇到下面这个错误（例如，对于 pipenv 的用户就需要添加到脚本结尾处的 hash -r 2>/dev/null 这条命令之前，而不是最末尾）。

```
1  Shell for UNKNOWN_VIRTUAL_ENVIRONMENT already activated.
2  No action taken to avoid nested environments.
```

6. 测试安装成功

当我们执行上述 source 命令之后，我们可以测试 ROS2 的安装以及环境设置是否成功。我们只需在执行了 source 命令的命令行中执行 printenv | grep -i ROS。输出的结果应该包含以下 3 个环境变量。

```
1  ROS_VERSION=2
2  ROS_PYTHON_VERSION=3
3  ROS_DISTRO=foxy
```

此外，我们可以新开两个执行了 source 命令的终端窗口，然后分别在终端 1 执行代码 14.1，在终端 2 执行代码 14.2。

代码 14.1　终端 1

```
1  ros2 run demo_nodes_cpp talker
```

代码 14.2　终端 2

```
1  ros2 run demo_nodes_py listener
```

如果成功安装并执行了 source 命令，我们将会看到 talker 显示它正在发布消息，同时 listener 显示它听到了这些消息。

恭喜！您已经成功安装好了 ROS2，并配置到了环境。下面我们将通过几个简单的案例来展示上章节中介绍过的 ROS2 的核心概念。

## 14.3.1　创建节点

本节将会创建一个 ROS2 项目，并使用 Python 来编写一个 Hello World 案例，以便展示 ROS2 Node 的基本结构。

1. 新建一个 ROS2 项目

首先，在一个合适的位置新建一个文件夹，这个文件夹将是 ROS2 项目的根目录，同时也是"工作区"（Workspace）。这个工作区是我们自己创建的，所以它是一个 Overlay Workspace。相对地，我们之前执行的 source 命令会准备好这个 Overlay 所基于的核心工作区。

假设我们创建了名为 openmlsys-ros2 的工作区：

```
1  mkdir openmlsys-ros2
2  cd openmlsys-ros2
```

然后让我们为这个工作区创建一个 Python 的虚拟环境（virtual env），并依照"环境设置"小节中所介绍的那样，将 source 命令添加到虚拟环境对应的 activate 脚本中去。

我们默认之后所有案例章节的命令都是在这个新建的虚拟环境中执行的。不同的虚拟环境管理工具会有不同的指令，因此这一步笔者没有提供可执行命令的示例，而是留给读者自行处理。

接下来，我们要在这个工作区文件夹内新建一个名为 src 的子文件夹。在这个子文件夹内，我们将会创建不同的 ROS2 的程序库（package）。这些程序库相互独立，但又会互相调用其他库的功能，以达成整个 ROS2 项目想要达成的各种目的。

在创建好 src 文件夹后，我们可以尝试调用 colcon build 命令。colcon 是 ROS2 项目常用的一个编译工具（build tool）。这个命令会尝试编译整个 ROS2 项目（即目前工作区内的所有程序库）。在成功运行完命令后，我们可以发现，工作区内多出了 3 个新文件夹——build、install 和 log。其中 build 内是编译过程的中间产物，install 内是编译的最终产物（即编译好的库），而 log 内是编译过程的日志。

到此，我们已经新建好了一个 ROS2 项目的框架，可以开始编写具体的代码了。

### 2. 新建一个 ROS2 框架下的 Python 库

下面在 src 文件夹内新建一个 ROS2 的程序库。我们将在这个程序库内编写 Hello World 案例。

```
1  cd src
2  ros2 pkg create --build-type ament_python --dependencies rclpy std_msgs --node-name
      hello_world_node my_hello_world
```

ros2 命令的 pkg create 子项可以帮助我们快速地创建一个 ROS2 程序库的框架。build-type 参数指明了这是一个纯 Python 库，dependencies 参数指明了这个库将会使用 rclpy 和 std_msgs 这两个依赖库，node-name 参数指明了我们创建的程序库中会有一个名为 hello_world_node 的 ROS2 节点，而最后的 my_hello_world 则是新建程序库的名字。

进入新建好的程序库文件夹 my_hello_world，我们可以看到，刚运行的命令已经帮我们建好一个 Python 库文件夹 my_hello_world。其与程序库同名，且内含 __init__.py 文件和 hello_world_node.py 文件。后者的存在是由于我们使用了 node_name 参数。我们将在这个 Python 库文件夹内编写 Python 代码。

除此之外，还有 resource 和 test 这两个文件夹。前者帮助 ROS2 来定位 Python 程序库，后者用来包含所有的测试代码，其中已经有了 3 个测试文件夹。此外，还有 3 个文件——package.xml、setup.cfg 和 setup.py。

package.xml 是 ROS2 程序库的标准配置文件。打开后我们可以发现，很多内容已经预生成，但是我们还需填写或更新 version、description、maintainer 和 license 这几项。在此，笔者推荐大家每次新建一个 ROS2 库的时候，都会第一时间将这些信息补全。除了这些项，我们还能看到，rclpy 和 std_msgs 已经被列为依赖库了，这是因为使用了 dependencies 参数。如果要添加或修改依赖库，可以直接在 package.xml 内的 depend 列表处修改。除了最常用的 depend（同时针对 build、export 和 execution），还有 build_depend，build_export_depend、exec_depend、test_depend、buildtool_depend 和 dec_depend。

setup.cfg 和 setup.py 都是 Python 库的相关文件，但是 ROS2 也会通过这两个文件来了解怎么将这个 Python 库安装至 install 文件夹，以及有哪些需要注册的 entry points，即可以直接用 ROS2 命令行命令来直接调用的程序。我们可以看到，在 setup.py 中的 entry_points 项的 console_scripts 子项中，已经将 hello_world_node 设置为 my_hello_world/hello_world_node.py 这个 Python 文件中 main() 函数的别名。我们后续就可以使用 ROS2 命令行命令和这个名字来直接调用这个函数。具体方式如下：

```
# ros2 run <package_name> <entry_point>
ros2 run my_hello_world hello_world_node
```

后续如果需要添加新的 entry point，可以直接在此位置添加。

除了 entry point 需要关注之外，也需要及时将 setup.py 中的 version、maintainer、maintainer_email、description 和 license 项都更新好。

3. 第一个 ROS2 节点

打开 my_hello_world/hello_world_node.py 这个 Python 文件，清空里面全部内容，以便编写我们需要的代码。

首先，引入必要的库：

```
import rclpy
from rclpy.node import Node
from std_msgs.msg import String
```

rclpy（ROS Client Library for Python）让我们能够通过 Python 来使用 ROS2 框架内的各种功能。而 Node 类则是所有 ROS2 节点的基类（Base Class），节点类也需要继承这个基类。std_msgs 则包含了 ROS2 预定义的一些用于框架内通信的标准信息格式，我们需要使用 String 这种消息格式来传递字符串信息。

接下来定义我们自己的 ROS2 节点：

```
class HelloWorldNode(Node):
    def __init__(self):
        super().__init__('my_hello_world_node')
        self.msg_publisher = self.create_publisher(String, 'hello_world_topic', 10)
        timer_period = 1.
        self.timer = self.create_timer(timer_period, self.timer_callback)
        self.count = 0

    def timer_callback(self):
        msg = String()
        msg.data = f'Hello World: {self.count}'
        self.msg_publisher.publish(msg)
```

```
13      self.get_logger().info(f'Publishing: "{msg.data}"')
14      self.count += 1
```

如上所述，节点类 HelloWorldNode 继承于 Node 基类。

在 __init__() 方法中，我们先调用基类的初始化方法，并通过这个调用将我们的节点命名为 my_hello_world_node。接着创建一个信息发布者，它可以将字符串类型的信息发布到 hello_world_topic 这个主题上，并且维持一个大小为 10 的缓冲区。接着我们创建一个计时器，它会每秒钟调用一次 timer_callback() 方法。最后，初始化一个计数器，来统计总共有多少条信息被发布了。

在 timer_callback() 方法中，我们简单地创建一条带计数器的 Hello World 信息，并通过信息发布者发送出去，然后在日志中记录这次操作，并将计数器加一。

定义好 Hello World 节点类后，我们可以开始定义 main() 函数。这个函数就是我们之前在 setup.py 中看到的 entry point。

```
1   def main(args=None):
2       rclpy.init(args=args)
3       hello_world_node = HelloWorldNode()
4       rclpy.spin(hello_world_node)
5       hello_world_node.destroy_node()
6       rclpy.shutdown()
7
8   if __name__ == '__main__':
9       main()
```

这个 main() 也比较简单。我们先通过 rclpy.init() 方法来启动 ROS2 框架，然后创建一个 HelloWorldNode 的实例。接着通过 rclpy.spin() 方法将这个实例加入运行的 ROS2 框架中去，让其参与 ROS2 的事件循环并正确运行。rclpy.spin() 是一个阻碍方法，它会一直运行，直到被阻止（例如 ROS2 框架停止运行）。这时候就会摧毁我们的节点，并且确保关闭 ROS2 框架。如果我们忘记了摧毁不再使用的节点，garbage collector 也会帮忙摧毁这个节点。

到此，我们创建了第一个 ROS2 节点！

4. 第一次编译和运行

让我们尝试编译新编写的这个库。这里并不是真的要编译一个 Python 项目，而是将写的 Python 库安装到一个 ROS2 能找到的地方。

```
1   # cd <workspace>
2   cd openmlsys-ros2
3   colcon build --symlink-install
```

通过运行这个编译命令，我们会编译工作区内 src 文件夹下所有的 Python 库和 C++库，并将编译好的 C++库和 Python 库安装到 install 文件夹下。通过指定–symlink-install，我们要求 colcon 对于 Python 库用生成 symlink 的方式来代替复制安装。这样一来，我们在 src 中做的后续改动都会直接反映到 install 中，而不用一直反复执行编译命令。

在编译成功之后，编译好的库还不能直接使用。例如现在执行 ros2 run my_hello_world hello_world_node 的话，很有可能会得到 Package 'my_hello_world' not found 这样一个结果。

为了使用编译好的库，需要让 ROS2 知道 install 文件夹。具体来说，我们需要 source 在 install 文件夹下的 local_setup.bash 文件。即：

```
1   source install/local_setup.bash
```

有些读者可能会想到，我们可以像之前添加 setup.bash 那样，将这个 install/local_setup .bash 也加入虚拟环境的 activate 脚本中去，这样就不用每次都单独 source 这个文件。很可惜，这样会带来一些问题。

具体来说，一方面我们需要将这两个文件都 source 了（不管是通过 activate 脚本还是手动输入）才能顺利运行编译好的 ROS2 程序，但另一方面，我们必须只 source 第一个 setup.bash，而不 source 第二个 local_setup.bash，才能顺利编译带有 C++依赖项的纯 Python 的 ROS2 库。在后面的案例中我们会看到，对于一个使用了自定义消息接口库（自己编写的 C++库）的纯 Python 的 ROS2 程序库来说，必须只 source 第一个 setup.bash，而不 source 第二个 local_setup.bash，才能顺利编译。

在成功 source 了 install/local_setup.bash 之后，就可以尝试调用写好的节点了。

从现在开始，除非特殊说明，新开一个终端窗口都是指新开一个确保 setup.bash 和 install/local_setup.bash 都已经被 source 了的终端窗口，而在工作区执行 colcon build 命令则都是在一个只 source 了 setup.bash 而忽略了 install/local_setup.bash 的终端窗口中执行此编译命令。

```
1   ros2 run my_hello_world hello_world_node
```

我们会看到类似下面的信息：

```
1   [INFO] [1653270247.805815900] [my_hello_world_node]: Publishing: "Hello World: 0"
2   [INFO] [1653270248.798165800] [my_hello_world_node]: Publishing: "Hello World: 1"
```

我们还可以再新开一个终端窗口，然后执行 ros2 topic echo /hello_world_topic。我们应该能看到类似下面的信息：

```
1   data: 'Hello World: 23'
2   ---
3   data: 'Hello World: 24'
4   ---
```

这代表着我们的信息确实发布到了目标主题上。因为 ros2 topic echo <topic_name> 这条命令输出的就是给定名字的主题所接收到的信息。

恭喜！您已成功运行了第一个 ROS2 节点！

**5. 一个消息订阅者节点**

只是发布消息并不能组成一个完整的流程，我们还需要一个消息订阅者来消费我们发布的信息。

让我们在 hello_world_node.py 所在的文件夹内新建一个名为 message_subscriber.py 的文件（如代码 14.3）。

代码 14.3　message_subscriber.py

```
1   import rclpy
2   from rclpy.node import Node
3   from std_msgs.msg import String
4
5   class MessageSubscriber(Node):
6       def __init__(self):
7           super().__init__('my_hello_world_subscriber')
8           self.msg_subscriber = self.create_subscription(
9               String, 'hello_world_topic', self.subscriber_callback, 10
10          )
11
12      def subscriber_callback(self, msg):
13          self.get_logger().info(f'Received "{msg.data}"')
14
15  def main(args=None):
16      rclpy.init(args=args)
17      message_subscriber = MessageSubscriber()
18      rclpy.spin(message_subscriber)
19      message_subscriber.destroy_node()
20      rclpy.shutdown()
21
22  if __name__ == "__main__":
23      main()
```

这个新添加的文件以及其中的消息订阅者节点类和上面的 HelloWorld 节点类十分相似，甚至更为简单。我们只需要在初始化时通过基类初始化方法赋予节点 my_hello_world_subscriber 这个名字，然后创建一个消息订阅者来订阅 hello_world_topic 主题下的消息，并指定 subscriber_callback() 方法来处理接收到的消息。而在 subscriber_callback() 中，我们将接收到的消息记录进日志。main() 方法则和 HelloWorld 节点类的基本一样。

在能正式使用这个新节点之前，我们需要将其添加成为一个 entry point。为此，我们只需在 setup.py 的对应位置添加下面这行：

```
1  'message_subscriber = my_hello_world.message_subscriber:main'
```

但是，添加完成之后，在终端窗口运行 ros2 run my_hello_world message_subscriber 还是会得到 No executable found 这样的错误反馈。这是因为我们新增了一个 entry point，必须重新编译整个 ROS2 项目，才能让 ROS2 知道这个新增点。

让我们再次在工作区目录执行 colcon build --symlink-install。在成功编译后，新建两个终端窗口，都分别确保 source 好了两个 setup 文件。然后分别用 ros2 命令调用它们：

```
1  # in terminal 1
2  ros2 run my_hello_world hello_world_node
3  # in terminal 2
4  ros2 run my_hello_world message_subscriber
```

我们可以看到，终端窗口 1 中会不断显示发布了第 N 号 Hello World 消息，而终端窗口 2 中则不断显示收到了第 N 号 Hello World 消息。

恭喜！你完成了一对 ROS2 节点，一个负责发送信息，另一个负责订阅接受信息。

### 14.3.2　读取参数

顺利完成上面的消息发布者和消息订阅者是个很好的开始，但是实际项目的节点不会这么简单。至少，实际项目的节点会是参数化的。下面，就让我们一起看看，怎样让一个节点读取一个参数。

在 hello_world_node.py 所在的文件夹内新建一个名为 parametrised_hello_world_node.py 的文件（如代码 14.4）。

代码 14.4　parametrised_hello_world_node.py

```
1  import rclpy
2  from rclpy.node import Node
3  from std_msgs.msg import String
4
5  class ParametrisedHelloWorldNode(Node):
6      def __init__(self):
7          super().__init__('parametrised_hello_world_node')
8          self.msg_publisher = self.create_publisher(String, 'hello_world_topic', 10)
9          timer_period = 1.
10         self.timer = self.create_timer(timer_period, self.timer_callback)
11         self.count = 0
12         self.declare_parameter('name', 'world')
13
14     def timer_callback(self):
15         name = self.get_parameter('name').get_parameter_value().string_value
```

```
16      msg = String()
17      msg.data = f'Hello {name}: {self.count}'
18      self.msg_publisher.publish(msg)
19      self.get_logger().info(f'Publishing: "{msg.data}"')
20      self.count += 1
21
22  def main(args=None):
23      rclpy.init(args=args)
24      hello_world_node = ParametrisedHelloWorldNode()
25      rclpy.spin(hello_world_node)
26      hello_world_node.destroy_node()
27      rclpy.shutdown()
28
29  if __name__ == '__main__':
30      main()
```

可以看到，这个新的参数化 HelloWorld 节点类和之前的 HelloWorld 节点类基本相同，区别在于：①这个新类在初始化方法中额外通过 self.declare_parameter() 方法来向 ROS2 框架声明新的节点实例会有一个名为 name 的参数，并且这个参数的初始值为 world；②这个新类在 timer_callback() 回调函数中尝试获取这个 name 参数的实际值，并以这个实际值来组成要发送的信息的内容。

让我们先将这个新文件的 main() 方法注册为一个新的 entry point。同样地，在 setup.py 中的相应位置加入下面这行即可。然后在工作区根目录下执行 colcon build –symlink-install 来重新编译项目。

```
1  'parametrised_hello_world_node = my_hello_world.parametrised_hello_world_node:main'
```

在编译完成之后，如果在终端中执行 ros2 run my_hello_world parametrised_hello_world_node，这个参数化 HelloWorld 节点将正常运行，并持续发布 Hello World: N 这样的信息。此时节点使用的是 world 这个初始值。

让我们在一个新的终端中执行 ros2 param list，将看到下面的信息：

```
1  /parametrised_hello_world_node:
2    name
3    use_sim_time
```

这个信息表示，parametrised_hello_world_node 这个节点的确声明并使用一个 name 参数。另外一个名为 use_sim_time 的参数是 ROS2 默认给予的一个参数，用来表示这个节点是否使用 ROS2 框架内部的模拟时间，而不是计算机的系统时间。

我们可以继续在这个终端输入下面这个命令来将值 ROS2 赋给 name。

```
1  ros2 param set /parametrised_hello_world_node name "ROS2"
```

如果赋值成功，这个命令会返回 Set parameter successful，并可以在持续运行参数化 HelloWorld 节点的那个终端窗口内看到其发布的信息变为了 Hello ROS2: N。

恭喜！你现在掌握了如何让 ROS2 节点（和其他类型的 ROS2 程序）使用参数的方法。

### 14.3.3 服务端-客户端服务模式

本节将通过一个简单的串联两个字符串的服务来演示如何使用这种模式。

#### 1. 自定义的服务接口

在正式开始编写服务端和客户端的代码之前，我们需要先定义好它们之间进行沟通的信息接口。

ROS2 框架内有 3 种类型的信息接口。①发布者-订阅者模式下的节点所用的消息类型接口（message/msg）：这种接口只负责单向的消息传递，也只用定义单向传递的信息的格式。②服务端-客户端模式下的服务节点所用的服务类型接口（service/srv）：这种接口需要负责双向的消息传递，即需要定义客户端发给服务端的请求的格式和服务端发给客户端的响应的格式。③动作模式下的动作节点所用的动作类型接口（action）：这种接口需要负责双向的消息传递以及中间的进展反馈，即需要定义动作发起节点发给动作节点的请求的格式，动作节点发给发起节点的结果的格式，以及动作节点发给发起节点的中间进展反馈的格式。

对于前面定义的那些 HelloWorld 节点，我们使用已经预定义好的 std_msgs 库内的 std_msgs.msg.String 类型的消息类型接口。实际上，因为消息类型接口只负责定义单向的信息格式，我们很容易找到符合需求的类型。但是对于服务（service）和动作（action）来说，因为涉及定义双向沟通的格式，很多时候我们需要定义一个接口类型。接下来将自行定义字符串串联服务将要使用的服务类型接口。

首先，在工作区的 src 文件夹内新建一个库来专门维护自定义的消息，服务和动作类型接口。

```
1  cd openmlsys-ros2/src
2  ros2 pkg create --build-type ament_cmake my_interfaces
```

这个新建的库是一个 C++库，而不是 Python 库。因为 ROS2 的自定义接口类型只能以 C++ 库的方式存在。新建好库之后，记得更新 package.xml 中的相关项。

下面，在新建的 src/my_interfaces 文件夹内新建 3 个子文件夹——msg、srv 和 action。因为一般会将自定义的接口放到相对应的子文件夹中，以方便维护。

```
1  cd my_interfaces
2  mkdir msg srv action
```

接着，在 srv 子目录下创建我们想要定义的服务类型接口。

```
1  cd srv
2  touch ConcatTwoStr.srv
```

然后，将以下内容添加到 ConcatTwoStr.srv 中：

```
1  string str1
2  string str2
3  ---
4  string ret
```

其中，---之上的是客户端发给服务端的请求的格式，之下的是服务端发给客户端的响应的格式。

定义好了接口后，我们还需要更改 CMakeLists.txt，以便编译器知道有自定义接口需要编译，并能找到它们。打开 my_interfaces/CMakeLists.txt，并在 if(BUILD_TESTING) 这行之前添加以下内容。

```
1  find_package(rosidl_default_generators REQUIRED)
2
3  rosidl_generate_interfaces(${PROJECT_NAME}
4    "srv/ConcatTwoStr.srv"
5  )
```

上面这两段代码的主要作用是告诉编译器需要 rosidl_default_generators 这个库，并生成我们指明的自定义接口。

在更新好 CMakeLists.txt 之后，还需要把 rosidl_default_generators 添加到 package.xml 中，作为自定义接口库的依赖项。打开 package.xml，在 <test_depend>ament_lint_auto</test_depend> 这行之前添加以下内容。

```
1  <build_depend>rosidl_default_generators</build_depend>
2  <exec_depend>rosidl_default_runtime</exec_depend>
3  <member_of_group>rosidl_interface_packages</member_of_group>
```

更新 package.xml 后，就可以编译这个自定义接口库了。

```
1  cd openmlsys-ros2
2  colcon build --packages-select my_interfaces
```

上述命令通过--packages-select 选项指定了只编译 my_interfaces 这一个库，从而节省时间，因为 my_hello_world 这个库目前并没有任何更改。另外，没有使用--symlink-install 选项是因为这个自定义接口库是一个 C++库，每次更改后必须重新编译。

在运行这次编译命令时，读者有可能会遇到 ModuleNotFoundError：No module named 'XXX' 这类错误（XXX 可以是 em、catkin_pkg、lark、numpy 或其他 Python 库）。遇到这类错误多半是因为所使用的 Python 虚拟环境并不是指向 Ubuntu 系统 Python 3，或因为 site-packages 并没有包含在虚拟环境中。读者可能需要删除当前的虚拟环境，并按照本章节开头所讲解的那样，重新创建一个符合要求的虚拟环境。

我们可以通过在新的终端窗口运行 ros2 interface show my_interfaces/srv/ConcatTwoStr 来验证是否已经编译成功了。成功的话，终端会显示自定义服务接口 ConcatTwoStr 的具体定义。

现在已经定义好了需要使用的服务接口，下面可以开始编写服务端和客户端了。

### 2. ROS2 服务端

在 hello_world_node.py 所在的文件夹内新建一个名为 concat_two_str_service.py 的文件（如代码 14.5）。

代码 14.5    concat_two_str_service.py

```
1   from my_interfaces.srv import ConcatTwoStr
2   import rclpy
3   from rclpy.node import Node
4
5   class ConcatTwoStrService(Node):
6       def __init__(self):
7           super().__init__('concat_two_str_service')
8           self.srv = self.create_service(ConcatTwoStr, 'concat_two_str',
                self.concat_two_str_callback)
9
10      def concat_two_str_callback(self, request, response):
11          response.ret = request.str1 + request.str2
12          self.get_logger().info(f'Incoming request\nstr1: {request.str1}\nstr2:
                {request.str2}')
13
14          return response
15
16  def main(args=None):
17      rclpy.init(args=args)
18      concat_two_str_service = ConcatTwoStrService()
19      rclpy.spin(concat_two_str_service)
20      concat_two_str_service.destroy_node()
21      rclpy.shutdown()
22
23  if __name__ == '__main__':
24      main()
```

可以发现，编写一个服务（Service）和编写一个一般的节点（Node）很相似，甚至它们都继承自同一个基类 rclpy.node.Node。在这个文件中，先从编译好的 my_interfaces 库中引入自定义的服务接口 ConcatTwoStr。然后在服务端节点的初始化方法中，通过 self.create_service() 创建一个服务器对象，并指明服务接口类型是 ConcatTwoStr，服务名字是 concat_two_str，处理服务请求的回调函数是 self.concat_two_str_callback。而在回调函数 self.concat_two_str_callback() 中，通过 request 对象取得请求的 str1 和 str2，计算出结果并赋值到 response 对象的 ret 上，并进行日志记录。可以看到，request 和 response 对象的结构符合我们在 ConcatTwoStr.srv 中的定义。

另外，别忘记将此文件的 main() 方法作为一个 entry point 添加到 setup.py 中。

```
1  'concat_two_str_service = my_hello_world.concat_two_str_service:main'
```

### 14.3.4　客户端

在 hello_world_node.py 所在的文件夹内新建一个名为 concat_two_str_client_async.py 的文件（如代码 14.6）。

代码 14.6　concat_two_str_client_async.py

```
1  import sys
2
3  from my_interfaces.srv import ConcatTwoStr
4  import rclpy
5  from rclpy.node import Node
6
7  class ConcatTwoStrClientAsync(Node):
8      def __init__(self):
9          super().__init__('concat_two_str_client_async')
10         self.cli = self.create_client(ConcatTwoStr, 'concat_two_str')
11         while not self.cli.wait_for_service(timeout_sec=1.0):
12             self.get_logger().info('service not available, waiting again...')
13         self.req = ConcatTwoStr.Request()
14
15     def send_request(self):
16         self.req.str1 = sys.argv[1]
17         self.req.str2 = sys.argv[2]
18         self.future = self.cli.call_async(self.req)
19
20 def main(args=None):
21     rclpy.init(args=args)
22
23     concat_two_str_client_async = ConcatTwoStrClientAsync()
```

```
24      concat_two_str_client_async.send_request()
25
26      while rclpy.ok():
27          rclpy.spin_once(concat_two_str_client_async)
28          if concat_two_str_client_async.future.done():
29              try:
30                  response = concat_two_str_client_async.future.result()
31              except Exception as e:
32                  concat_two_str_client_async.get_logger().info(
33                      'Service call failed %r' % (e,))
34              else:
35                  concat_two_str_client_async.get_logger().info(
36                      'Result of concat_two_str: (%s, %s) -> %s' %
37                      (concat_two_str_client_async.req.str1,
38                          concat_two_str_client_async.req.str2, response.ret))
38              break
39
40      concat_two_str_client_async.destroy_node()
41      rclpy.shutdown()
42
43  if __name__ == '__main__':
44      main()
```

相比于服务端，这个客户端较为复杂。在客户端节点的初始化方法中，先创建一个客户端对象，并指明服务接口类型是 ConcatTwoStr，服务名字为 concat_two_str。然后通过一个 while 循环，这个客户端将一直等待，直到对应服务上线才会进行下一步。这个循环等待的技巧是很多客户端都会使用的。当服务端上线以后，初始化方法将创建一个服务请求对象的模板，并暂存于客户端节点的 req 属性上。除了初始化方法，客户端节点还定义了另一个方法 send_request() 来读取程序启动时命令行的前两个参数，然后存入服务请求对象并异步发送给服务端。

而在 main() 方法中，先创建一个客户端并发送服务请求，然后通过一个 while 循环来等待服务返回结果并记录进日志。其中，rclpy.ok() 用来检测 ROS2 是否还在正常运行，以避免 ROS2 在服务结束前就停止运行了时客户端陷入死循环。而 rclpy.spin_once() 和 rclpy.spin() 略有不同，后者会不断执行事件循环，直到 ROS2 停止，而前者则只会执行一次事件循环。这也是为什么前者更适合用在这里，因为我们已经有了一个 while 循环了。另外可以看到，concat_two_str_client.future 对象提供了很多方法来帮助我们确定目前服务请求的状态。

同样地，还需要将此文件的 main() 方法作为一个 entry point 添加到 setup.py 中。

```
1   'concat_two_str_client_async = my_hello_world.concat_two_str_client_async:main'
```

现在已经编写好了服务端和客户端，让我们在工作区根目录下重新编译 my_hello_world 库。

```
1  cd openmlsys-ros2
2  colcon build --packages-select my_hello_world --symlink-install
```

然后在两个新的终端窗口中分别运行以下命令。

```
1  # in terminal 1
2  ros2 run my_hello_world concat_two_str_client_async Hello World
3  # in terminal 2
4  ros2 run my_hello_world concat_two_str_service
```

如果一切正常的话，我们应该看到类似以下的信息：

```
1  # in terminal 1
2  [INFO] [1653525569.843701600] [concat_two_str_client_async]: Result of concat_two_str:
      (Hello, World) -> HelloWorld
3  # in terminal 2
4  [INFO] [1653516701.306543500] [concat_two_str_service]: Incoming request
5  str1: Hello
6  str2: World
```

恭喜！您现在已经了解如何在 ROS2 框架中新建自定义的接口类型和创建服务端节点和客户端节点了！

## 14.3.5　动作模式

本节将通过一个简单的逐个累加一个数列的每项元素来求和的动作来演示如何使用动作（action）模式。

### 1. 自定义的动作接口

在正式开始编写动作相关的节点代码之前，需要先定义好动作的信息接口。

可以继续使用之前建好的 my_interfaces 库。在 my_interfaces/action 中新建一个 My-Sum.action 文件，并添加以下内容。

```
1  # Request
2  int32[] list
3  ---
4  # Result
5  int32 sum
6  ---
7  # Feedback
8  int32 sum_so_far
```

可以看到，整个信息接口十分简单。动作的请求信息只有 一项类型为整数数列的项 list，动作的最终结果信息只有一项类型为整数的项 sum，而中间反馈信息则只有一项类型同为整数的项 sum_so_far，用以计算到目前为此累加的和。

接下来在 CMakeLists.txt 中添加这个新的信息接口。具体来说，只用将 action/MySum.action 添加到 rosidl_generate_interfaces() 方法内的 srv/ConcatTwoStr.srv 之后即可。

最后别忘了编译的更改：在工作区根目录中运行 colcon build --packages-select my_interface。

### 2. ROS2 动作服务器

在 hello_world_node.py 所在的文件夹内新建一个名为 my_sum_action_server.py 的文件（如代码 14.7）。

代码 14.7　my_sum_action_server.py

```python
import rclpy
from rclpy.action import ActionServer
from rclpy.node import Node
from my_interfaces.action import MySum

class MySumActionServer(Node):

    def __init__(self):
        super().__init__('my_sum_action_server')
        self._action_server = ActionServer(
            self, MySum, 'my_sum', self.execute_callback
        )

    def execute_callback(self, goal_handle):
        self.get_logger().info('Executing goal...')
        feedback_msg = MySum.Feedback()
        feedback_msg.sum_so_far = 0
        for elm in goal_handle.request.list:
            feedback_msg.sum_so_far += elm
            self.get_logger().info(f'Feedback: {feedback_msg.sum_so_far}')
            goal_handle.publish_feedback(feedback_msg)
        goal_handle.succeed()
        result = MySum.Result()
        result.sum = feedback_msg.sum_so_far
        return result

def main(args=None):
    rclpy.init(args=args)
    my_sum_action_server = MySumActionServer()
    rclpy.spin(my_sum_action_server)
```

```
31
32 if __name__ == '__main__':
33     main()
```

对于这个动作服务器节点类，类似地，在其初始化方法中新建一个动作服务器对象，并指定之前定义的 MySum 作为信息接口类型，my_sum 是动作名字，self.execute_callback 方法则作为动作执行的回调函数。

紧接着，在 self.execute_callback() 方法中定义了接收一个新目标时应做的处理。可以把一个目标当作之前定义的 MySum 信息接口里的 request 部分来处理，因为这里的目标就是包含了动作请求目的的相关信息的结构体，即 request 部分所定义的部分。

当我们接收到一个目标后，先从 MySum 创建一个反馈消息对象 feedback_msg，并将其 sum_so_far 项用作一个累加器。然后遍历目标请求中的 list 项里面的数据，并将这些数据逐项进行累加。每当累加一项后，我们都会通过 goal_handle.publish_feedback() 方法发送一次反馈消息。最后，完成全部计算后，我们通过 goal_handle.succeed() 方法来标记此次动作已经成功完成，并且通过 MySum 新建一个结果对象，填充结果值并返回。

在 main() 函数中，只需要新建一个动作服务器节点类的新实例，并调用 rclpy.spin() 函数将其加入事件循环即可。

最后须将 main() 函数也添加成为一个 entry point。我们只需在 setup.py 中适当位置添加下面行即可。

```
1 'my_sum_action_server = my_hello_world.my_sum_action_server:main'
```

### 14.3.6　动作客户端

在 hello_world_node.py 所在的文件夹内新建一个名为 my_sum_action_client.py 的文件（如代码 14.8）。

代码 14.8　my_sum_action_client.py

```
1  import sys
2  import rclpy
3  from rclpy.action import ActionClient
4  from rclpy.node import Node
5  from my_interfaces.action import MySum
6
7  class MySumActionClient(Node):
8      def __init__(self):
9          super().__init__('my_sum_action_client')
10         self._action_client = ActionClient(self, MySum, 'my_sum')
11
12     def send_goal(self, list):
```

```
13        goal_msg = MySum.Goal()
14        goal_msg.list = list
15
16        self._action_client.wait_for_server()
17
18        self._send_goal_future = self._action_client.send_goal_async(
19            goal_msg, feedback_callback=self.feedback_callback
20        )
21        self._send_goal_future.add_done_callback(self.goal_response_callback)
22
23    def goal_response_callback(self, future):
24        goal_handle = future.result()
25        if not goal_handle.accepted:
26            self.get_logger().info('Goal rejected...')
27            return
28
29        self.get_logger().info('Goal accepted.')
30
31        self._get_result_future = goal_handle.get_result_async()
32        self._get_result_future.add_done_callback(self.get_result_callback)
33
34    def get_result_callback(self, future):
35        result = future.result().result
36        self.get_logger().info(f'Result: {result.sum}')
37        rclpy.shutdown()
38
39    def feedback_callback(self, feedback_msg):
40        feedback = feedback_msg.feedback
41        self.get_logger().info(f'Received feedback: {feedback.sum_so_far}')
42
43 def main(args=None):
44    rclpy.init(args=args)
45    action_client = MySumActionClient()
46    action_client.send_goal([int(elm) for elm in sys.argv[1:]])
47    rclpy.spin(action_client)
48
49 if __name__ == '__main__':
50    main()
```

可以看到，这个动作客户端节点比服务器节点类要稍复杂些，因为我们要适当地处理发送请求、接受反馈和处理结果这三件事。

首先，在这个动作客户端节点类的初始化方法中新建一个动作客户端对象，并指定 MySum 作为消息接口类型和 my_sum 作为动作名称。

然后，声明 self.send_goal() 方法来负责生成并发送一个目标/请求。具体来说，我们先从 MySum 新建一个目标对象，并将接收到的 list 参数赋值给目标对象的 list 属性。紧接着，让我们等待动作服务器准备就绪。之后，让我们异步发送目标并指定 self.feedback_callback 作为反馈信息回调函数。最后，设定 self.goal_response_callback 作为发送目标信息这个异步操作的回调函数。

在 self.goal_response_callback() 这个异步发送目标信息的回调函数中，先检查目标请求是否被接受了，并用日志记录相关结果。如果目标请求被接受，我们就通过 goal_handle.get_result_async() 来得到处理结果这个异步操作的 future 对象，并通过这个 future 对象将 self.get_result_callback 设定为最终结果的回调函数。

在 self.get_result_callback() 这个最终结果的回调函数中，我们就简单地获取累加结果并记录进日志。最后，调用 rclpy.shutdown() 来结束当前节点。

相对地，在 self.feedback_callback() 这个反馈消息的回调函数中，仅仅简单地获取反馈信息的内容并记录进日志。值得注意的是，反馈消息的回调函数可能被执行多次，所以最好不要在其中写入太多的处理逻辑，而是尽量让其轻量化。

最后，在 main() 方法中，创建一个动作客户端节点类的实例，将命令行的参数转化为需要被求和的目标数列，最后调用动作客户端节点类实例的 send_goal() 方法并传入目标求和数列来发起求和请求。

同样地，别忘了将 main() 也添加成为一个 entry point，只需在 setup.py 中适当位置添加下面行即可。

```
'my_sum_action_client = my_hello_world.my_sum_action_client:main'
```

我们现在编写好了我们的动作服务器和动作客户端，接下来在工作区根目录下重新编译 my_hello_world 库。

```
cd openmlsys-ros2
colcon build --packages-select my_hello_world --symlink-install
```

然后在两个新的终端窗口中分别运行以下命令。

```
# in terminal 1
ros2 run my_hello_world my_sum_action_client 1 2 3
# in terminal 2
ros2 run my_hello_world my_sum_action_server
```

如果一切正常的话，应该看到类似以下的信息。

```
# in terminal 1
[INFO] [1653561740.000499500] [my_sum_action_client]: Goal accepted.
[INFO] [1653561740.001171900] [my_sum_action_client]: Received feedback: 1
```

```
4   [INFO] [1653561740.001644000] [my_sum_action_client]: Received feedback: 3
5   [INFO] [1653561740.002327500] [my_sum_action_client]: Received feedback: 6
6   [INFO] [1653561740.002761600] [my_sum_action_client]: Result: 6
7   # in terminal 2
8   [INFO] [1653561739.988907200] [my_sum_action_server]: Executing goal...
9   [INFO] [1653561739.989213900] [my_sum_action_server]: Feedback: 1
10  [INFO] [1653561739.989549000] [my_sum_action_server]: Feedback: 3
11  [INFO] [1653561739.989855400] [my_sum_action_server]: Feedback: 6
```

恭喜！您现在已经了解如何在 ROS2 框架中新建自定义的接口类型和创建动作服务端节点和动作客户端节点了！

## 14.4  总结

这一章简单介绍了机器人系统的基本概念，包括通用机器人操作系统、感知系统、规划系统和控制系统等，以便读者对机器人问题形成基本认识。在通用机器人操作系统部分，我们回顾了基本概念，并通过代码实例让读者对 ROS 有直接的体验，体会到搭建一个简单机器人系统的乐趣。当前，机器人是一个快速发展的人工智能分支，随着机器人算法和系统设计的进一步发展，许多实际问题都能够逐渐得到解决。

# 参考文献